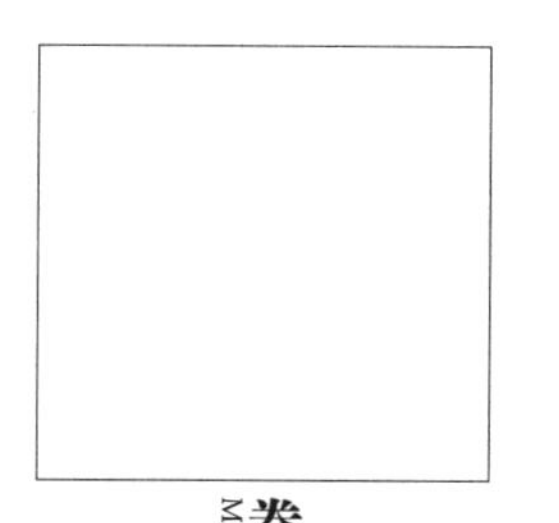

ちくま新書

飛脚は何を運んだのか

――江戸街道輸送網

巻島 隆
Makishima Takashi

1841

飛脚は何を運んだのか――江戸街道輸送網【目次】

巻末資料　411

滝沢馬琴の飛脚問屋利用（文政10年―天保11年）／武田氏関連史料中の「飛脚」一覧／今川氏関連史料中の「飛脚」一覧／真田氏関連史料中の「飛脚」一覧／文化3年（1806）4月、定飛脚仲間問屋六軒仲間、飛脚賃／滝沢馬琴と鈴木牧之との書翰往復（文政10年―天保5年）／馬琴の日雇人足利用（文政11年―天保4年）／上野国甘楽郡譲原村「歩行役」使用数（安永4年〈1775〉）／山城屋、御用送金回数と合計額／井野口屋が無賃で請け負った主な尾張徳川家御用荷物／大橋儀左衛門、生糸商大橋家依頼荷物一覧表〈嶋屋福島店請負〉／飛脚問屋扱いの堀米四郎兵衛宛て紅花代金受取〈文政5年―天保6年〉／宮川家文書所収の飛脚問屋運送事故関連史料一覧

凡例

(1)引用史料は読者に配慮して、筆者が読み下し、適宜読みやすいように旧漢字を常用漢字とし、片仮名と変体仮名を平仮名にし、合字の「ゟ」は「より」と改めた。
(2)本書は研究論文ではないため、脚注を省き、巻末に参考文献としてまとめた。
(3)児玉幸多校訂『近世交通史料集　七　飛脚関係史料』（吉川弘文館、一九七四）は「近交七」と略した。

はじめに――死語にならない「飛脚」

現代日本人は当然のように郵便・運送制度を廉価で使用し、手紙や荷物を近距離また遠方に発送している。ところが、東日本大震災や能登大地震のように、ひとたび大災害が生じ、道路が寸断されると、運送のマヒが起こり、給油所やスーパーの店頭で長蛇の列をなし、品薄状態に陥り、日常生活に支障を来す。その刹那、日本人は郵便・運送制度の便利さを、快適な生活を維持するのに不可欠なインフラであることを改めて実感する。

しかし、「喉元過ぎれば熱さ忘れる」。歴史を忘れやすい日本人は、地震・豪雨など大きな災害が起きる度に毎回〝改めて〟を繰り返す。郵便・運送制度の有り難さを身に染みて理解していながら、日常の多忙さにかまけて便利さに無自覚且つ我がままとなる。

郵便・運送制度が近代的な意味で整う遥か以前、江戸時代以前の日本列島に住む人たちは一体どのように手紙や荷物を届け、情報のやり取りをしたのであろうか。どこの誰または業者に依頼したのか。それらはどんな仕組みで運営されていたのか。遠隔地で発生した災害をいかに知り得たのか。そんな基本的な問いに答えようとするのが本書の目的である。

手紙・荷物を運ぶ飛脚の存在は平安時代末期まで遡る。治承・寿永の乱に飛脚が戦線の情報をもたらす存在として生まれた。但し、武士の使った飛脚は商売としてのそれではなく、武家の身の回りの世話をする雑色が主人の命令で務めた。

戦争から生まれた飛脚だから、治承・寿永の乱が終結すれば、本来は死語になってもよかったはずである。しかし、飛脚の語は死語となることなく残り続けた。

その理由は鎌倉時代に絶え間ない政治対立と戦争があったからである。鎌倉時代は鎌倉に武家の府が置かれたことで公武の二元支配となり、公武間で政治的緊張を孕みながら鎌倉―京都（六波羅探題）を結ぶ幕府の通信制度「関東飛脚」（また鎌倉飛脚）が機能した。武家の専売特許にとどまらず、貴族・寺社も下人や神人・寺男を自前の飛脚として使った。

室町時代も将軍権威の弱体化と共に地方が不安定化すると、飛脚は死語になることなく、しぶとく残り続けた。戦国時代に突入すると、死語になるどころか、戦国大名により飛脚が盛んに使われるようになる。永禄年間（一五五八―七〇）には「早飛脚」が史料上に多く表れた。戦争を背景に敵方の情報を求める戦国大名の強い動機の下に飛脚は生き続けた。

江戸時代に入ると、飛脚はビジネス化した。「早飛脚」の語も民業の飛脚問屋の花形運輸サービスの名称として使われた。江戸期に成熟した飛脚問屋は、特に武家（幕府・大名・旗本）を得意先とし、江戸幕府の庇護を受けながら、三都と主要街道を中心に本店・出店・取次所を結ぶ輸送網を築いた。早飛脚制度を充実させ、より速く確実な輸送を目指した飛脚問屋は利用層を武士だけにとどめず、商人、さらに村名主へと拡大した。

そのため運ぶ荷物は、御用（公用）荷物と町人荷物を同時に運ぶ〝公私混載〟であった。産地の特産物（生糸、織物、紅花など）を輸送し、また遠隔地間で現金を動かさずに決済を可能とする為替手形を扱い、商取引のための現金を運んだ。現金を扱うため、預金・融資の金融機能も担った。災害が発生すれば、遠方の得意先に災害情報を無償で届けた。災害の概要は木版刷りされ、得意先に配られ、情報は派生的に地域に流布された。

平和期の江戸時代に発展した飛脚問屋は、同業者同士で仲間を組織した。先進地域である京都、大坂の上方で業者・仲間組織が生まれ、そして〝後発〟の江戸でも仲間が組織された。仲間が互いに提携することによって列島規模の輸送・通信を可能とした。

明治維新は飛脚問屋の転機となる。明治政府は明治三年（一八七〇）七月、飛脚問屋との御用契約を打ち切り、国営の郵便制度設置へと大きく舵を切る。江戸期以来の仲間を母体に飛脚問屋は会社を組織し、郵便制度に対抗する。郵便制度導入を企図した前島密と、飛脚仲間惣代の佐々木荘助との交渉の結果、明治五年六月に飛脚問屋は陸運元会社を組織する。

前島密は郵便制度上で「飛脚」用語の使用を禁止し、また郵便取扱所の担い手から飛脚問屋を意図的に排除した。元飛脚たちも「飛脚」の語を捨てたのだ。飛脚は死語になりかけた。しかし、約七百年使われ続けた飛脚は、そう簡単には消えなかった。一部の物流業者の間で「飛脚」の語が使われた。滋賀県では買い物屋は「飛脚さん」と呼称された。葬祭前の連絡係は「ヒキャク」と呼ばれた。とは言え、風前の灯火であった。

飛脚仲間の結成した陸運元会社は内国通運となり、国際通運を経て、昭和十二年（一九三七）に国策会社日本通運が誕生する。戦時中は軍需物資を前線へ輸送する戦略物流（ロジスティックス）を構築し、食糧・弾薬・薬を運ぶことで戦争の一端を担った。

戦後、「飛脚」は死語とならず、息を吹き返した。昭和三十二年（一九五七）に佐川急便が京都で創業した。起業当初から「飛脚の精神」を掲げて、トラックの荷箱に走り飛脚の図を採用した。佐川急便が企業として全国的に成長し、輸送サービス名に「飛脚」の語を積極的に使用したことにより、飛脚の語は令和の今日まで命脈を保った。

さて、日本は働き方改革に伴う「二〇二四年問題」の渦中に引き続きあり、このまま行けば、日本の物流が一部機能マヒに陥りかねない問題に直面している。現代日本人が便利さを追求する余り、物流関係業者は様々な場面で改革を求められている。我がままになり過ぎた荷主たちは改めて「運ぶ」ことの意味を歴史的に顧みる必要があるのではないだろうか。

本書の第1章では曲亭（滝沢）馬琴の飛脚利用から起筆する。江戸時代後期に戯作者として活躍した馬琴は、大坂の板元とのやり取りに飛脚問屋の「嶋屋佐右衛門」「京屋弥兵衛」を頻繁に利用した。平和期に成熟した飛脚制度の恩恵を受けた代表格とも言える。

NHK大河ドラマでは、江戸の出版プロデュースとして名を馳せた板元の蔦屋重三郎（一七五〇―九七）を主人公にした「べらぼう――蔦重栄華之夢噺」が放映中である。おそらくドラマの中で飛脚が描かれることはほとんどないであろうが、蔦屋の見出した馬琴が、上方の板元や人士と交流するのに飛脚問屋を盛んに使って校合の輸送を行い、また手紙で意思疎通を図ったことを視聴の際には思い出していただきたい。

世界では戦争の影が次第に広がりつつある。日通（旧飛脚問屋）が再び軍事利用される日が到来し、戦地から家族や兄弟の近況を軍事郵便で、また戦死報告を電報で受け取ってから、初めて平和の有難さを実感するのではもう手遅れである。戦争と平和の相貌を兼ね備えた「飛脚」という言葉の意味を改めて本書を通して噛みしめて頂ければ望外の喜びである。

令和六年（二〇二五）一月吉日

著者記す

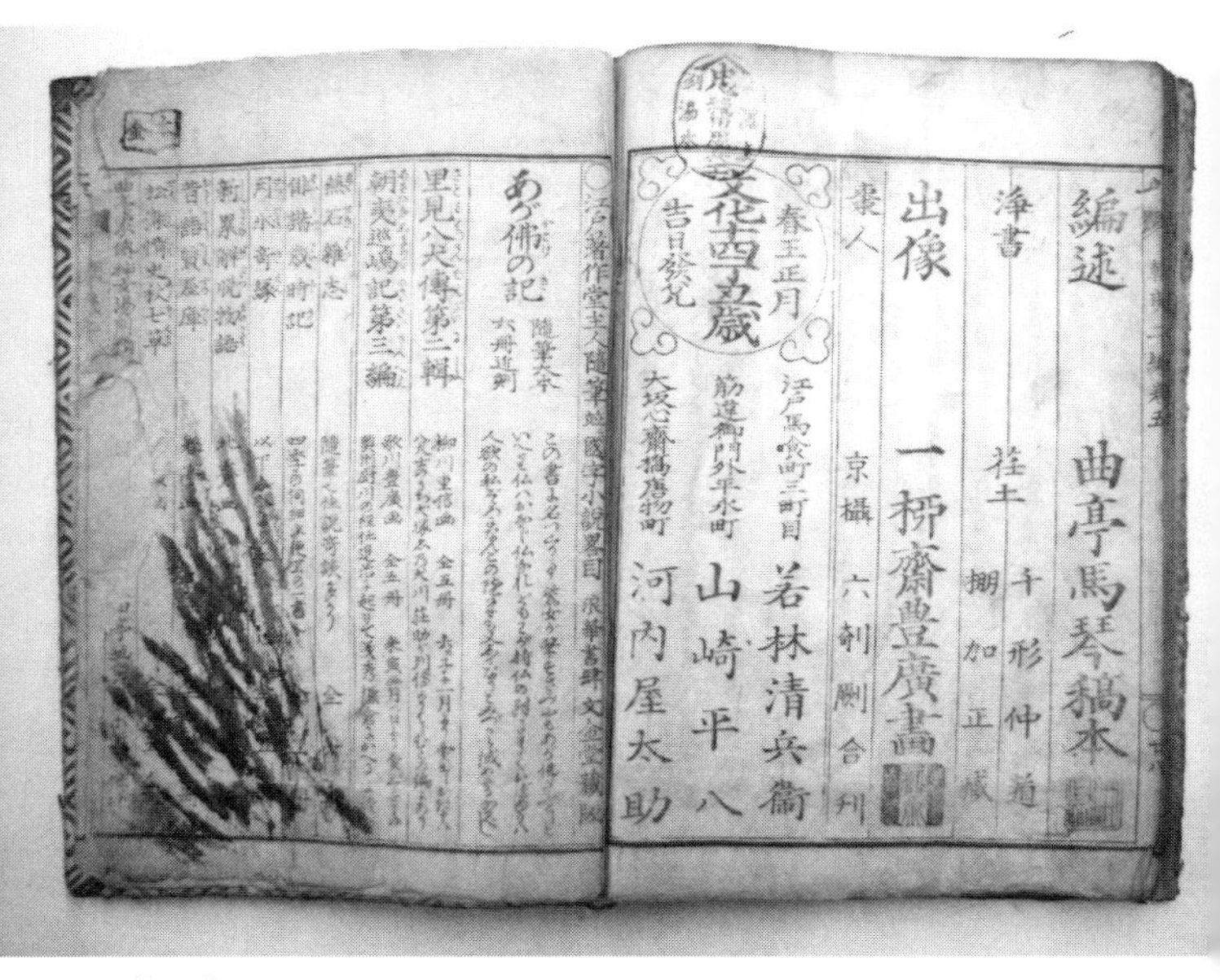

編述　曲亭馬琴稿本

出像　一柳齋豊廣畫

江戸馬喰町三町目　若林清兵衛

筋違御門外平永町　山崎平八

大坂心斎橋唐物町　河内屋太助

あづ佛の記

里見八犬傳第二輯

朝夷巡嶋記第三編

第１章
馬琴の通信世界

「朝夷巡嶋記」奥付と刊行案内（群馬県立文書館蔵）

†馬琴の飛脚利用

本題に入る前に江戸在住の戯作者、曲亭（滝沢）馬琴（一七六七―一八四八）の日記を取り上げてみたい。馬琴日記（以下、そう略す）は大正十二年（一九二三）の関東大震災で大半が焼失したが、文政九年（一八二六）―嘉永二年（一八四九）のものが断片的に残されており、それらを解読した翻刻版『馬琴日記』（全四巻、中央公論社、一九七三年）が刊行されている。馬琴日記を繰ると、はじめにで掲げた問いへの回答の一部が見え隠れしている。

文政十年（一八二七）の「丁亥日記」を取り上げる。この年、馬琴六十一歳。芥川龍之介の短編「戯作三昧」に書かれるように馬琴は「南総里見八犬伝」「傾城水滸伝」などの執筆に追われる売れっ子作家であった。江戸神田同朋町に住む馬琴は、漢方薬の販売も兼業し、日々多忙の中にあっても事細かに日々の出来事を細筆で書き綴っている。

この年、馬琴は、木曽義仲の遺児朝夷三郎義秀（あさひなさぶろうよしひで）を主人公とした「朝夷巡島記（あさひなしまめぐりのき）」の刊行に向けて校合作業に追われていた。

天下泰平から二百二十五年、江戸府内は庶民の活気あふれる化政文化が花盛り。黄表紙、洒落本、人情本、滑稽本、読本、草双紙、合巻など多種多様なジャンルの文芸が生み出された。江戸っ子の想像力をかき立たせ、冒険心を沸かせた。正月早々、大坂の板元から手紙や校合用の「すり本」（ゲラ）が馬琴のもとに送られて来た。正月四日に次のように書き記している。

一、夕方、京や弥兵衛状配り、大坂河太よりの紙包持参、うけ取書、これを遣わす、右は十二月二十五日出八日限早便、巡島記すり本五冊づつ二通り、来る、一部改行事にて差し遣わす分、一部は校合ずり也、然る処、先達而申し遣わし候事共、行き届き申さず、甚だ不都合に付き、猶又早々返書遣わすべき事

「京や弥兵衛」とは日本橋北の室町二丁目で営業した飛脚問屋京屋弥兵衛のこと。「状配り」とは書状・荷物を宛先に配送する飛脚人足のことである。「大坂河太」から紙包が八日限で届いた。「八日限」とは規定日数八日間で届けなければならない早便のことである。昨年十二月二十五日に発送し、正月四日に到着したから九日目に到着したことになる。

馬琴は正月六日にも「今日終日、巡島記六編一・三両巻すり本、入木直しこれ有る処、書き入れいたし、河太への書状長文一通これを認め、夕方、宗伯を以て嶋やへ遣わす、雪中薄暮に及び、暮れ六つ時ころ、宗伯帰宅」と記述している。この日は一日かけて手直しを行い、板元へ長文の手紙を認めて、息子の宗伯（松前藩抱え医師）に嶋屋へ行かせたとある。この嶋屋とは瀬戸物町で営業した飛脚問屋嶋屋佐右衛門である。

右の京屋弥兵衛と嶋屋佐右衛門は江戸を代表する飛脚問屋であり、当時の江戸っ子の誰もが知っていた業者である。現代日本人がヤマト運輸や佐川急便を知るような感覚である。実は京屋と嶋屋の輸送体系を解き明かすことこそが本書の主要テーマでもある。さて日記に戻ると、正月八日の記述からも校合作業に格闘する馬琴の姿が窺われる。

一、大坂河太、巡島記六編二の巻、一番校合、旧冬登せ遣わし候処、ほり揃わず、此節、揃ひ候分すり本参り候に付き、五丁メ・十七丁め・十八丁め、〆(しめ)て四丁校合いたし、幷(ならび)に一昨日六日にとり落し、登らず候一の巻本文狒々の条、入木これ有る分二丁、共に六丁、長文書状相認め、昼過ぎに調ひ畢(おわ)る、然る処、清右衛門罷り越し、今日小あみ丁へ罷り越し候に付き、右一封、帰路、嶋やへ差し遣わすべく旨申すに付き、通帳(かよいちょう)さし添え、これをゆだね、且つ右巡島記すり本五冊、馬喰丁若林清兵衛方へ遣わしくれ候様(そうろうよう)申し付け、若林への手紙これを認め、是又清右衛門を以てこれを遣わす、右はすり本行司方へ出し、わり印・添章とらせん為也、今日、清右衛門、多七雇ちん書出し持参、則ち金一両、これを遣わす、宗伯年始の供人足ちん也

どうやら「大坂河太」という人物は、大坂の板元のようである。四丁不足分と一昨日六日に取り落とした二丁分の計六丁を校合した。長文の手紙を認めて校合六丁と合わせて大坂へ返送しようとした。折よく来訪した娘婿の清右衛門勝茂（飯田町在住）が小網町へ行くというので、彼に頼んで、瀬戸物町の嶋屋から発送してもらった。

†大坂の板元とのやり取り

正月十四日には朝から夕方までかけて巡島記の初めの校合を終えたので、「大坂河太」に書状を認め、暮六つ半（午後七時）に宗伯に頼んで嶋屋から発送した。

一、暮れ六つ半時過ぎより宗伯を以て、せと物丁嶋やへ、巡島記六編校合四冊幷に書状、かけめ八十匁（もんめ）これ有り紙包一、差し遣わす、大坂河太へ登せ、八日限、ちん大坂払い也、新通帳へ、うけ取書、これを記す、宗伯、五つ半時前（午後九時前）帰宅、但し、校合五冊の内、二の巻は手廻しの為、旧冬登せ候間、此度は一・三・四・五の巻四冊、登せ遣わす

「かけめ」とは「掛け目」、つまり重さのこと。荷物の基本重量は一貫目＝三・七五キログラムである。この場合の掛け目八十匁＝三〇〇グラム程度なので、その分の料金となる。三月十三日には京屋荷物を受け取る。

一、昼後、京や弥兵衛状配り、大坂河太よりの紙包届け来る、請取書、これを遣わす、開封いたし候へば、巡島記六編初度校合直しすり本也、此方より登せ候校合すり本も下し申さず、その上、肝要の一の巻序文中の直しも参らず、五の巻の内にも四五丁不足にて参り候間、近日、その段申し遣わすべくため、かりとぢいたしおく

京屋弥兵衛の状配りから、大坂河太よりの紙包が届いた。ところが、中身を見ると、「朝夷巡島記」六編の初めての校合直しの刷り本が入っているのみであった。この前、馬琴から送った手直しの校合すり本も入っておらず、一の巻序文中の直しも見当たらない、落丁分もないあり様である。馬琴のいらだちが文面を通して伝わってくる。翌十四日には詳しく指示した長文の返書を嶋屋に依頼している。

一、大坂河太、巡島記六編校合一義、すり本来たらざる分、一の巻の内一・二・三〆三丁、五の巻の内〆四丁、其外迄くはしく両通にこれを認む。その外共要事長文にこれを認め、夕七つ時過ぎ、宗伯を以て、嶋やへさし出させ候、八日限飛脚ちんは大坂払いに致すべく処、届かざる時の為に候へば、飛脚ちん此方より立かへ、江戸払いにてこれを出す、薄暮、宗伯帰宅

馬琴は、大坂で刊行する巡島記の校合作業を行なっていたが、返送の際には馬琴が詳しい指示を手紙に記して送っている。夕方七つ時（午後四時頃）に宗伯に瀬戸物町の嶋屋まで行かせ、八日限の飛脚で発送を依頼した。飛脚賃を大坂払い（着払い）で頼んだところ、おそらく嶋屋から言われたのであろう、届かないことを考慮して馬琴の立て替え（江戸払い）で発送した。

十六日には「予他行中、京やより大坂河太よりの小紙包、届け来る、右は八日限早便也、先便二番校合ずりの内、一・五の巻とりおとし不足の分、一の序、目の一・同二・同五・同三・同六、〇五の二十七・同四・同三、〆九丁也」と追加で届いた。遠方とのやり取りだけに江戸にいる馬琴の思うように行かないこともあった。四月十日にも京屋弥兵衛から紙包を受け取ったが、馬琴は次のように不満を記している。

一、昼後、京や弥兵衛状配り、河内や太介よりの小紙包来る、うけ取書、これを遣わす、右ハ

先便申遣わし候巡島記六編初校合四冊、その外落丁の分、幷に表紙校合ずり也、とびら校合ずりは来たらず、且、二の巻校合本、旧冬登せ候節、手代請取、失念、仕廻しおき、太次郎存ぜざる候故、さいそくいたし候よし、怠状申し来る、彼のもの行き届かざる事、言語道断也

ここで初めて「大坂河太」が略名であり、正式には「河内屋太介」だということがわかる。落丁、表紙の校合ずりは届いたが、扉が届かない、また二の巻の校合本も昨年冬に送った折に河内屋の手代が受け取りながらもそのまま忘れてしまい、河内屋も知らなかったため、馬琴が催促したところ「怠状」（詫び状の意）を寄越したと述べられている。この時、馬琴は「風邪の気味」ということも手伝って、一層不機嫌であったのであろう。

†校合作業と刊行

馬琴が大坂の板元との意思疎通に苦慮しながらも、ようやく「巡島記」の刊行も目に見えてきたようである。四月二十四日には次のように書いている。

一、昼時ごろ、京や状使、大坂河太よりの小紙包、届け来る、請取書、これを遣わす、右は巡島記六編すり本也、近々うり出し申すべく旨申し来る、右序文の内、二字直し度処これ有るに付き、序文二丁校合いたし、右返書、幷に去戌九月勘定後立てかへ候分、明細これを認む、〆三通一封にいたし、今夕、予、嶋や佐右衛門方へ差し出し、八日限脚ちん払い、通帳面へうけ

取印形これを記す、五つ時帰宅、表紙の事・とびらの事等くはしく申し遣わす

京屋弥兵衛の飛脚から大坂の河内屋太介の小紙包を受け取り、受け取った旨の請取書を状配りに渡した。届いた品は「朝夷巡島記」六編の刷り本であった。近々刊行すると言ってきたが、見直すと序文で二字直したい箇所が見つかった。そこで河内屋に宛てて表紙と扉の指示を返事に認め、瀬戸物町の嶋屋佐右衛門まで馬琴自身で出かけ、八日限で依頼し、嶋屋側が通帳に請取印形を押印した。ようやく五つ時（午後八時頃）に帰宅した。

「朝夷巡島記」の刊行作業は最終段階を迎えた。昨文政九年の日記は一部しか残っていない（関東大震災で日記の大部分が焼失）ため詳細がわからないが、おそらく昨年も馬琴は京屋と嶋屋を使って大坂の河内屋太介と校合作業のやり取り、馬琴からの指示もあって盛んにやり取りを重ねたことが推察される。

だからこそ同年正月十日に「昼時、嶋や佐右衛門より新通帳持参、さし置き、かへる」と記されているのである。つまり嶋屋の奉公人（おそらく手代クラス）が年始の挨拶を兼ねて、新しい通帳を届けに来て置いて行ったのである。この通帳は飛脚問屋に限らず、商人が得意客のところに渡す付帳（つけちょう）である。江戸時代の決済は盆暮れ勘定であったため、得意客のもとに通帳、商人の手元に判取帳を置いて、勘定の際に照合（㊌の印を押す）しながら決済した。

滝沢馬琴は遠方とのやり取りで発送する際は嶋屋を専ら用いた。受け取るのは専ら京屋であ

る。こうした傾向は現代であっても荷主がヤマト運輸または佐川急便を使うのか分かれるように、馬琴にとっては使い分けの理由が特にあるわけではなく、嶋屋の方に馴染みがあったのであろう。日記を読む限りでは、おそらくただそれだけの違いであろうかと推察される。

大坂以外にも嶋屋の利用例がある。三月二日に「一、夕七つ半時ごろ（午後五時頃）、宗伯を以て、せと物丁嶋やへ、松坂との村佐五平へ遣わし候一封、並便にて、京角鹿江の書状十日限にて差し出させ、脚ちん払い、例の如く請取印形これを取る」とあり、宗伯に嶋屋へ赴かせ、松坂の殿村佐五平宛てに並便で、京都の鹿角清蔵宛ては十日限で発送した。

†頻繁な馬琴の飛脚利用

文政十年の馬琴による飛脚利用を紹介したが、馬琴日記を読むと、その後も頻繁に利用していることがわかる。この利用頻度は当時の商人、村名主（地方では年貢金を領主の旗本用人宛てに送るのに飛脚が使われる事例が散見される）に匹敵する。馬琴が文政十年（一八二七）から天保十一年（一八四〇）に飛脚を利用した記録を「巻末資料　滝沢馬琴の飛脚問屋利用（文政10年―天保11年）」にまとめたので参照されたい。

馬琴の飛脚利用は商人や名主並みに割と頻繁な部類に属している。もちろん「朝夷巡島記」刊行後は飛脚利用の頻度は下がるのだが、新たに原稿依頼があり、『俠客伝』の刊行に向けて板元の大坂河内屋茂兵衛とのやり取りで嶋屋利用が増加している。また伊勢国松坂の商人、殿村佐五平（改名後、佐六）との交流があり、こちらは頻繁に書籍の貸借、また馬琴の筆耕などでやり取りがなされている。

馬琴の利用頻度は、あたかも現代日本人がメールやラインでやり取りする感覚に似る。用事があるごとに飛脚問屋を使って意思疎通を図ろうとしている。もっとも飛脚問屋は瞬時ではなく、日数を必要とし、また経費も遥かにかかる。だからこそ回数が限られる手紙には本当に大切な要件が記されるし、また手紙にも気持ちがその分込められる。

また興味を引くのは、馬琴が嶋屋で直接発送する方法のほか、他に便乗して送るケースである。伊勢松坂の殿村佐六に送る場合、大伝馬町の殿村店に依頼して、殿村店が伊勢松坂に発送する飛脚便に同封している。大坂の河内屋茂兵衛宛てに送る場合も同様であり、馬琴が丁子屋平兵衛に依頼して書状を同封してもらい、間接的に飛脚問屋で送る場合が少なからずある。

書状のほかに紙包（小包）の発送も多い馬琴にとっては、書状だけでも同封させてもらえると経費負担が軽減されたはずである。経済観念の細かい馬琴には心理的にも負担が軽くなったであろう。逆に伊勢松坂と大坂から発送される書状・荷物も飛脚問屋から直接配送されて受け取る場合と、飛脚問屋から荷物を受け取った大伝馬町殿村店と丁子屋平兵衛から馬琴へ届けられる場合とが並存した。

瀬戸物町の飛脚問屋嶋屋へ荷物を持ち込む役割は息子宗伯、もしくは娘幸の夫の清右衛門がほとんどである。馬琴の妻お百が孫の太郎を連れて散歩がてら出向くことも少なくない。天保三年には下男多見蔵が瀬戸物町へ出かけることもあった。馬琴自身で嶋屋へ行くこともあったが、ごく稀であった。

鏑木清方筆「曲亭馬琴」(明治40年〈1907〉)。左が馬琴、行灯挟んで右が息子宗伯の妻の路である(鎌倉市鏑木清方記念美術館蔵)

表では示すことができなかったが、逆に馬琴宅に届けられた荷物を受け取ったのは、宗伯の妻路（みち）であることが多かった。彼女が京屋からの状配りに対応し、その場で確かに受け取った旨の請取書を記して状配りに渡した。路は、癇癪持ちの宗伯と夫婦喧嘩をすることも時々あったが、馬琴が後年に盲目となった後、馬琴の目となり、手となり、馬琴が口頭で言う八犬伝を、路が代筆して記したエピソードはよく知られる。

†荷物到着日数

飛脚問屋の日限（ひぎり）について調べるに当たり、馬琴日記のありがたいところは「六日限」「八日限」「十日限」「並便」などの記述がされている点にある。「六日限」とは六日間で荷物を届ける輸送規定日数のことである。全てではないもののの、発送日まで記してあるので、規定日数通りに荷物が到着したのか、はたまた延着したのかどうかわかる。馬琴が神経質なほど細かい点に気を配るタイプであったことが研究する上では幸いした（家族や、出入りの多い下女・下男にとってはどうだったかは別として……）。

まず文政十年三月十六日に馬琴は京屋の状配りから大坂河内屋太兵衛の小紙包を受け取った。これは大坂を三月八日に八日限の飛脚便で発送したとある。計算すると、八日目は十六日とぴったり合う。八日限をきちんと八日目で届けたことがわかる。

天保二年（一八三一）十月十九日、馬琴は京屋の状配りから大坂河内屋茂兵衛の小紙包一つを受け取った。これも八日限が使われた。十月十一日の発送なので、やはりきちんと八日目に届いている。

天保三年正月十九日、馬琴は「飛脚屋」から大坂河内屋茂兵衛の書状を受け取った。これは正月十一日出の八日限である。十九日に到着したので、丁度八日目に届いている。同年二月十三日に受け取った八日限の大坂河内屋茂兵衛の書状も、二月五日出なので、ちょうど八日目に馬琴は手紙を入手している。手紙には俠客伝が販売され、「評判よろしきよし」と認（したた）められており、馬琴も安心したのではないだろうか。同年三月五日に大坂河内屋茂兵衛から受け取った十日限の書状も二月二十五日出、九日目に到着したので、一日早く受け取ったことになる。
並便（即ち普通便）の例も挙げておこう。文政十二年（一八二九）五月二日には京屋便で大坂河内屋太兵衛から江戸大火見舞いを受け取る。これは並便で四月十八日に発送し、十四日目に届いたことになる。江戸定飛脚（じょうびきゃく）問屋の並便は半月から長くて一カ月程度なので、並便としてはきちんと早めに届いたことがわかる。

延着の事例を紹介しよう。

天保二年四月二十四日に馬琴は丁子屋平兵衛経由で大坂河内屋茂兵衛から書状を受け取った。これは六日限で四月十一日の発送である。即ち十三日目で馬琴のもとに届いたことになる。しかし、これは一旦、大坂から飛脚問屋に荷物が届き、荷物が仕分けられて丁子屋に配送され、その上で丁子屋から馬琴のもとに荷物が届く。馬琴のもとへ届くのは当然ながら遅くならざるを得ない。物に細かい馬琴は「延着也」と記した。

天保三年七月十三日に京屋から河内屋太市郎（前名は太兵衛）から書状が届いた。これは七月四日出の八日限早便である。五日から数えると九日目である。馬琴の計算では「今日十日め也」と記すが、十三日を含めているのであろう。四日は飛脚問屋の店先で受注し、馬に積めるように他の荷物と梱包して荷物一箇にしただけであり、五日朝に荷物が発送されたはずである。大坂から江戸の間で一日遅れが生じるのはやむを得ない。

こうした延着問題は江戸後期に飛脚業界でも問題視され、「正六日限」というように「六日限」に「正」を冠して、正真正銘六日で届くようにアピールするようになる。当時の交通環境は今と全く異なり、河川・道路事情や人馬（じんば）の継立（つぎたて）事情でなかなか予定が立てにくい。

だからと言って馬琴は、現代日本人のように業者の店舗先に乗り込み、日ごろの鬱憤を晴らすかのようにクレームを付けて土下座を迫るようなことはしていない。延着原因はおそらく街道の天候不順（特に長雨による川留）、問屋場（といやば）の馬の継立に遅れるなどいくつか想定し得るが、当時の人々は延着込みで飛脚問屋を使っていたのである。

荷物の中身と状態

馬琴は大坂や伊勢に荷物・書状を送る場合、書状は書状、紙包は紙包と別個に分けていることが多い。書状については、馬琴の場合、長文であることが多く、その分、紙がかさばる。同じ伊勢松坂の殿村佐六と小津新蔵宛てに送る場合、小津新蔵の書状を殿村佐六宛ての書状と合わせて「一封」とする。掛け目は二十五匁五分（約九五グラム）である。殿村佐六のもとに書状が届いたら、殿村が奉公人を使って小津新蔵のもとへ配送するものと思われる。

書状内容は、相手が板元の大坂河内屋太兵衛、または河内屋茂兵衛であれば、先述したように校合作業に伴う様々な注文であろう。相手が殿村佐六のように書籍の貸借関係が多い場合は、借覧希望の書籍を記す。それを互いに紙包にして送るわけである。借りた書籍の返送も同様である。天保三年十一月一日、馬琴は佐六宛てに八犬伝の写本を紙包で送っている。閏十一月六日に書状と併せて代金二分と銭二百十九文を送っている。

紙包は、右のように相手が板元であれば、初校、校合が多い。殿村佐六宛てのものは書籍が多くを占めている。書籍なので掛け目も当然重さが加わる。例えば、天保三年十一月十四日に殿村佐六から送られ、嶋屋に配送された紙包二つは一つが七百匁余り（約二・七キログラム）、もう一つが六百匁（約二・三キログラム）である。

右の紙包は、殿村佐六から貸し出した書籍と馬琴への返却本である。「南朝紀伝、同編年録、いせの巻、桜木物語、南狩録等也、並びに先達って貸し進め候、細々要記、元弘日記うら書、薪の記、雑記十一之巻、之れを返さる」とある。この時、書籍に傷みがあったようである。その原因は「一包あて板われ」とある。書籍を積み、上下に板を挟むのであるが、その板が重圧か落としたかで割れてしまい、「薪のけぶり表紙」が「いたくもめ損じ候」という不本意な状態となった。馬琴は表紙に「おしを置き候」と重しを載せたようである。その結果「少し直る」と多少なりとも改善されたらしい。

また後章で紹介するが、著名な『北越雪譜』の著者で越後国在住の鈴木牧之（一七七〇―一八四二）との手紙のやり取りも二宮忠兵衛という商人を介している。この二宮忠兵衛は本業

（馬琴は二宮忠兵衛に足袋を注文）を持ちながら飛脚への取次業も兼ねていた節が窺える。馬琴を取り巻く人間関係は特に遠方の場合、飛脚問屋を介してつながっていたということがわかる。このことは馬琴に限らず、他の文人にも当てはまることが今までの研究で判明している。江戸庶民文化の豊穣とは飛脚問屋に代表される江戸の社会資本がきちんと整っていたからこそ成立していたのだと言えよう。

文政十年六月三日、馬琴は一日中読書をしていたが、右の上の糸切り歯が抜け落ちた。それまではこの糸切歯を入れ歯の支えとしていたが、「歯牙皆脱し了、故に復るの義か、自笑に堪えたり」と、また赤ん坊に戻ったのかと自虐的に一人笑った。四日に牛込神楽坂にある入歯師吉田源二郎方へ幸便でそちらへ行く旨を伝え、五日に出かけて入れ歯の型を取らせた。入れ歯は上下合わせて金一両三分の料金であった。

家族に囲まれ、執筆・校合作業に多忙な馬琴の姿。次章以降では、彼が荷主として利用した飛脚問屋に焦点を当て、馬琴日記に「京や」「嶋や」と名前表記しかされない、定飛脚問屋の京屋弥兵衛、嶋屋佐右衛門を巡る飛脚問屋業界を垣間見ていきたい。

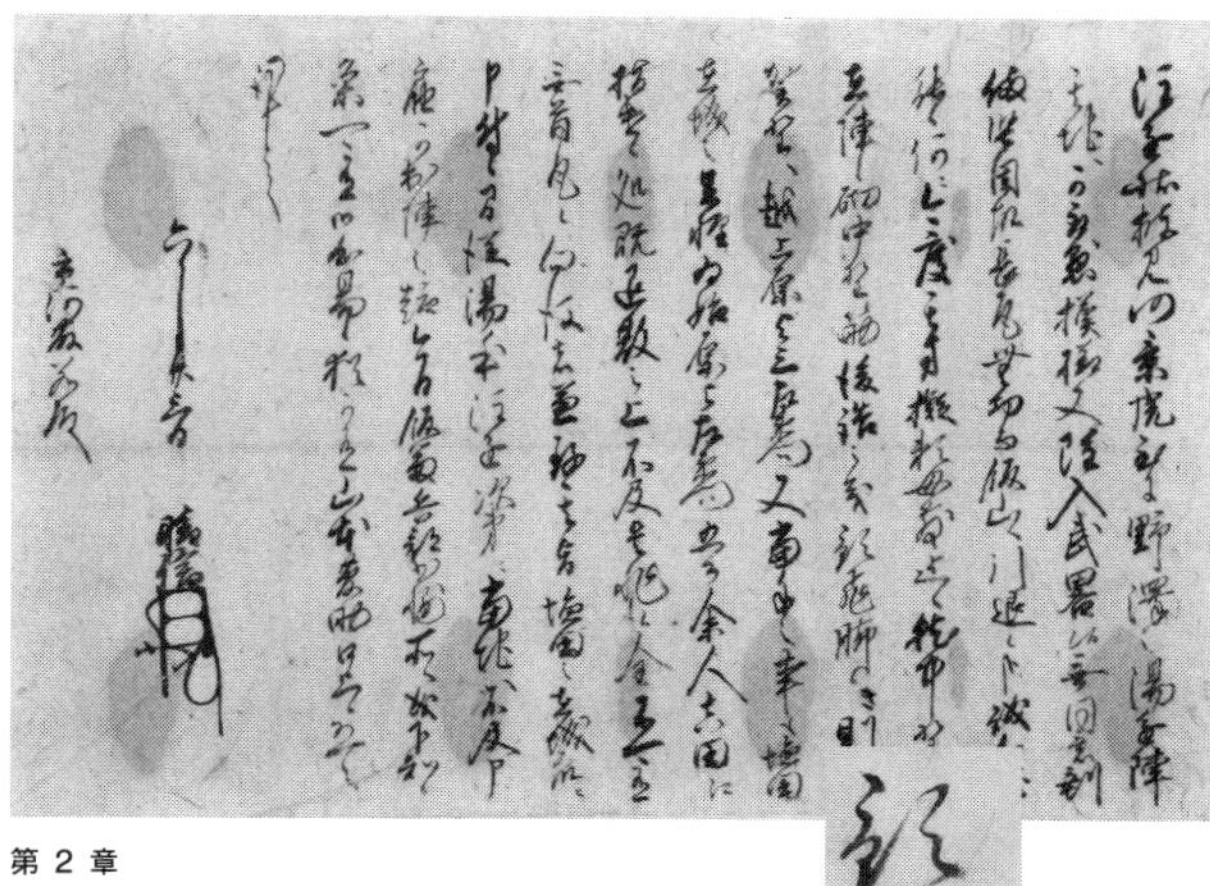

第 2 章

「飛脚」の誕生

武田晴信（信玄）から市河藤若への書状。この5行目に「預飛脚候き、則倉／賀野」と、飛脚の文字がある（山梨県立博物館蔵、弘治3年〈1557〉）

1　飛脚と源平合戦

†〝馬〟は足の延長

本書の一貫したテーマである「飛脚」という言葉は、一体いつ生まれ、どうして広く用いられるようになったのであろうか。まず馬の話から入りたい。現生人類（ホモ・サピエンス）は手で用いる道具（石器、金属器）を発明した。次いで農耕民族と遊牧民族により馬の牧畜が始まり、そして農耕・牧畜用途以外に足の〝道具〟としての馬を発見した。

石器や矢じりなどの武器は手の延長である。人類は道具を用いることで、手の能力を付加価値的に最大限に発揮させた。移動に用いる足と、運搬に用いる頭と背中の延長の馬も同様である。格段に人の労働効率を上げ、特に運搬・移動能力を飛躍させた。「馬はほんの一〇〇年ほど前まで、人間の最善の奴隷であり、最良の友であり、最大の脇役でした」（本村凌二）と言われるほど、人の生活に馬は欠かせない存在となった。

人類が数万年かけて大陸へと広がったグレートジャーニーと比較すると、人類は計画・予定的に何カ月、何日という時間域で、より遠方へと目指せるようになった。農業革命により大人口を養えるようになると、貧富の格差と宗教という共通意識から権力が生まれる。併せて労働・交通としての馬に付随して騎乗技術が発達して戦争に転用されると、馬の行動範囲が権力の及ぶ範囲となった。

右の結集体が即ち大帝国の出現である。馬は遠くの敵を撃滅する軍の派遣を可能とした。「遠征」を可能としたのである。文明の勃興からほどなく大帝国が誕生した。帝国の政権は四方八方に街道を整備し、通信制度を整え、命令を伝達し、版図を維持した。

そのため古今東西共通して国あるところに必ず通信制度が存在した。ヒッタイトに始まり、古代ペルシャ、古代ローマ帝国、漢帝国の駅伝、元（モンゴル民族の中国王朝）の通信制度、インカ帝国の飛脚、古代日本の駅制などいずれも通信制度を整備した。それらの通信制度はインカ帝国を除いて馬が活用された（星名定雄『情報と通信の文化史』）。

その具体的な方法は「駅」を設置して、馬を常設し、馬と駅を管理する役人を常駐させ、その駅を維持するための税収を確保した。馬が走るには整備された街道が必要である。定期的に道普請を実施することによって街道上のスムーズな通行を可能とし、命令・書状を持った駅馬が最優先にまっしぐらに目的地へと駆けた。

大帝国が金も人も手間もかかる通信制度を整備した理由は、一国支配を貫徹するために命令を版図にくまなく周知させる必要があったからである。一方で通信制度に街道・設備・馬・官吏などは不可欠な社会資本であるが、遠方で反乱（もしくは外敵の侵入）が起きて遠征軍を派遣する際、そのまま街道は軍用道路に、常設の馬は軍需物資を運ぶのに転用された。結果的に補給路が断たれない限り、人員・武器・軍需物資（食料・薬など）を輸送し、反乱軍を鎮圧することができた。

そうした事情は日本でも同様である。五世紀に馬が導入されると人の移動の広域化を促した。大和王権は支配領域の拡大を進めた。倭王武（雄略天皇に比定）は「馬」（軍馬）によって「東に毛人を征すること五十五国、西に衆夷を服すること六十六国、渡りて海北を平らげること九十五国」（倭王武「上表文」）を可能とし、宋の権威を背景として、陸上は馬、水上は船を駆使して大和王権の勢力伸長を遂げた。

日本では古代日本の通信制度として上代駅制が敷かれた。五畿七道（畿内、東海・東山・北陸・山陰・山陽・南海・西海道）の行政区分にそれぞれ官道が敷かれ、七世紀に「駅制」が誕生した。複数の駅をつなぎ、常設の馬を中継することで最速の「飛駅」を可能とし、一日に最長で一六〇キロ、通常で一二八キロを移動することができた。併せて「伝馬（てんま）」（各宿場に一定の人馬を常置）は郡衙（郡司の役所）に設置され、官民の移動者に供した。

この馬と馬とを中継するという方法は古代に中国から日本に導入された。そして明治二十年代に鉄道が広域・加速的に敷設されるに至るまで、馬の継立による通信・物流制度が主要な移動・運搬手段であり続けた。北海道では昭和初期まで、この方法が続いた。第二次世界大戦でも、基本的には馬と船が重要な兵士・軍需物資の輸送手段であった。

平安時代中期に上代駅制が崩れたところから、代替通信手段として「脚力」(人間の走行と歩行による)がそれに取って代わる。これは早馬ではなく、歩行で移動した。武士が台頭する平安時代末期には「飛脚」が戦争の中から登場する。馬を組織的に交換できない不測の状況が多々ある中では歩行・走行による「脚力」の方がむしろ効率がよかったであろう。この脚力が「飛脚」と呼ばれるに至る。鎌倉幕府が成立し、中世東海道を中心に宿駅制度がある程度整備されると、基本一頭の馬による早馬も「飛脚」と呼ばれた。即ち鎌倉飛脚(関東飛脚)である。鎌倉時代は寺社・貴族の間にも「飛脚」を使う習慣が広がり、歩行による飛脚も存続した。

室町時代は戦乱が相次ぎ、特に中期・後期は将軍権力が弱体化し、恒常・安定的な宿駅制度を維持するのが困難であった。そのため歩行による飛脚、あるいは発着一貫として同じ馬を歩行させる飛脚ができあったと思われる。地域紛争の絶えない戦国時代にも「飛脚」は死語となることなく、むしろ遠方で起きた情報への希求から積極的に用いられ、戦国大名により「早飛脚」「続飛脚」の言葉が生まれ、より速報性が求められるようになった。戦国時代の飛脚は早馬(分国内)と走行(分国内外)が臨機応変に併用された。

日本史上最大の内戦期(戦国時代)が終息して江戸時代に入ると、民間の商人によって「飛脚の行為」それ自体がビジネス化された。馬と走行(歩行)が移動手段である点では古代と全く変わらない。江戸期の飛脚にはメッセンジャー的な機能に加え、商い荷を輸送する物流的な性格が加わった。情報を媒介するという本来の意味での通信制度、また大災害が発生するといち早く顧客に報知するという速報性も維持し続け、ビジネスの一環として内在した。

ビジネス化した飛脚業（荷物を店舗で受注する飛脚問屋）は本店のほか、各地に出店・取次所を設置し、複数業者で仲間を組織して確固たる通信・輸送網を築いた。この形こそが現在の郵便制度、日本通運、ヤマト運輸、佐川急便などで継承される輸送網である。

江戸期の飛脚問屋の大きな特徴は、戦国時代に生まれた「早飛脚」を輸送商品の主力の名前に用いた点である。「何日までに荷物を届ける」という規定日数を貨幣価値化し、輸送そのものを商品として販売したという点こそが江戸の飛脚問屋そのものであった。中世までとは明らかに異なる近世物流革命とも形容できる現象であった。

際立ったのは単独の飛脚業者がそれを扱うだけでなく、仲間組織として受注するようになった点である。江戸社会の需要に合致して「早飛脚」は飛脚問屋の花形の主力商品であり続けた。しかし、江戸時代の交通環境は現在に比すれば劣悪である。長雨・台風によって川留、土砂崩れとなり、天災（地震、噴火）、人災（火災、強盗、窃盗、戦争）など運送を妨害する現象は枚挙に暇がなかった。だからこそ飛脚を利用する江戸の武士、農民、商人、町人たちはある程度の延着を前提に飛脚を使っていた。

†「飛脚」の語の淵源

古代日本史には「飛脚」という言葉が出てこない。それまで使われた脚力を強調した「飛脚」という言葉が生まれるには、それなりのきっかけ、相当に強い契機がそこにあったからであろう。その契機とは即ち戦争であると筆者は考えている。戦争を背景に「飛脚」という言葉が生まれ、鎌倉・京都及び戦争のある箇所を中心に広まったものと推察している。

「飛脚」を生み出した戦争とは具体的に、治承・寿永の乱(一一八〇~八五)であると考える。それ以前に「飛脚」の語はなく、乱以後の史料に散見されるからである。東西に長い列島規模で広域的に展開された源平合戦が日本史上に「飛脚」の語を誕生させた契機であったものと見られる。

その前の保元の乱(一一五六年)と平治の乱(一一五九年)のような局地戦では飛脚は生まれない。飛脚誕生には〝距離〟が必要なのである。「飛脚」の発祥と語源については前著『江戸の飛脚』『上州の飛脚』でも基本的な考え方を示したが、今も当時の見解と変わりはない。

治承・寿永の乱より前に「飛脚」という語はなかった。「飛脚」という言葉が使われる以前、それに相当する用語は前出の「脚力」であった。「脚力」以前には政府はどのように命令を伝達したのか。先述の古代駅制と呼ばれる通信制度である。飛鳥時代の天皇権力の強い時代に駅制が存在し、維持され続けたが、中央権力が相対的に弱まる平安中期以降は駅制が機能しなくなり、維持し得なくなった。

そのため「脚力」が歩行によって朝廷の命令を地方へと伝達した。地方で反乱などの一大事が起これば、中央へと報じた。この「脚力」が飛脚誕生以前の、いわばメッセンジャーであったが、本来何もなければ、「脚力」のまま使われ続けてもよかったわけである。しかし、そうはいかない情勢が生まれた。

「飛脚」が生まれた背景には情報への強い希求というものが存在したであろう。戦況、勝敗、味方の将兵の安否、敵方の動静など知りたいと思うことは山ほどある。戦場が遠く離れているほど、情報を喉から手が出るほどほしいと思ったはずである。強い動機があったから脚力より一層の速さを求めて「飛脚」が誕生したと言えよう。

飛脚の語を生んだ治承・寿永の乱以降の史料上に「飛脚」の文字が登場する、まず一次史料として最も信憑性のある「玉葉」を引用する。「玉葉」の筆者は京都朝廷で摂政・関白を歴任した貴族の九条兼実（一一四九―一二〇七）である。源平の合戦が始まる治承四年（一一八〇）九月九日条のくだりを掲げる。

関東に反逆の聞え有り、去る五日大外記・大夫史等、召しに依りて院に参じ、評議有り、追討すべきの由、頭弁宣下、左大将官符を成され、（平）維盛、忠度、知度等、来る二十二日下向

すべし云々と、但し群賊纔五百騎許、官兵二千余騎、已に合戦に及び、凶賊等山中に遁れ入る了の由、昨日　六日也　飛脚到来云々

源頼朝の挙兵（まだ「群賊」扱い）の事態に対して、朝廷では後白河法皇を中心に評議が開かれ追討軍進発の院宣が下された。飛脚の情報によると、頼朝方がわずか五百騎、官兵（大庭景親方）が二千余騎で戦闘状態（石橋山の合戦）に入り、頼朝方が負けて山中に逃れたという。

右が「玉葉」における「飛脚」の語の初見である。それまでの記述には「使」「御使」が登場するのみであり、「飛脚」の語は全く見られない。右の文面は少なくとも京都から遠く離れた相模国で起きた戦況を一刻でも早く知りたいという貴族たちの欲求がうかがいしれると同時に、前線の武家が飛脚を発してそれに応えようとしたことがわかる。

次に「飛脚」の語源について考えてみたい。明らかにある意図をもって命名された造語であることは論を待たない。その意図とは〝速さ〟である。戦争を背景に生まれたという、そのこと自体が従来の脚力に速さをプラスさせたことを暗に物語っている。飛脚は「飛」と「脚」の字から成るが、「脚」は脚力からの連続性をにおわせる。問題は「飛」である。坂本太郎氏は古代通信制度の中の最速便「飛駅」（早馬）の「飛」を転用したと唱えている。しかし、筆者はそう思わない。

その理由を述べる前に、もう少し「玉葉」について触れておきたい。まず「玉葉」の執筆者である九条兼実はあくまでも戦線から発せられた飛脚がもたらした〝情報の受け手〟であることを押さえておきたい。「玉葉」には右の記述以降も「飛脚」がもたらした記述が散見されるのであるが、いずれも情報の受け手として、あり様そのままを日記に筆写している。つまり飛脚の名付け親はあくまでも前線で発した側の武家であることがわかる。どうやら武家の中から「飛脚」が発生したと言っても間違いではなさそうである。

そこで「吾妻鏡」における「飛脚」の語の初見である治承四年九月七日を引用したい。時系列的には「玉葉」の飛脚事例の直後のことである。

> **平家の方人小笠原平五義直といふ者あり。今日軍士を相具して、木曽を襲はんと擬す。木曽の方人村山七郎義直、幷に栗田寺別当大法師範覚等、此事を聞きて、当国市原に遭ひて勝負を決す。両方合戦半にして、日已に暮る。然るに義直箭窮きて、頗る雌伏し、飛脚を木曽の陣に遣はして、事の由を告ぐ。仍って木曽、大軍を率い来りて（後略）**

平家方の小笠原義直が兵を率いて木曽義仲（源頼朝の従兄弟）を襲撃しようとした。木曽義仲の味方である村山義直と栗田寺別当大法師範覚がこのことを察知して、信濃国市原で勝負を決しようとした。戦闘の途中で日が暮れてしまい、義直方の矢が尽きて危地に陥った。そこで義仲のもとへ飛脚を派遣して事の次第を報せたのである。

右の飛脚の事例の移動距離は、信濃国内の市原（現在の長野市若里とされる）から木曽義仲の陣までであるが、義仲がどこに滞陣していたか不明のため正確な距離が出ない。だが、信濃国内であることは間違いなく、だとしてもせいぜい数キロか十キロ単位であろう。

どうも右のような戦場において緊急を要する状況を報せるために「飛脚」が生まれたものと思われる。相模国から九条兼実（のいる朝廷）へ情報を届けた飛脚は、戦場の範囲で使われていた飛脚をそのまま遠方へと距離を延ばした存在であることが推察される。人選して「使者」を派遣するよりも即座に手紙を持たせる方が断然と効率がいい。

「飛」の話に戻るが、武家の中から生まれた飛脚がすでに制度上消滅した「飛駅」などという言葉を知っていたであろうか。筆者にはそうは思えない。むしろ速さを讃嘆する際に当時よく用いられた形容表現の「飛鳥の如し」から取ったものではないだろうか。

†飛脚のなり手——雑色が活躍

平安時代末期に登場した飛脚はどのような身分の人が担ったのであろうか。その答えは「吾妻鏡」に書かれている。

文治元年（一一八五）五月の壇ノ浦の合戦のくだりに「宝剣を尋ね奉る可きの由、雑色を以て飛脚と為し、参州に下知せしめ給ふ」と明記されている。鎌倉殿たる源頼朝が宝剣（草薙剣、三種の神器の一）を探すように「雑色」を飛脚として派遣し、参州、即ち源三河守範頼に下知したとのだとする。

「雑色（ぞうしき）」身分の者たちが飛脚を務めたことがわかる。雑色とは武家の身の回りの雑務をこなす雑役夫をいう。『今昔物語集』巻第二十九「人に知られぬ女盗人の語」に「水旱装束なる雑色三人」が出てくるが、この雑色は注に「走り使いをする下男」と説明される。平安時代の雑色の延長上で、平安末期に飛脚のなり手となったとも考えられる。

但し、武家の雑色はただの雑役夫ではなく、飛脚も務めるほか、間諜として奥州藤原氏の勢力圏に潜伏した。これは例外に属すると思われるが、将として上方での騒動を軍事鎮圧した事例も確認できる。いわば幅広く何でもこなす便利な存在であり、主人に強く信頼された。

西日本での源平合戦期は頻繁に西国から鎌倉へ使者と飛脚が発せられた。「使者」は重臣クラス、発信者になり代わり書状を手渡すと同時に口上（口頭で意思を伝える）を述べる。もちろん使者は飛脚と格が違い、相手に敵対意思を示されるとき、手切れの意味で斬首の対象ともなる。しかし、「飛脚」は書状を渡すメッセンジャーでしかない。鎌倉幕府成立期の文治元年（一一八五）源頼朝は鎌倉と京都を結ぶ東海道に馬を常設する「駅道之法」を発令した。そして鎌倉から上方に命令を伝達する場合、各宿の馬を中継しながら早馬で京都を目指した。幕府は承久の乱（承久三年、一二二一）後に京都六波羅探題を設置した。六波羅探題は鎌倉飛脚を発して京都政治情報を鎌倉幕府に送った。要した日数は早くて三日、大方五―七日であった。

鎌倉は指令を京都に発信した。

治承・寿永の乱に始まり、平家滅亡の文治元年（一一八五）、また奥州藤原氏滅亡の文治五年（一一八九）にかけての一連の合戦は、これまでの局地戦（保元の乱、平治の乱）と違い、西国・奥羽へと戦線拡大した列島規模で展開された合戦であった。遠隔地を結ぶ通信手段として「飛脚」が生まれ、その利用価値が大いにクローズアップされた。

2 戦国時代の飛脚

†足利義輝の「早道馬」構想

室町幕府の飛脚については中国地方の守護大名大内氏の事例を取り上げたことがあるが、ここでは新たな飛脚の事例として、十三代将軍足利義輝（一五三六―六五、将軍在職四七―六五）の「早道馬」について取り上げる。

早道馬献納については平野明夫、宮本義己、本多隆成諸氏の先行研究がある。主に徳川家康と室町幕府との最初のつながりに焦点を当て、家康が義輝に早道馬を献上した政治的意義について論じられている。いずれも早道馬そのものについて論じてはいないので、本節では飛脚に通ずる通信の意味として「早道馬」に絞って考察を試みたい。早道馬の献上は義輝自らの要望に各大名が応じたものとされる。

次の史料は足利義輝が早道馬に関して誓願寺泰翁に宛てたものである。

今度、早道馬の事、内々所望の由申し候処、松平蔵人佐に対し申し遣わされ、馬一疋嵐鹿毛則ち差し上げの段、悦喜此の事に候、殊更比類無き働き驚目候、尾州織田三介かたへ所望候と雖も、今に到来無く候処、此くの如き儀別して神妙候、此の由申し越さるべく事肝要候、尚松阿申すべく候也

三月二十八日　**(足利義輝)**

誓願寺泰翁　**(花押)**

右の足利義輝御内書からは、義輝が松平蔵人佐（後の徳川家康、以下こちらで呼称）に対して早道馬を所望し、嵐鹿毛という名前の早道馬一疋を献上したことがわかる。そのことを義輝が大変喜び、比類なき働きに驚いているとしている。それに比して織田信長の名前を挙げて早道馬を所望したが、未だに献上がなされていないことにも触れる。

右の史料は平野明夫氏によって永禄四年（一五六一）のものと推定されている（平野明夫「戦国期の徳川氏と足利将軍」）。京都寺院の誓願寺住職である泰翁は、室町幕府将軍家と貴族にもつながりのある僧侶であり、徳川氏の京都における取次役（平野氏は「在京雑掌」と位置付ける）のような立場で徳川氏と将軍家との間を仲介した。

この「早道馬」について、平野氏は「足の早い馬」と表記している。しかし、足利義輝が駿馬を所望し、戦国大名がそれに応じたという、それだけのものであろうか。本来「早道」とは飛脚のことを意味する。換言すると、早道馬とは〝飛脚馬〟とも表現できよう。

義輝が早道馬を要望した相手は家康だけに止まらなかった。ほかに織田信長、今川氏真に早道馬献上を要望した。

栗毛糟毛早道馬の儀に就き、御内書頂戴致し候、則ち進上仕り候、仍て御請け申し上げべく候と雖も存分候の条、孝阿上洛の時分様体申し上げべく候、中ん就く鉄炮一丁拝領せしめ候、忝く存じ候、此の度御取り合い預かるべく候、恐々謹言

六月二十五日　　　氏真（花押）

大舘奥［陸奥］陸守殿

盛方院

これを進らせ候

家康より遅れること三カ月後に今川氏真も早道馬を献上したことを示している。大舘陸奥守とは義輝の側近の大舘晴光のことである。早道馬献上の際、今川の使者が上洛した際、鉄炮一挺を拝領したとも記される。今川家は足利家一族であり、将軍の気遣いが窺える。さらに遅れること半年後に織田信長も義輝に早道馬を献上した。

今度、御内書成し下され候、忝く存じ奉り候、寔に生前の大幸これに過ぎず候、随て御馬一疋青毛進上致し候、併せて御内義候条此くの如くに候、御取り成し本望たるべく候、恐惶謹言

十二月二十日　信長（花押）

大舘左衛門佐殿

人々御中

信長は、家康、氏真と比べてかなり遅れて献納した。言うまでもなく織田信長、徳川家康、今川氏真は東海地方の大名である。右の時期、今川氏からの自立と三河国の失地回復を目指す家康と、氏真とは戦争状態にあった。宮本氏は「元康の早道馬献納は天下静謐の一環として東海三大名の鼎立を図った将軍義輝の和平政策を牽引し、併せて元康の戦国大名としての躍進の基を成したことに、その意義を見出せよう」と評している。実は義輝は東北地方の大名にも早道馬を所望した。

出羽国最上山形孫三郎がたより早道馬差し上げべくの由、言上の間、分国中異議無く馳走頼み入るべく候、様体に於いては関白殿より御演説有るべく候、猶晴光申すべく候也

六月二十六日　（花押）

上杉弾正少弼殿

右は永禄四年、出羽国の最上義守（著名な最上義光の父）が早道馬を献上したことがわかる史料である。右の史料は上杉輝虎（謙信）に宛てられ、早道馬を献上する際、上杉領を通るので配慮を申し付けている。そこからは上杉輝虎からの早道馬献上も想定される。輝虎は供廻りだけで上洛し、義輝に拝謁して、将軍家への忠義心が篤いことで知られる。

この足利将軍家の早道馬所望は戦国大名に止まらない。国衆にも所望が及んでいる。

馬所望の条、差し下し孝阿候、馳走せしめ急度牽き上げ候は喜び入り候、猶晴光申すべく候也

（天文二十二年）

五月二十六日　　　　**花押（足利義輝）**

横瀬雅楽助とのへ

右は義輝が横瀬雅楽助、つまり上野国新田郡の太田金山城を拠点とする国衆、由良成繁に宛てた御内書である。早道馬を所望する旨を伝えたものである。右に付された大舘晴光の添え状が次の通りである。由良成繁は北条氏への従属と離叛を繰り返した外様国衆である。

御馬速道御所望の由、上意候、仍て御内書成され候、御進上候は、喜び思し食されべくの通り、その意を得て申すべく旨仰せ出され候、御気色の趣き、具さに孝阿申し入れべく候、恐々謹言

五月二十六日　　　　**晴光（花押）**

横瀬雅楽助殿

右には、もし早道馬が献上されるならば、義輝が喜ぶであろうとする旨が記される。注目されるのが文書の発給時期である。東海道の戦国大名三家からの早道馬献上の永禄四年から数えて八年前にさかのぼる。義輝が早道馬を所望したのは結構な早い時期からであったことがわかる。天文二十二年（一五五三）の段階は義藤であるが、翌年に義輝に改名している。十八歳なので政治的な判断も十分に行える年齢である。五カ月後の十月二十七日にも次の御内書が由良成繁のもとに届けられた。

勝れ候早道馬これ在る由候、其の聞こえ候、急度牽き上げるに於いては喜び入るべく候、その為差し下し文次軒候、猶信孝申すべく候也

十月二十七日　　　**（足利義輝）**
（花押）

横瀬雅楽助とのへ

右の御内書は早道馬の催促である。とても優れた早道馬がいると聞いていると、義輝が由良成繁に献上を促している。

早道馬を献上した東海道沿いの織田信長、徳川家康、今川氏真、羽州山形の最上義守、また献上を打診された上野国新田金山城の由良成繁と史料を挙げたが、ここから言えることは足利義輝の早道馬構想のようなものが浮かんでくる。東海道の大名三家のライン、上野国の由良氏を結ぶ中山道のライン、山形と越後は北陸のラインである。

義輝は父義晴の遺志を継いで足利将軍家の権威復活に尽力した将軍として知られる。先述の宮本氏によると、義輝は中国地方の毛利、尼子、九州の大友氏の和平を推進したことが明らかにされている。ほかにも永禄元年（一五五八）には長尾景虎（上杉謙信）と武田晴信（武田信玄）との抗争を、さらには徳川家康と今川氏真の衝突にも義輝が仲裁して事態を収めさせようと試みている。

義輝の仲裁は、どれほどの効力があったか疑問だが、戦国大名（分国）の存在を前提とした上での権力均衡に基づく支配体制を目指そうとしたものだったのではないだろうか。その一環として義輝は早道馬制度を整備し、京都に複数疋の早道馬を常備することで、自身の意向を地方の末端まで行きわたらせ、天下に秩序をもたらそうと構想したとは言えないか。

しかし、いかんせん麾下（きか）の将兵を持たない足利将軍家は守護大名（または戦国大名）の支持がなければ、自身の敵対勢力を討伐できない弱みがある。そのことをよく認識していたはずの義輝であったが、守備の手薄い御所を三好三人衆に襲撃されてあっけなく殺害されてしまう。早道馬構想は道半ばで絶たれたのである。

戦国大名による領国形成に伴い、むしろ分国の中で飛脚制度が発達することになる。北条氏、武田氏、今川氏などではそれぞれ飛脚を用い、同盟や調略などに巧みに用いる。

†三つの通信手段——使者、使僧、飛脚

戦国大名と「飛脚」とは密接な関係にあった。自家の存亡が懸かっている戦国大名にとっては、境目の接する敵対勢力の情報は喉から手が出るほど必要であった。また「敵の敵は味方」の言葉通り、同じ敵を共有する勢力との通信も必要不可欠のものであった。情報入手と的確な政治・軍事的判断こそが自家の勢力を存続させる大切な要件であった。

戦国大名は、同盟関係にある大名家との通信を一体どのように行ったのであろうか。筆頭格は「使者」「使」である。使者とは、主君の意を奉じて同盟方、また敵方に派遣され、主君を代弁する存在のことである。これは使者の派遣先の身分・家格・官位にもよるが、上級・中級クラスの家臣が担うことが多い。例えば、仙台の伊達政宗が豊臣秀吉の下へ使者を派遣する場合は片倉小十郎や鬼庭綱元のような重臣クラスが人選されるが、同じ大名家への使者であれば、中級家臣が選抜される。

二つ目は「使僧」である。これは寺院の僧侶が戦国大名の使者となり、手紙を持参する役割を担った。使者、使僧共に共通するが、概要を手紙で伝え、詳しいことは身元保証した使者と使僧が口上を述べた。これは詳細を記した密書などがまかり間違って敵対勢力の手に渡った場合のことを考慮してのリスク回避の方法であった。使僧の選択基準については長谷川弘道氏が

今川氏の使僧東泉院を事例に戦国大名との「個人的なつながりの中で選ばれていった」と指摘している。

三つ目は「飛脚」である。「脚力」の名でも記される。珍しいのは「飛力」と記される書状（『戦国遺文　真田氏編』第二巻）もある。これは徳川家康の重臣、大久保長安が使用している。飛力とは飛脚の「飛」と脚力の「力」が一緒になった言葉と思われるが、長安以外での使用例はまだ確認されていない。

戦国期の飛脚に関しては、拙著『江戸の飛脚』で後北条氏の事例を紹介した。『戦国遺文後北条氏編』に基づいて、後北条氏の飛脚が武士、町人、寺僧、修験者、金打（時宗の在俗僧）など幅広い身分に飛脚役を命じていたことがわかった。

本節で紹介する武田氏、今川氏、真田氏の飛脚がどのようなものであったのかはなかなか実態がわからないのが正直なところである。後北条氏のように身分的に多岐に亘って飛脚役を担わせていたのかどうか基本的なところがなかなかつかめない。

誰が運んだかによって書状も呼び名が変わった。使者がもたらした書状のことを「使札」と呼び、飛脚が運んだ手紙は「飛札」と使い分けられている。戦国時代の使者と飛脚とは違うものとして明確に区分されたことに由来する。天正四年（一五七六）発給とみられる四月三日付の「木曽家家臣某起請文写」からわかる。

敬白起請文

一、奉対勝頼様、義昌様未来を尽し、全く逆心緩怠の事を企てべからず。

（中略）

一、織田信長父子を始めとして上杉謙信・同景虎幷喜平次・徳川家康父子・今河氏真・飛州衆、惣じて甲州御敵方に従い、縦若干の所得を以て計策の旨候の共、全く同意致すべからず候、然ら者敵方よりの使者・飛脚においては、則ち召し搦め甲府へ進上致すべく候、又申し来る旨隠し無く、速やかに言上せしむべく事（後略、傍点筆者）

右の史料は『戦国遺文　武田氏編』第四巻からの抜粋である。勝頼様とは武田勝頼、義昌は木曽義昌のこと。天正四年は前年の長篠合戦で武田氏が織田・徳川連合軍に大敗を喫した直後である。武田家及び家臣団に動揺が走り、右のような起請文の提出につながったのであろう。木曽家の家臣に提出させているのは、念がいっているが、注目してほしいのは傍点部の「使者・飛脚」ときちんと書き分けられている箇所である。明らかに使者と飛脚とは異なるものとして認識されていたことがわかる。

「飛脚」という言葉は、先述したように平安時代末期に登場し、鎌倉・室町時代と使用され、死語とならずに残り続けた言葉である。戦乱の絶えない戦国時代にも使われ続けた。棒グラフ（武田、今川、真田氏史料中の「飛脚」表記数）を参照されたい。これは『戦国遺文』の武田氏編、今川氏編、真田氏編に基づいて史料中の「飛脚」の語の記載数を統計化したものである。統計としては条件的に問題（史料の残り具合、年号の長短）があるのは承知しているが、語弊を恐れずに言えば、戦国時代の特に永禄年間から天正年間にかけて「飛脚」の語が多く見られること、また慶長年間は『戦国遺文　真田氏編』のみの数であるが、関ヶ原合戦、大坂の陣が起きているため「飛脚」「早飛脚」が頻出する傾向にある。

戦国大名の版図である境目が脅かされ、勢力地図が大きく動こうとする時期に飛脚が盛んに行き交っていることが統計からわかる。

武田、今川、真田氏史料中の「飛脚」表記数

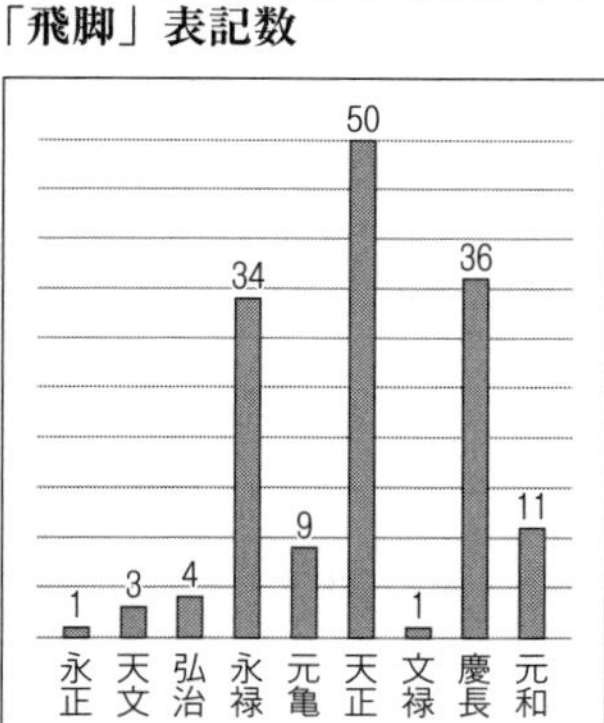

武田氏の飛脚

『戦国遺文　武田氏編』における最も古い「飛脚」の記述は、弘治三年（一五五七）六月二十三日付の市河藤若宛て武田晴信（後の法性院信玄、いわゆる武田信玄）書状である（巻末資料　武田氏関連史料中の「飛脚」一覧参照）。越後の長尾景虎（後の上杉輝虎、謙信）が野沢温泉の辺りへ出陣してきたのに対し、景虎が何の功もなく、飯山へ退陣したのは、晴信が中野筋に在陣の砌に市河藤若が後詰をしてくれたお陰であり、そのことを飛脚で認識したと述べている。

また年不詳ながら永禄元年（一五五八）の箇所に所収される遠江国（静岡県）の天野景泰・同虎景宛て武田晴信書状には「自今以後は互いに相通じらるべく、快意させべく候、その為わざわざ飛脚を越し候、仍って黄金二枚これを越し候、委細は彼の口申し付け候」と記す。永禄二年の段階では武田氏と今川氏は縁戚・同盟関係にある。今川義元は駿河・遠江・三河の三カ国の太守であり、今川氏全盛期の当主である。その今川領国に信玄は飛脚を使って遠州の国衆と意思疎通を図ろうとしている。

「委細は彼の口申し付け」とは、委細は飛脚の口から話させるという意味である。飛脚と言えば、書状を届ける（また返事を取る）だけのイメージが強いが、武田家重臣から言い含められたことを代弁し得る才覚があったということであろう。晴信、即ち信玄が駿河進攻を果たすのが永禄十一年のことだが、そこまで晴信がイメージしていなくとも、遠い将来をにらんでの布石とも考えられ、信玄の深謀遠慮を窺うことができる。

晴信即ち信玄は、「早飛脚」も利用している。永禄四年四月十三日、小山田信有宛て武田信玄書状写には、由井筋（東京都八王子市）の状況について同盟相手の北条氏康の書状を読んだが、その後は由井筋が無事かどうか知りたいと述べ、上杉輝虎の草津湯治のための警固なのか、または上州衆が倉賀野付近に在陣しているからなのか、いずれの場合であっても、「早飛脚遣わすべく」と要求している。輝虎は、永禄三年の越山以降、毎年のように関東出兵を繰り返したため、氏康と信玄にとって気がかりの種であった。

永禄十三年（一五七〇）四月十二日付の武田信玄書状（宛先記載なし）でも上杉輝虎が沼田に滞陣しているかどうか、早飛脚で詳細を知らせるように送っている。

この早飛脚という言葉も戦国時代から確認できるのだが、本来、飛脚という言葉自体に速報性があるにもかかわらず、屋上屋を架すように「早」の漢字を冠している。当時の戦国大名の情報への欲求が「早」という語ににじみ出ている。

武田氏の飛脚がいかなる存在なのか史料からはなかなか窺い知ることができない。わずかな手がかりとして元亀二年（一五七一）四月二十六日付で武田氏家臣の土屋昌続が成田藤兵衛宛てに越中国への「御飛脚」の往還に関して神妙であるとして、「平井」の内で六貫文の知行地を与えている。成田藤兵衛が御飛脚を務めたのではなく、成田の配下の者が御飛脚を務めたものと考えられよう。おそらく足軽・中間の身分ではなかったか。

さて元亀四年（一五七三）二月二十七日付の本願寺顕如書状には野田城落城に関して信玄が飛脚を差し立てたことを「御悃情（ごこんじょう）の至り」と記している。さらに同年三月十四日付で本願寺顕如は朝倉義景から伝えて来た趣旨について飛脚で送ったが、返事は如何であろうかとも催促している。この段階の信玄は前年の三方ヶ原の合戦で徳川・織田連合軍に勝利し、三河国全土を手中に入れる手前まで進軍していた。

この時期は、室町幕府の足利義昭の画策により織田信長包囲網が形成されつつあった。しかし、信玄は同年四月に死去する。享年五十三であった。実質的に武田氏の家督を継承した武田勝頼は再び三河国を窺い始める。天正元年（一五七三）八月二十五日付で勝頼は、山県昌景宛てに二俣城付きの飛脚に家康が引間（静岡県浜松市）まで退却するのかどうか見極めさせた上で、人数を入れることが肝要であると早飛脚で知らせている。

天正二年三月七日付には勝頼は、父信玄が追放した祖父信虎の死去に伴い、竜雲寺宛てに遠路・御老体のところ誠に苦労を掛けたと労いの書状を送っている。

父信玄が落とせなかった高天神城の攻城の際にも盛んに飛脚を用い、諸将と連絡を取り合い、落城させるに至った。ところが、天正三年五月、長篠の合戦で勝頼は大敗を喫する。同年五月二十日付で三浦員久（信玄異母弟信友の娘婿）宛てに長篠で対陣し、織田・徳川連合軍へ「無二彼陣へ乗り懸け」と様子を知らせている。

しかし、多くの名だたる武将を死なせた勝頼は、六月一日付で武田信友、小原宮内丞、三浦員久の三人に宛て、尾張、美濃、三河の境目の仕置きについて手堅く下知を加えるよう指示して退却した。

長篠の合戦の敗北により信玄時代には鉄壁を誇った家臣団にも動揺が走った。先述したように天正四年四月三日付で木曽義昌家臣の某が勝頼と義昌に対して逆心がないこと、また敵方の使者・飛脚を召し捕らえたら甲府へ報告することを誓約している。類似の文書は他に見当たらないが、おそらく家臣団・陪臣に至るまで誓約書を書かされたのではないだろうか。

勝頼は挽回を期そうと天正七年（一五七九）正月二十九日付で毛利輝元の補佐役である吉川元春宛てに書状を送り、信長方の武将荒木村重が公儀（足利義昭）への忠功のため謀叛に踏み切ったこと、毛利輝元自身が京都へ兵を率いて上洛することが必要だと説いている。さらに勝頼は天正七年、織田・徳川対策のため越後の上杉景勝とも同盟を結んだ。また常陸国の佐竹義重にも使者を送り、北条氏に対しても布石を打っている。

しかし、天正十年（一五八二）二月一日、信玄の娘婿である武田氏重臣の木曽義昌が勝頼を裏切った。同月二十五日には武田氏重臣の穴山梅雪が勝頼を見限った。織田・徳川連合軍は手分けして美濃から信濃へ、駿河から甲斐へと進攻する。三月六日付で上杉景勝は武田方の飯山城主禰津松鷗軒常安に宛てて勝頼のことを案じ（景勝正室菊姫は勝頼妹）、日々飛脚を差し立てたいが、越後国の者は地理不案内だとして嘆いている。三月十一日、勝頼は天目山（平山優氏によると、天目山は誤り、実は田野）で自刃した。

以上のように武田氏は、使者、使僧、飛脚を駆使して家臣団、また同盟相手の大名家・国衆などと意思疎通を図り、軍事力を投下して勢力を拡大した。

†今川氏の飛脚

『戦国遺文　今川氏編』全五巻に基づいて今川家の飛脚利用を垣間見てみたい。駿河国の守護大名から、最盛期で駿河・遠江・三河三カ国を領有する戦国大名に成長した今川家は、成長過程の中で飛脚を盛んに用いるようになった（「巻末資料　今川氏関連史料中の「飛脚」一覧」参照）。

筆者は以前、『戦国遺文　後北条氏編』全八巻（別巻含む）を基に後北条氏（相模国小田原を拠点とした戦国大名）の飛脚を調べたが（拙著『江戸の飛脚』を参照のこと）、後北条氏と比較しながら今川氏の史料を見ることにしたい。後北条氏の史料と比べると、実は今川氏の史料には「飛脚」の語をそう多く見ることができない。

最も多く見られるのが「使」「使者」「使僧」である。とは言え、今川家が「飛脚」をそう多く使わなかったのかと言うと、事はそう単純ではない。おそらく、これは単に史料の残り方の問題に過ぎないものと考える。後北条氏と同様に今川家でも寺院に飛脚役を早い段階から命じている。最も古い史料が永正十六年（一五一九）八月八日付の今川氏親（一四七一―一五二六）の発給した朱印状である。

一　諸公事

一 陣僧事

一 飛脚事

幷棟別事、但寺中

右、韮山殿御判の如く、北川殿御末代免除され畢んぬ、若し申す族これ在らば、注進さるべく者也、仍執達件の如し

永正十六己卯八月八日

沼津妙海寺

右の史料は、駿河国（静岡県）沼津にある妙海寺宛てに諸公事、陣僧、飛脚、棟別の免除を認めたものである。韮山殿は伊勢盛時（早雲）、北川殿は早雲姉（氏親母）のこと。逆に言えば、朱印状の発給対象となっていない寺院は、飛脚役を務めたことになる。領主側の命令があれば、寺院側は僧侶を飛脚に仕立てて書状の宛先まで飛脚役を務めた。馬に乗る早馬ではなく、おそらくひたすら歩行で目的地を目指した行脚僧のような恰好をしていたであろう。

領主側から見て僧侶に飛脚を務めさせる利益は、まず書状を届ける道中で僧侶が何らかの理由でアクシデントに巻き込まれる可能性が比較的薄いという点であろう。アクシデントとは、殺害されて書状を奪われる、関所を通行できないなどの事態が考えられる。僧侶であれば、右のような事態に巻き込まれることが比較的薄かったものと思われる。寺院側からの利益は、きちんと飛脚役を務めることによって領主側から寺院保護を引き出すことができた。ギブアンドテイクの関係にあったと言えよう。

一方、戦国期の寺院は「使僧」を務めながら、その延長上に「飛脚」役も果たした。寺院は、使僧や飛脚役を務めて権力から庇護を引き出そうとする一方、権力と一線を画して不入を認めさせようとする。なかなか一筋縄では行かない。むしろ支配領主の飛脚役を務める方が大多数の寺院のあり方であったように思われる。

右のような飛脚役免除の史料は、今川氏親の子で、戦国大名今川家の最盛期を築いた義元（一五一九―一五六〇）の代にも発給された。

（前略）山林竹木伐取の事、これを停止す、寺内門前棟別、諸役、飛脚等不入の条として先規の免許に任せ、末代相違あるべからず（後略）

右は天文二十一年（一五五二）に遠江国宇苅郷（静岡県袋井市）西楽寺宛てに発給された今川義元判物である。同様の判物は同年同月同日付で同じ宇苅郷の多法寺宛てにも発給されている。義元は駿・遠・三の太守となるが、弘治二年（一五五六）十一月四日付には三河国内張原吉祥寺宛てに「陣僧、飛脚、前々の如く免許の事」と発給した。勢力圏下の寺院には飛脚役を免ずるよう保護している。

永禄三年（一五六〇）五月に桶狭間の戦いで義元が討死すると、子の氏真が家督を継いだ。

氏真は自身の支配を固めるべく盛んに文書を発給している。

同年八月二十八日付で氏真は駿河国富士上方小泉郷（富士宮市）の久遠寺の日我上人に宛てて「右、寺内惣構え共、先代の如く不入の地たるべく、問題に至る迄、棟別、陣僧、飛脚等の諸役、永く免許せしめ畢（おわ）んぬ（後略）」と判物を発給した。同年十月二日付にも三河国渥美郡飽海郷（豊橋市）の大雄山吉祥寺宛てに「一色兵部少輔殿」位牌の寺務があることを理由に「飛脚」などを免じた。

ところが、氏真の支配基盤を大きく揺るがす出来事が起こる。三河国岡崎城を拠点とする今川家一門衆の松平元康（後の徳川家康）が離反したのである。このことによって京都から東海道、関東の通路が阻害されることになる。

右を京都の将軍足利義輝が憂慮した。永禄四年正月二十日付で「氏真と三州岡崎鉾楯の儀に就き、関東の通路不合期の条、然るべからず候、仍て三条大納言幷に文次軒を差し下し、内書簡を遣わし、急度異見を加え、無事の段馳走事肝要べく候、猶信孝申すべく候也」と北条氏康宛てに御内書を送っている。「関東通路不合期」とは京都―関東間の通路が阻害される状況を示しており、義輝には由々しき事態と認識された。

義輝の脳裏を去来したものは何であったろうか。先に早道馬のことに触れたが、氏真、元康、信長の東海諸大名に早道馬を所望したのはこの年のことである。将軍義輝は、早道馬構想の実現を念頭に京都、東海道、関東の道が通過できないことがあってはならないと考えたはずである。義輝は強い動機で今川・松平間の和睦に動いたと考えられよう。

氏真の支配に追い打ちをかけるようにさらに一大事が勃発する。同盟関係にあった武田信玄の駿河進攻である。このことにより義元の代に締結された駿・甲・相の三国同盟が崩れる。氏真はほとんど軍事抵抗できないまま、掛川城へと後退することとなった。

このことにより今川氏を援護したい北条氏は、家臣の石巻伊賀守を「飛脚使」として小田原城と掛川城との通信を維持した。ところが、永禄十二年（一五六九）五月、今川氏真は降伏して掛川城を出て、妻の実家である小田原へ亡命する。同年五月二十三日付で北条氏は石巻に対して「駿・相の飛脚使、年来これを致すに就き、今度氏真懸河籠城、茲に因り下知の如く海陸の難所を凌ぎ、速やかに相移り走り廻り候、誠に忠信の至り也、仍て太刀一腰幷に五千疋の地これを遣わし候」と功績を賞して加増している。

あくまで推測の域を出ないが、石巻伊賀守はおそらく飛脚を統括する立場にあって、彼自身が直接飛脚役を務めたものではないものと思われる。石巻の配下に飛脚を担う者（おそらく足軽・中間か）が複数抱えられていたと推察される。石巻が上層の指示を受けると、石巻が飛脚の者を準備し、忠実に主命通りに手紙を宛先へと送ったのであろう。

今川氏の飛脚は、寺院の飛脚役が多かったように思われる。それと比べて後北条氏の飛脚は今川氏のそれより組織立っているように思われる。後北条氏の飛脚は、石巻伊賀守の飛脚使のほか、町人の者、修験者、鐘打ち（時宗の在家信者）など様々な階層の者を飛脚に仕立てている。北条氏政も「早飛脚」を使ったが、北条家では代々、関東を領国化していく過程で北条側に付いた外様国衆との通信を重視したことが史料上からも窺われる。

真田氏の飛脚

『戦国遺文　真田氏編』における「飛脚」の初出は、永禄十年（一五六七）三月八日付の真田信綱宛て武田信玄書状である。

真田氏自身の書状で飛脚が登場するのは天正八年（一五八〇）十二月二十九日付、真下但馬宛て真田昌幸書状である（巻末資料　真田氏関連史料中の「飛脚」一覧参照）。

藤田能登守忠勤の節、難渋を凌ぎ、飛脚を往還致させ、神妙に思し召され候、仍て忠賞の為、信州河北の内、反町分五十貫文の処、宛行れる旨、仰せ出され候者也、仍て件の如し

真田安房守之を奉る

天正八年庚辰十二月二十九日

御朱印

真下但馬

右は、北条方であった藤田信吉を真田昌幸が調略し、武田方に寝返らせた折、真下但馬が困難な状況下で飛脚を往来させた功績を賞して五十貫文の知行を宛がったことを示している。その際に真田昌幸が武田氏を代行する形を取っている。藤田信吉は後に滝川一益、上杉景勝、さらに徳川家康と主君を変え、大坂の陣後に改易となった戦国武将である。

右の場合、真下は自身で飛脚を務めて往還したのではなく、真田昌幸の命に従って配下の者たちを使って飛脚として往還させたという意味である。

天正年間の史料は、真田が発給した文書ではなく、他家から受け取ったものが目立つが、天正十六年（一五八八）十二月二十八日付、河原綱家宛て真田信之書状には「急度、飛脚差し越し候、殊に吾妻その地静謐の由、一段満足候」と送っている。

天正十八年（一五九〇）には小田原の陣の関連史料が四点確認でき、慶長五年（一六〇〇）には関ヶ原合戦関係の史料が七点確認できるが、その多くが真田家以外の発給文書である。関ヶ原合戦の一例を挙げると、同年八月五日付、真田昌幸、信之、信繁宛て石田三成書状の冒頭には次のようにある。

此飛脚早々ぬまた越えに会津へ御通し候て給うべく候、自然ぬまた、会津の間に他領候て、六(むつ)かしき儀之(これあ)在り候共、人数立候て成り共、そくたくに成る共御馳走候て御通しあるへく候事

沼田経由で会津の上杉景勝へ飛脚が到達する前、他領を通るため困難が予想されるから、人数を増やし、また「そくたく（属託）」になろうとも飛脚が会津に達するよう配慮を依頼している。『広辞苑』によると、「そくたく」とは報酬を支払って味方になることを依頼することをいうが、この場合は金銭で雇うことを意味しているのかもしれない。ともあれ、こうした姿勢からは上杉方と意思疎通を図ろうとする三成の強い意志が感じられる。

周知の通り、真田氏は信之が徳川方に、昌幸と信繁が三成方に付いた。三成方の勝利の暁には信濃・甲斐両国知行の約束を取り付けた昌幸はみごと第二次上田合戦で勝利した。中山道を進軍する徳川秀忠軍を釘付けにし、関ヶ原に遅参させることに成功した。だが、肝心の関ヶ原合戦では三成方の西軍が敗れた。戦後、昌幸は降伏。信之の必死の助命歎願活動もあって、昌幸と信繁親子は紀伊国九度山へ追放される。

関ヶ原合戦以降の史料には真田氏発給のものが俄かに目立ってくる。慶長六年十一月十二日付、木村綱茂宛て真田昌幸書状には、真田信之の正室小松姫から飛脚が送られ、「芳札」(手紙の尊称)に預かったと記され、追伸には「尚々、御料人より切々御音信忝くの由、能々(よくよく)申されべく候、相頼み候」と記している。関ヶ原合戦前に小松姫が、城乗っ取りを企んだ昌幸を警戒して沼田城内に入れなかったエピソードはよく知られるが、戦後には小松姫が舅昌幸を気遣う手紙をしばしば送ったことがわかる。

慶長十年(一六〇五)五月十六日付、河原綱家宛て真田昌幸書状には「飛脚に預り候、仍て伊豆殿(信之)一昨十四日、下向候哉、その方事、用所に付いて跡より下り候由、大儀に候、先日は此方見廻り、面談せしめ喜悦の至りに候、爰許山中故珍しき儀も之無く、早々御帰り候事残り多く候、猶後信之時（カ）を期し候」と記す。昌幸は、真田氏重臣の河原綱家が九度山の昌幸屋敷を訪れたものの、早々に帰ってしまったことに触れ、山の中の暮らしはつまらないと胸の内を打ち明けている。

慶長十五年（一六一〇）十一月十二日付、小山田茂誠宛て真田昌幸書状には本多忠勝の死去を受けて小松姫に弔いを申し入れるようにと蓮華定院（九度山を管轄）を下している。翌慶長十六年四月二十七日付の真田信之宛て真田昌幸書状では信之が病気と聞き、油断なく御養生を専一にと書き送り、息子の身を案じた。と思えば、同年四月二十八日付の坂巻夕庵法印ら宛て真田昌幸書状では自身の病気が再発して散々だったと述べる一方で馬を所望している。かつて石田三成らに「表裏比興（態度と内心が合致しない）の者」と評された昌幸晩年の姿であった。

慶長十九年（一六一四）十月十四日付、藤堂高虎宛て金地院崇伝書状に真田信繁の大坂入城のことが触れられている。注目したいのは「右桑名より飛脚与三遣わす」の箇所である。通常、飛脚は名前が記されない。珍しい例である。この与三がどういう立場の人物なのかはっきりしないが、あるいは寺男なのであろうか。大坂冬の陣は同月に始まり、真田信繁は大坂城南に「真田丸」（古文書でもこう記される）を築いて善戦した。

ある意味で興味を引く書状が慶長十九年十二月二十三日付で真田信之から早飛脚によって出

浦昌相のもとに届けられた。内容は沼須の藤十郎の公事（訴訟沙汰）の相手が信州から来るが、藤十郎には敗訴とその咎を申し渡し、沼田にいる藤十郎の弟には先々に（金を？）貸さないように申し付け、藤十郎を牢屋へ入れるようにとの指示であった。

右の事例で気になるのは、公事（訴訟）の用件で早飛脚が使われた点である。武力行使を前提とした緊張感を伴う中での早飛脚の使用ではない。早飛脚の利用目的が戦争以外であるという点に改めて時代の変化を感じざるを得ない。大坂夏の陣が終わり、後世に元和偃武と呼ばれる軍事衝突のない社会が到来する。

象徴的なのが元和三年（一六一七）と見られる年不詳十二月二十八日付、出浦昌相宛て真田信之書状である。信之の息子信吉の縁組が決まり、幕閣の酒井忠世の姫（松仙院殿）を迎えることが決まる。信之は飛脚を差し立てて出浦に「我等満足」と書き送った。この言葉には真田氏安泰の布石を打ったとの感慨が見え隠れする。

永禄年間に戦国大名の動きが活発化することで「飛脚」の使用頻度が増え、天正年間には「早飛脚」が登場した。慶長年間の段階では武家社会の中に日常使いされ、もはや親炙した用語であったと言えよう。この早飛脚が江戸時代初期にもそのまま継続して用いられた。

戦国大名・国衆は、近世大名への移行に伴い、戦国期の飛脚をそのまま大名飛脚として存続・再編させ、制度化する家もあった。とりわけ資力のある有力大名は独自に継所を設けて

「七里」（即ち七里飛脚）と称するところもあった。最大・最強の戦国大名であった徳川家は関ヶ原の合戦以降、幕府を開き、公儀を名乗った。代官頭大久保長安らは、戦国大名が分国内に設置した宿駅を統合し、新たに江戸を起点として東海道と中山道に宿駅制度を再整備した。早い時期には江戸と上方を結ぶ継飛脚を設置した。徐々に五街道が整い、正徳六年（一七一六）に正式に五街道（先の二街道に奥州、日光、甲州の三道中を加える）として定められた。

その一方、平和社会の江戸時代では武家社会で使用され続けた「飛脚」「早飛脚」に上方商人が商機として着眼し、宿駅制度を活用した飛脚業を始めることになる。

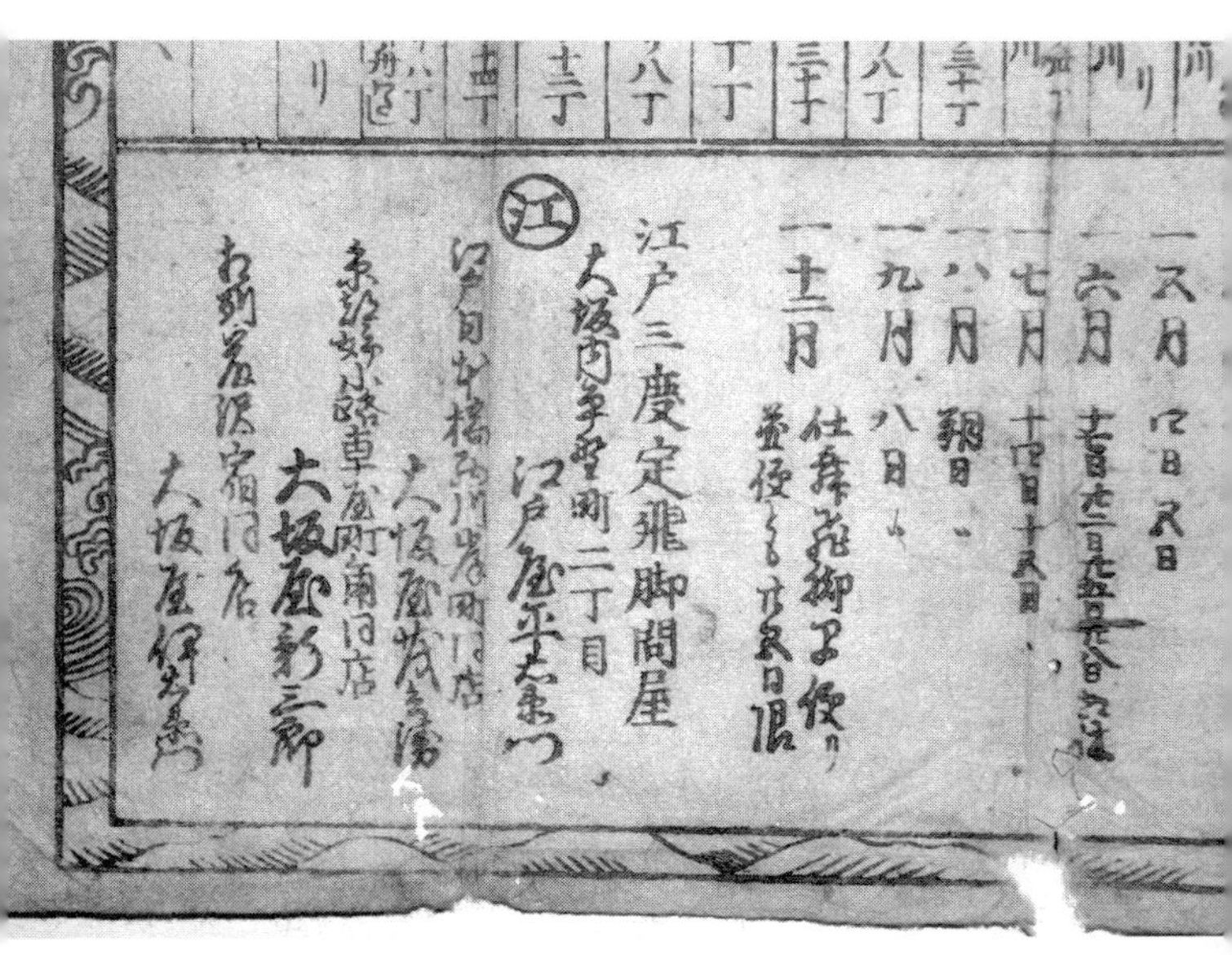

第３章

三都の飛脚問屋の誕生と発展

——ビジネス化した飛脚業

大坂の江戸三度定飛脚問屋、江戸屋平右衛門の引札の一部（筆者蔵）

†江戸時代とは

前章まで戦争との関連で飛脚を紹介した。武士と飛脚は切っても切れない関係にあった。戦争を行うのは武士だからである。武士団は常に情報を担保に戦闘・戦争を展開した。

江戸時代は日本史上の大きな転換期であった。大名の勢力均衡策に長けた幕府一強下での軍事政権。そのため公儀により二百六十五年間の平和が維持された。内戦を一切停止させた世界的にも奇跡的な現象は戦国期までと異なる様々な政治的・経済的・社会的局面を生み、新たな通信的・文化的局面を形成した。

江戸時代という二百六十五年間の平和を維持した時代・社会に対する見方・考え方は個々いろいろあると思う。歴史の一つの見方と思ってもらえばいいのだが、筆者は過去に大学生に講義した際、理解しやすいように次のように説明した。江戸幕府とは〈内戦抑止の体制〉であり、時代を跳んで戦後政治（占領統治）は〈外戦抑止の体制〉である、と。

右の大枠を説明する前に江戸期の人たちが自身の時代をどう見ていたのか、飛脚問屋を営業した杉本茂十郎（一七七二―一八二二）の時代観を引用しよう。杉本茂十郎は江戸定飛脚問屋「大坂屋茂兵衛」の主人だった人物で、隠居後に杉本茂十郎を名乗り、菱垣廻船積問屋仲間の再興、三橋会所の設置を行った。いわば流通のプロデューサーとも言える人物である。

杉本は自身の著作『顕元録』の中で戦国時代について「応仁の頃より諸国爪のことく裂かれ、糸のことく乱れ、智者は勇者に打たれ、勇者は智者に謀られ、名将勇士一端勝利得と言へとも、終に全き事あたはす、日本国中合戦の巷」と記した。江戸時代に関しては「諸国逆徒(ぎやくと)を追払し給(たま)ひ、天下泰平の御基(おんもとい)、東都(江戸)に金城(江戸城)を居(かま)へさせられ、天下之御政事普(あまね)く整(ととのわ)せ給ふ」と平和社会を実現させた徳川家康と高く評価し、その業績を「広太無辺の御恩沢」と位置付けたのである。

さらに商売できるのは「これ皆、上様の御蔭也」と述べ、徳川家康と将軍家の武運長久と天下泰平・国家安全を祈り、家業に精を出せば「天道自然の理」に適い、「災難消滅」「息才延命」「商売繁盛」「家名相続」が叶うとした。

こうした見方は歴史学の中では同時代に生きた一人の、東照神君(家康の神号、東照大権現の別称)史観に満ち満ちた偏った見解として片づけられ、一顧だにされないのであろうが、私はここに江戸時代の見方のヒントを見出せるように思う。

徳川家康(一五四二―一六一六)は内戦状況(戦国時代)と対外戦争(文禄・慶長の役)を経て平和社会を実現させた。江戸幕府は戦国乱世に時代を巻き戻さないために様々な施策を講じた政治体制であったとは言えまいか。幕府は基本、農産物の上りで軍事・外交を担う〝小さな政府〟であったが、その主な実態は、徳川家の絶対的一強下による大名権力均衡策と、武士から庶民に至るまで全ての身分における紛争の調整機関（訴訟と裁決）であった。

大名家に参勤交代（人質・忠誠の証、国許と江戸の二重所帯による藩財政費消）を課し、国役普請（藩財政費消）及び婚姻政策（閨閥の強化）を実施し、松平賜姓・偏諱により徳川家と大名家の疑似家族を構成した。武家諸法度を制定し諸大名を統制、譜代大名に参政権（幕閣への参画）を与えた。そして時に政争・戦争の具ともされた鎌倉・室町将軍家の轍を踏まぬように直属軍団（旗本・御家人）を掌握した。直轄領支配、遠国奉行（山田、長崎など枢要地）・代官（関東など諸国）を置き、仮想敵を監視した。大坂城代・京都所司代を置き、西国に備えた。御庭番と呼ばれる間諜を将軍自ら放ち、大名家の内情を一手に集中した。

幕府は戦争の中から生まれた権力のため、だからこそ戦争を巧妙に抑止し得た。五街道と駅宿制度（輜重を可能とする）を整備し、旅行者のチェック機関である「関所」を設置し、大河川への架橋を禁止したが、これは幕府の軍事政策の一環であった。これにより交通・輸送・通信の障害を生じる一面もあったが、全体を俯瞰すると、大名を環境面から戦略的に牽制し得た。

幕府は、戦争を抑止するために食糧増産に傾注した。「食べられない」は秩序・平和維持の大敵である。検地と年貢徴収・新田開拓（食料増産）を実施し、いざという時に備えて貯穀して飢饉というリスク対策を講じるに至る。慢性的な飢饉状態を前に戦国時代では戦争と分捕りが正当化されたが、食が満たされれば、そんなリスクを冒す必要はない。

また情報の掌握は幕政維持に不可欠であった。鎖国という制限貿易体制（四つの口）にあったものの外国に付け入る隙を与えず、オランダ風説書によって海外情報を仕入れて国際情勢を認識した。対朝廷には禁中並公家諸法度で天皇家と貴族を伝統と権威の根源として統制下に置き、幕府の権威付けに利用し、ひいては全国統治の正当化に役立てた。

平和社会を実現・維持した内戦抑止体制は戦後と比較するとわかりやすい。戦後民主体制は外戦抑止体制である。戦前の政治・法体制は圧倒的な軍事力を背景とするGHQ（主に米国）により強制的に改組・再編された。占領統治下の日本国憲法で恒久平和を謳い、軍隊解散、交戦権の放棄、財閥解体、華族廃止（特権階級の否定）、教育改革（民主主義的価値観、男女平等など）、単独講和（サンフランシスコ講和条約）などを実施した。国際連合に加盟し、日米安全保障条約により対外戦争を抑止し、東西冷戦という特殊な国際環境の中で外国の核戦略と軍隊を常駐させる形で、ややいびつに国内の平和を維持した。

この内戦と外戦の両抑止体制に挟まれる形で近代日本が七十八年間、世界史の中に存在した。近代日本は帝国主義国家として振る舞い、国際外交問題（満州、エネルギー問題）を戦争で解決しようとし、その結果、敗戦を迎えた。この戦争を繰り返した七十八年間は、隣国の李氏朝鮮と清国に第二、第三の明治維新が到来しなかったため、近代日本は欧米列強と歩調を合わせ、〝遅れた帝国主義〟として植民地争奪戦に参加した。近代日本は七十八年続き、今年は第二次世界大戦の終戦から八十年が経過した。いつまで平和を維持できるのか、改めて江戸二百六十五年間の重みを見直し、考える時に来ているようにも思うが、いかがであろうか。

†商業経済の沸騰

飛脚問屋が商売として発展していく時期は、江戸時代の寛文年間（一六六一―七三）から江戸中期の元文年間（一七三六―四一）にあたる。将軍家では四代家綱から八代吉宗の統治期間に相当する。政治的には大きく武断政治から文治政治へ、経済的には新田開発が一段落し、上方経済優勢から江戸地廻り経済圏への移行期間でもある。

鎖国がもたらした国内の経済状態は、ほぼ一〇〇%の内需型の経済社会であった。基本的には地産地消（その地で生産され、消費される）が各地で行われたが、特産物（塩、干鰯、酒、和紙、生糸、織物、紅花、昆布など）の発展が遠隔地取引をもたらした。

遠隔地取引を可能にするには、産地での生産体制が形成されることは大前提だが、それに劣らず必要とされたのが仲買商の存在である。流通過程が整えられる中で、仲買商が存在価値を最も発揮したのが販売ルートの確保と、消費情報の把握であった。

遠隔地取引でもう一つ重要な要素が物流である。米や塩などの大量輸送に向いていたのが船による水上輸送（海上、河川、湖沼の廻船問屋、船持ち、水主）である。そして欠かせないのが陸上輸送（運送問屋、飛脚問屋、信州中馬など）であった。学界では残念ながら水上輸送の評価が高く、相対的に陸上輸送は低く見られる傾向にあるが、それは現代人の捉え方に過ぎない。陸上輸送の長所は輸送日数の確実性（帆船だと風待ちが必要）、荷物損失に対するリスク回避（時化による難船、沿岸航行に伴う座礁など）であった。

陸上輸送の中でも特に飛脚・飛脚問屋は、高級品（特に絹織物）の輸送、手紙を運ぶ（通信）、手形（決済目的の為替手形）・現金輸送などに優れた。もちろん輸送途中で盗難・水難・火難に遭遇し、また自然災害に巻き込まれるリスクはあったが、街道を通過する分には様々な便宜（問屋場での人馬継立、人足の雇用、定宿での宿泊、交通情報への接触など）が図られていた。

筆者は、飛脚・飛脚問屋の本質を輸送網（ネットワーク）、金融、情報と考えるが、それらは特産物の移出、決済、売れ行き（相場とも絡む）にそれぞれ対応している。水上輸送と陸上輸送のいずれかに軍配を上げるかではなく、江戸二百七十年間で陸上輸送が決して廃れることなく、荷主によって使われ続けた史実は陸上輸送の重要性を雄弁に物語っており、飛脚・飛脚問屋は陸上輸送の長所を体現した存在であったと言えよう。

†江戸がゴール

各地で特産物が製造され、生産地と消費地を結ぶ遠隔地輸送が必要とされた。商品経済の沸騰を背景に飛脚がビジネス化された。武家専属だった飛脚は、民間の独立した業者として武家の御用を受け負いながら、町人荷物も受注するようになり、江戸期の中核的な物流・通信業者として発展するようになる。

日本列島は東西に細長い地形を持つ点が特徴的である。平安末期の飛脚も江戸時代の飛脚も誕生の背景には共通するものがあった。飛脚誕生の背景には源平合戦で西国へと戦線が拡大したこと、承久の乱（一二二一年）以降、京都に六波羅探題が設置され、鎌倉と京都の往来が生じた。江戸時代の飛脚も同様である。京都二条城・所司代と大坂城代と江戸幕府とを結ぶ三都のラインがしっかりと確保されて幕府の権力は実効性を担保し得た。

江戸時代は大坂城に大坂城代（譜代大名が就任）が置かれ、大坂在番（譜代大名・旗本）が常駐した。江戸との輸送・通信が必要とされ、それを請け負う人足らが月三度、江戸と大坂を往復するようになった。繰り返しになるが、この武家の飛脚が町人荷物も請け負うようになって、民間の飛脚問屋が誕生した。右の動きに民間業者が鋭く反応し、大坂・京都の八百屋、豆腐屋、茶碗屋などが副業として飛脚稼業を始め、やがて専業とする業者が増えた。

他に本業を持ちながら飛脚業を兼業して専業に移行した飛脚問屋のほかに、もう一つの流れが考えられる。人足派遣業者の口入（人宿）が飛脚業を営むようになったケースである。このケースは決して少なくないと考えられ、例えば尾張国の井野口屋半左衛門が人足派遣業から名古屋の飛脚問屋へと成長したことに象徴されるが、人足派遣業の中に飛脚業を兼業する業者が現われ、営業の中で継続と淘汰を繰り返しながら遠隔地専門の飛脚問屋として専業化し、成長したものと推測される。

とは言え、遠隔地輸送専門の飛脚問屋の中には江戸中期頃まで人足派遣を兼業する業者もいた。一方で人足派遣業は「上下飛脚屋（じょうげひきゃくや）」と呼ばれ、寛政元年（一七八九）に百九十三業者が六組飛脚仲間として幕府から認可されるに至った。遠隔地輸送を得意とする飛脚問屋は十二軒仲間を構成し、これが天明二年（一七八二）に定飛脚仲間（九軒仲間）として幕府より認可された。それでも両仲間は完全に棲み分けることができずに競合する場面も生じた。そこで文化十四年（一八一七）に両仲間は協定を結び、新たに棲み分けを約した。

遠隔地輸送を事業化した飛脚は「三度飛脚」「定六」と呼ばれ、特に三度飛脚という名称が江戸時代後期になると、遠隔地輸送を得意とする飛脚問屋を指す一般名詞として広く用いられるようになる。時代が下ると、地域によって飛脚の呼び名も変わる。例えば、近江国草津宿の追分にある飛脚問屋奉納の常夜灯によると、岐阜では飛脚を「岐阜定日」という。これは飛脚問屋の発送日「定日」に由来するものと思われ、「定日」が飛脚の代名詞となり、定着化したのであろう。信州木曽地方では「七里」という。

江戸の町年寄を務めた喜田川守貞は『近世風俗志』（原題「守貞謾稿」）の中で「飛脚屋」に

ついて「京坂より江戸に往来するを第一とす。号して三度飛脚と云ふ。これもまた京坂を元とし、江戸を末とす」と述べている。つまり飛脚発祥の京都・大坂はスタート地点であり、後発都市である江戸がゴール地点という位置付けであった。これはモノの流れもそうであった。いわゆる「下り物」が江戸の需要を充たしたことと相呼応する。その創業当初は資力と荷数の少なさもあり、飛脚専業という者は少なく、兼業の者が多かったのではないかと思われる。

江戸中期に飛脚問屋経営と俳諧師の二足草鞋で活躍した安井大江丸（嶋屋佐右衛門組の一つ、一七二二―一八〇五）は嶋屋佐右衛門の社史「島屋佐右衛門家声録」の中で、飛脚の初期の姿を「飛脚は不断会所にてなわ（縄）な（い）、むしろ（筵）、桐油つくり、食事も喰通ひ也」と質素な様子を伝えている。さらに輸送に関しては次のように記している。

右大坂のもの共より段々に下り着すると、江戸右の宿々のおもてにむしろを敷き、下りものをならへて置くを、夫々（それぞれ）の人あつまり、をのれおのれか物を受け取り、京・大坂へかへりの便は何時と約束し、又此処をもちあつまりたるを一処にし、道中は銘々摸依り（最寄）のやしき名目を以て帯刀し、定六日と号し、出日共に七日也、後に又入日をたして八日となる

大江丸は飛脚業界の古老への聞き書きを元に右を記した。草創期の素朴な形を経て、次第に副業から専業化・組織化が進んだものと思われる。おそらく江戸初期には飛脚と力仕事の労働者である人足の境界線も不分明であり、飛脚が人足として荷物を運ぶこともあり、また人足が飛脚仕事を請け負うこともあったものと思われる。江戸中期に業者が乱立し、荷物の競り取り、不着・延着などの信用問題が噴出すると、次第に業者同士で仲間組織ができ、不良業者が淘汰され、仲間議定が制定され、江戸中後期につながる飛脚問屋の形に整備されたものと考えられる。

†京都順番飛脚仲間の誕生

上方は飛脚問屋発祥の地と言っても差し支えない。江戸時代に入る以前は京都・大坂が日本列島の最大都市であり、経済的な中心地であった。ところが、江戸に幕府が置かれ、上方には出先機関ができたことにより、江戸と上方を結ぶ必要性が生じた。

江戸時代後期の京都の飛脚問屋を一覧できる「諸州国々飛脚便宜鑑」(三井文庫蔵)には京都に百十二の業者が列記されている。

三井文庫の所蔵文書には京都の飛脚問屋の淵源に触れた史料が残される。宝暦十三年(一七六三)十一月に越後屋孫兵衛が京都町奉行所より十七屋仲間の始まりについて尋ねられたため、返答書を差し出し、その際に控えとして写されたものである。

それによると、元禄十一年(一六九八)に京都の馬借、熊谷仁左衛門が京都の飛脚問屋から口銭(馬輸送料金)を取りたいと京都町奉行所へ願い書きが提出され、町奉行所がこれを許した。その折の京都における飛脚問屋の業者数は九十二軒あったという。

この時点では京都の飛脚問屋たちの間に「それ古は仲間と申す事もこれ無く」と仲間組織もない状況であったという。そのためもあってか次第に業者がめいめい荷物を差し立てるため、「不都合これ有るに付き」と問題が生じた。詳細は記されていないが、過当競争による飛脚賃の安値と、それに由来する輸送の質の問題ではないかと推測される。

元禄十一年七月十二日に京都町奉行所が京都—江戸の定期便確立を目的に、飛脚問屋を召し出して、十六業者に対して順番を決めて毎日飛脚を差し出すようにと命じた。その際、馬持ちの熊谷仁左衛門が吟味役に任じられた。同年九月十三日に二業者、元禄十四年九月に一業者が加盟し、計十九業者となった（京都順番飛脚仲間と十七屋孫兵衛株所持の表参照）。

この十九業者は京都町奉行所の御用を請け負う形で江戸宛てに荷物と手紙を輸送した。その際、江戸に拠点が必要となる。それまで「江戸古宿」と称される山田屋、木津屋、大和屋半兵衛、伏見屋、京屋などがあったが、いろいろと勝手が多かったため、順番仲間が問題視し、仲間の代表が詮議に江戸へ下った。しかし、問題が解決しなかったため、業者十九軒の内、十七軒が室町二丁目に「京荷物配会所」として「十七屋孫兵衛」を創業した。京荷物配会所とは、京都の荷物が江戸に到着したら、それを仕分けて配達した拠点であったものと推測される。京都の飛脚問屋の江戸における荷物集配センターのような位置づけである。もちろん京都から江戸へ一方的ではなく、おそらく江戸荷物の集荷拠点としても機能したであろう。

京都順番仲間十七軒が取り立てた京荷物配会所のため十七屋と屋号が命名された。のちのち月の満ち欠けの「十七夜」に掛けて「立待月（たちまちづき）（忽ち（たちま）着く）」に由来するとの説は、洒落好きの江戸っ子による俗説である。孫兵衛名は、創業当時から大手呉服商の三井越後屋と関係が深く、室町二丁目に店借（たながり）する際にも越後屋孫兵衛（三井家の飛脚問屋）を頼ったため十七屋の後に「孫兵衛」を付した。

順番仲間は明治三年に一つに会社化され、「東京第一定飛脚会社」の社名を名乗る。京都にあるのに「東京」を名乗る理由は、東京方面行きを意味したからである。この東京第一定飛脚会社は輸送企業として機能しており、明治三年十一月二十八日付で三井両替店から金一万両の手形と手紙を東京まで荷物として受注している。東京第一定飛脚会社は、明治五年六月、東京で陸運元会社が創業すると、同社に吸収された。

京都順番飛脚仲間と十七屋孫兵衛株所持

No.	京都順番飛脚仲間	十七屋孫兵衛株所持
1	伏見屋九兵衛	
2	奈良物屋三右衛門	奈良物屋三右衛門
3	伊豆蔵又左衛門	伊豆蔵又左衛門
4	越後屋七郎右衛門	越後屋七郎右衛門
5	大黒屋庄次郎	大黒屋庄次郎
6	井筒屋八郎兵衛	
7	丸屋六兵衛	丸屋六兵衛
8	近江屋五兵衛	近江屋五兵衛
9	江戸屋吉兵衛	江戸屋吉兵衛
10	十一屋吉兵衛	十一屋吉兵衛
11	江戸清右衛門	江戸屋清右衛門
12	舛屋喜三郎	舛屋喜三郎
13	井筒屋茂右衛門	井筒屋茂右衛門
14	奈良物屋九左衛門	奈良物屋九左衛門
15	奈良物屋久左衛門	奈良物屋久左衛門
16	桂屋又兵衛	桂屋又兵衛
17	越後屋孫兵衛	越後屋孫兵衛
18	若松屋甚兵衛	若松屋甚兵衛
19	笹屋七郎兵衛	笹屋七郎兵衛

†越後屋孫兵衛――三井の飛脚問屋

京都の代表的な飛脚問屋、越後屋孫兵衛を紹介する。越後屋孫兵衛は、大手呉服商の三井越後屋に関係の深い飛脚問屋である。京都の飛脚問屋の史料の現存状況は現在のところ、越後屋孫兵衛のものと同系統の奈良物屋三右衛門の史料が三井文庫（東京都中野区）に関連史料が保管されているのみである。

江戸の豪商の代表格と言えば、越後屋八郎右衛門（三井越後屋）である。元は伊勢商人であり、現代の大手商社三井物産につながる。三井文庫は三井グループ経営の文書館である。

三井越後屋は、伊勢国松坂出身の三井高利（一六二二―九四）が兄の呉服店を継承し、やがて駿河町に進出して大店を構えたのに始まる。高利は仕入れ店を京都に設け、京都へ移住した。高利以降、三井本家は京都に拠点を置き、経営権を握り、江戸店は支配人が経営した。地方織物産地へ奉公人を派遣して田舎買いを充実した。

京都を拠点に呉服を仕入れると、江戸への輸送手段の確保が焦眉の急となる。着実に適価で輸送するために、できれば信頼できる者に輸送を任せたいという意向が強かったのであろう。三井越後屋に奉公した手代の岡本孫兵衛が三井の別家に取り立てられ、延宝元年（一六七三）に飛脚問屋「越後屋孫兵衛」を名乗り、江戸下し荷物請負方を許可される。

前節で触れたように元禄十五年（一七〇二）に順番飛脚問屋の十七軒が「京荷物配会所」として十七屋孫兵衛を江戸室町二丁目に取り立てた。十七屋株を持つ十七軒の中に越後屋孫兵衛が参加した。越後屋孫兵衛は十七屋を拠点に江戸荷物を集配した。

初代孫兵衛は手堅く商売の基礎を築いたが、二代目孫兵衛の倅幸次郎（三代目孫兵衛）が京都の遊郭島原で放蕩し、金四百両の借金を作った。そのため四代目孫兵衛（三井江戸向店組頭退役の水谷与兵衛が襲名）は借財の処理に追われた。理由は不明であるが、五代目孫兵衛は弟の奈良物屋三右衛門（京都順番飛脚仲間の一業者）に越後屋孫兵衛家の家督を譲り、自身は奈良物屋三右衛門を名乗った。

五代目弟の六代目孫兵衛は十七屋孫兵衛一件（幕府公金を流用）に巻き込まれ、後難を恐れた三井京本店から出入りを禁止される。七代目孫兵衛（五代目実子）は経営再建に失敗して隠居した。八代目孫右衛門（六代目実子）は五年足らずの相続期間で病死した。孫兵衛から孫右衛門への改名は、十七屋と混同されないようにという配慮に基づいている。文政六年に家督を継いだ九代目孫右衛門（八代目従弟）は経営再建を模索した。

しかし、財政状況は好転せず、十代目孫右衛門（七代目実子、奈良物屋三右衛門も名乗る）は三井家の北川十兵衛の監督下で経営再建に向けて方法を講ずる。越後屋孫右衛門は三井京本店の支援がない状態では立ち行かなくなり、この融資漬けの状況は明治維新まで続く。

江戸後期になると、越後屋孫右衛門は奈良物屋三右衛門株を所持した。このため、三井内部では越後屋孫右衛門と呼ばれ、外部からは奈良物屋三右衛門と呼ばれたという。飛脚問屋は、株を複数持つ関係でそうした事例がままある。明治四十四年（一九一一）の泉常三郎氏（元三井京本店勤務）の回顧によると、実態としては越後屋と奈良物屋は同一店舗であり、主人が二人いたわけではない。

越後孫右衛門の奉公人は、天保四年（一八三三）の場合、定詰四人、手代十人、子供三人、女二人、宰領（さいりょう）（輸送荷の監督者）二人の計二十一人である。定詰は番頭クラスと思われるが、名前から察して三井家派遣の経営監視人とも考えられる。手代が店内で荷主の対応に当たり、荷物の仕分けなど実務に当たる者たちであろう。子供は丁稚・小僧に当たる。手代の指示に従って、雑務や使いをしたものと考えられる。「女」は下女であり、主に台所仕事を担当した。

✝大坂三度飛脚仲間

商業都市である大坂は、京都と同じように飛脚稼業が発展し、その業者数も京都に並ぶぐらい多い。延享五年（一七四八）刊行の大阪案内「難波丸綱目」には八十四業者、享和元年（一八〇一）の「難波丸綱目」には九十業者が記載されている。

大坂の場合、京都の順番仲間より時代が下がるが、安永三年（一七七四）九月、「三度飛脚問屋株」が公認された（「天明年間と文政2年の大坂三度飛脚仲間」の表参照）。この「三度」の意味は、元和元年（一六一五）に大坂在番の旗本が東海道宿場役人と協議し、毎月三度、日数八日で東海道を往復させたことに由来する。「三度飛脚」の名は一般名詞化し、飛脚一般の総称として用いられる。冥加銀を安永三年に十七枚、同四年以降に五枚を納めた。

天明年間と文政2年の大坂三度飛脚仲間

No.	業者名	天明	文政	営業地
1	江戸屋源右衛門	○		平野町一丁目
2	津国屋十右衛門	○	○	内平野町、大沢町
3	天満屋弥左衛門	○	○	大手錦町一丁目
4	尾張屋惣右衛門	○	○	天神橋筋船越町
5	京屋佐兵衛	○		平野町一丁目
6	亀屋小左衛門	○		道修町三丁目
7	尾張屋七兵衛	○	○	堂島中二丁目
8	尾張屋吉兵衛	○	○	内平野町二丁目
9	天満屋吉右衛門	○	○	平野町、船越町
10	江戸屋九左衛門		○	平野町心斎橋筋東へ入
11	近江屋喜平次		○	北革屋町御祓筋西へ入
12	江戸屋平右衛門		○	平野町一丁目
13	江戸屋久右衛門		○	＊休み株

＊『大阪市史』1、2（大正2、3年）、「三度飛脚問屋仲間仕法帳」（『近交七』）に基づき筆者作成

・江源組

大坂の場合、三度仲間に江源組（「江源組の構成」の表参照）、嶋屋組と称する組合組織を持つ飛脚問屋があった。江源組は、元々大坂の馬出し四組の一である江戸屋源右衛門が中心となり発足した。大坂城大御番百人衆（旗本が赴任、大坂城警護に当たる）の手紙・荷物を請負い、大坂—江戸を往来した。しかし、元文二年（一七三七）八月、江源組は組内の多田屋徳右衛門と対立し、多田屋が城内御用荷物と共に嶋屋組に駆け込んだため、江源組と嶋屋組の対立に発展した。しかし、元文四年八月に京都の近江屋喜平二（飛脚問屋から早飛脚を請け負う業者）の輸

送の仕方に不満が出たため、共通の利害が一致した江源組と嶋屋組は協同して早飛脚の柳屋嘉兵衛を創業している（第12章で詳しく触れる）。江源組は後に一旦解散したが、江戸屋平右衛門（恐らく江戸屋源右衛門の改名）が組元となり、再興したものと思われる。

江源組の構成

No.	業者名
1	江戸屋源右衛門
2	長崎屋利右衛門
3	津国屋惣左衛門
4	森田屋佐兵衛
5	江戸屋源兵衛
6	小松屋清左衛門
7	伏見屋彦右衛門
8	亀屋善左衛門
9	天王寺屋治右衛門
10	伊勢屋庄右衛門
11	山田屋仁右衛門

写真に掲げた引札（章扉の写真は一部拡大）は江戸三度定飛脚問屋、大坂内平野町二丁目で営業した江戸屋平右衛門の引札である。江源組のもので、平右衛門は源右衛門が改名したものと思われる。年不明だが、江戸後期のものと思われる。大坂屋茂兵衛（江戸日本橋西河岸町江戸屋平右衛門店）、大坂屋新三郎（京都姉小路車屋町角江戸屋平右衛門店）、大坂屋伊右衛門（相州藤沢宿江戸屋平右衛門店）の名前が続く。いずれも江源組の現地における会所である。

引札は東海道、仲仙道（中山道）、善光寺道の宿場が列記されている。左下の長方形の枠に「飛脚差立日」とあり、早便（毎月一、二、四、五、七、八の付く日の計十八斎）、並便（毎月二、五、八の付く日の計九斎）である。早便は「夜四ツ時限」とあるが、これは受付締め切り時間のこと。夜四ツ時は午後十時頃である。

大坂の飛脚問屋が江戸屋を称し、江戸の飛脚問屋が大坂屋を名乗る理由は、目的地を示しているからである。江戸三度定飛脚問屋とは、江戸へ発送する大坂三度仲間の定飛脚問屋（大坂

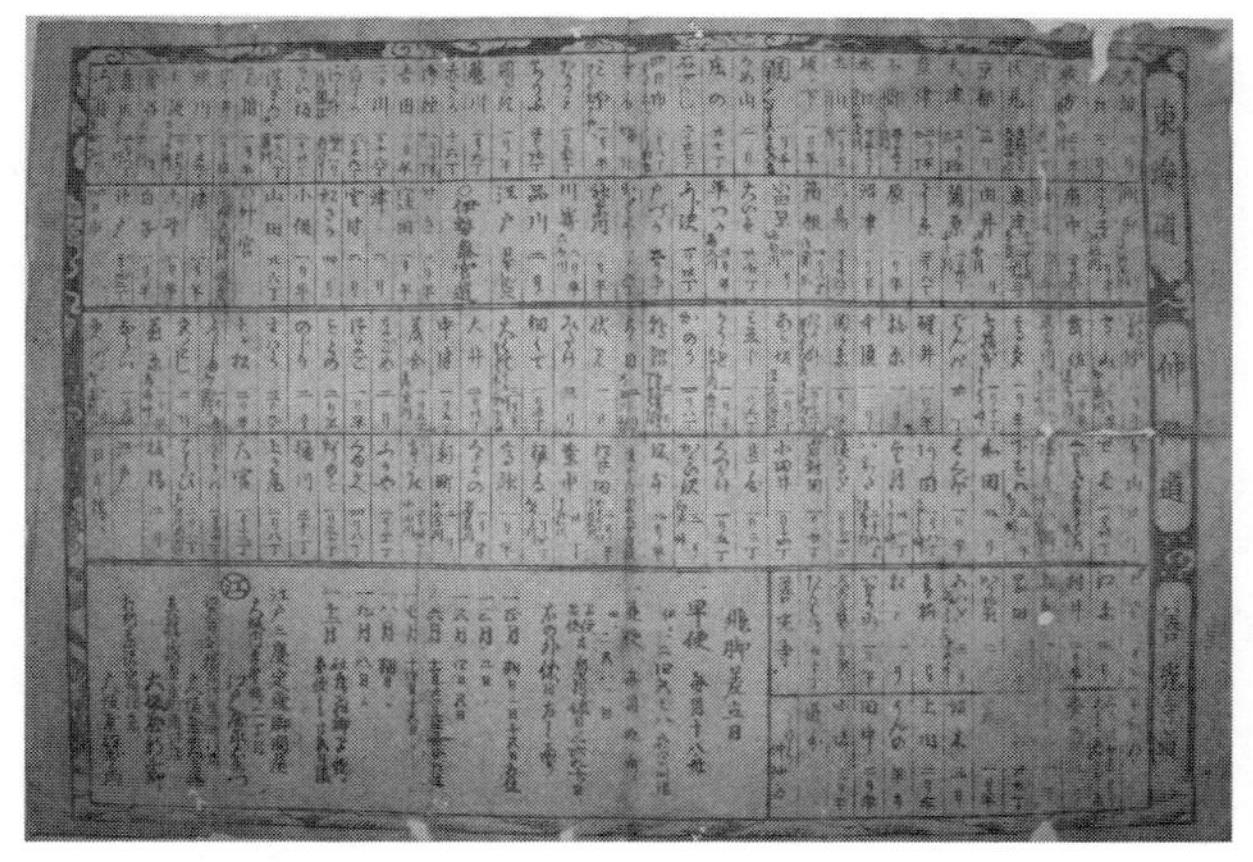

江戸屋平右衛門引き札（筆者蔵）

三度仲間も幕府に定飛脚問屋の冥加金を支払っている）の意味である。

・嶋屋組

大坂内平野町の津国屋（つのくにや）十右衛門、江戸瀬戸物町の嶋屋佐右衛門を営業した大規模組織の飛脚問屋の組合である。嶋屋組は複数の業者が嶋屋佐右衛門株を共有し、共同で経営に当たった。基本的には江戸店は支配人経営であるが、大坂から江戸へ下り、また地方の出店まで回り、経営を監督した。嶋屋組についてはまた後述する。

†江戸定飛脚仲間

江戸定飛脚仲間とは、天明二年（一七八二）十一月に江戸幕府道中奉行から一種の特権を認可された飛脚問屋のことをいう。「定」とは、奉行認可で定められた業者の意である。認可の理由は武家荷物（幕府、大名、旗本）を扱ったためである。天明二年の認可段階で業者は九軒あったから九軒仲間ともいう。特権の内容については後述するが、享保五年（一七二〇）段階では十一軒仲間であった。即ち十七屋孫兵衛、京屋弥兵衛、伏見屋五兵衛、木津屋六左衛門、山田屋八左衛門、山城屋宗左衛門、和泉屋甚兵衛、嶋屋佐右衛門、大坂屋茂兵衛、大和屋半兵衛、三河屋佐次右衛門であり、この中から大和屋と三河屋が仲間を離脱した。当初、仲間は「御定飛脚」の名称を望んだが、幕府は「御」を認めなかったため「定飛脚」となった。

先述の通り、九軒仲間が天明二年（一七八二）十一月六日付で「定飛脚問屋株」を幕府道中奉行、桑原盛貞と大屋正薫より認められた（「天明2年の江戸定飛脚仲間」の表参照）。仲間を代表する年行事（司）は一年交代で務め、月交代の月行事は早飛脚を管理した。この内、馬琴の利用した飛脚問屋がNo.2の京屋弥兵衛とNo.5の嶋屋佐右衛門である。

定飛脚仲間とは、各宿場の問屋場で馬を優先的に継ぎ立ててもらうことを認められた一種の特権商人である。安永二年（一七七三）に認可願いを提出したが、十年後の天明二年にようやく認められた。安永元年には幕府は樽廻船問屋株、大坂綿買次積問屋株、翌二年に菱垣廻船問屋株を認可している。飛脚問屋九軒仲間の認可願いもそうした動きと連動していよう。仲間から幕府へ二百両を上納しながらも認可願いが十年後に認められた理由はよくわからない。急な認可は、時期的には老中田沼意次による政権期間であり、田沼による積極経済（重農・重商主義）の方針と合致したからではないか。定飛脚仲間は特権を認めてもらう代わりに毎年冥加金を上納した。幕府公認の最大の理由は、武家荷物を請け負ったためと考えられる。飛脚の発祥について武家との関係に根差していることは先述したが、幕府、大名家、旗本の中には定飛脚仲間の得意先である者が少なくなかった。

幕府への冥加金は初年に百両を上納し、天明三年以降は半額の五十両ずつを納めた。冥加金は江戸定飛脚仲間が金二十三両一分と銀五匁、京都順番仲間が金十六両二分と銀十匁、大坂三度仲間が金十両を負担した。毎年十一月十五日に朝五ツ半時（午前九時）に馬喰町御郡代付代官役所へ年行事が赴いて上納した。

店先には定法書の掛け板を掲げる義務があり、次のように記されていた。

①幕府の法令順守。
②貫目（荷物重量）の厳守。
③得意先から金銀・荷物を過分に渡された場合は相手の住所を糺して受け取る。
④金銀は封印のない場合は受け取らない。

天明２年の江戸定飛脚仲間

No.	業者名	営業地	年行事	
1	大坂屋茂兵衛	万町又七店	亥	巳
2	京屋弥兵衛	平松町源兵衛店	子	午
3	伏見屋五兵衛	金吹町平右衛門店	丑	未
4	和泉屋甚兵衛	左内町源右衛門店	寅	申
5	嶋屋佐右衛門	瀬戸物町幸八店	卯	酉
6	山田屋八左衛門	本両替町権兵衛店	辰	戌
7	十七屋孫兵衛	室町二丁目彦八店	1カ年ずつ交代で務める	
8	山城屋宗左衛門	北鞘町太右衛門店		
9	木津屋六左衛門	岩附町長次郎店		

＊年行事の順番は享和３年（1803）３月に制定「仲間仕法帳」に基づく。No.７～９は享和３年時点ですでに闕所、廃業。

⑤金銀は急飛脚に一切持たせない。
⑥昔ながらの得意先を競り取らない。
⑦宰領は道中で不法をしない。

定飛脚問屋は宰領飛脚に焼印札を携帯させ、「定飛脚」と記した会府（絵符）を馬荷物に挿して掲げた。定飛脚の宰領だと証明されることで、問屋場の支払いを御定賃銭（相対賃銭より廉価となる）で支払い、また馬（助郷馬を使っても）の継立を優先的（御用物は特に）にしてもらうことが可能となった。但し、時代が下ると問屋場での優先権順守が弛緩したため、天明四年（一七八四）、享和三年（一八〇三）、文政十三年（一八三〇）、天保七年（一八三六）の四度にわたって定飛脚仲間は幕府に対して宿場への再触れを願い出たが、現場での法令効果は不完全であった（「四度目再御触願一件」近交七）。

掛け板⑤の「金銀は急飛脚に一切持たせない」に関しては、遡ること約四十年前の寛保三年（一七四三）四月に宇田川事件が起きて、仲間を粛然とさせた。これは⑤の法令を破る事件であり、飛脚問屋側には運悪く盗難事件から発覚した。仲間で賠償して解決した。

天明七年（一七八七）、九軒仲間のうち十七屋と山城屋は闕所（家財没収）となり、木津屋も倒産して六軒となり、さらに大坂屋・伏見屋に代わって弘化三年（一八四六）に江戸屋仁三郎が加わり、最終的に五軒となって明治維新を迎えた。五軒仲間の内、明治維新期に台頭したのが和泉屋甚兵衛である。和泉屋は京都、大坂に相仕（あいし）がおり、主に東海道の便を請け負った。また大坂城御番衆御用向を務め、大名家の飛脚御用も請け負った。

定飛脚仲間の認可の意義としては、江戸の飛脚仲間の伸長がある。本来上方飛脚問屋のゴール的位置づけであった江戸の会所（十七屋、大坂屋、和泉屋）が江戸経済の進展と共に飛脚問屋として成長し、上方の仲間とは一線を画し、半自立的に仲間を組織し、江戸スタートで早便を差し立てるようになった。京都・大坂の仲間たちと対等に渡り合い、時としてリードするようになり、三都の仲間として定着したと言えよう。

明治五年（一八七二）六月、佐内町の和泉屋店舗に陸運元会社が創設され、同八年二月に内国通運会社に移行する。和泉屋（吉村）甚兵衛が内国通運の取締役社長に、佐々木が副社長に就任した。

†十七屋孫兵衛の発展

十七屋孫兵衛は江戸日本橋北側の室町二丁目で営業した。川柳に「十七屋日本の内はあいといふ」「十七屋なかに恋文二三通」などと詠まれた。また「飛脚仲間惣まくり」に「天明年中之頃迄十七屋家業盛運の時節にて、其頃御府内にて童女たり共、十七屋と申す飛脚屋はたれ知らぬ者もなかりき」とあるように知名度が高かった。喩えると、現代日本人の誰もがヤマト運輸と佐川急便を知るような感覚であった。

屋号の由来は、先述したように京都の順番仲間十七軒が江戸の拠点として荷物配会所を設けたのが始まりとされる。順番仲間成立から四年後の元禄十五年（一七〇二）七月二日付で京都順番飛脚十七軒仲間の行事を務めた升屋喜三郎、近江屋五兵衛と十七屋孫兵衛の三軒が飛脚稼業開始の願いを提出している。「荷物何によらす」引き受けると宣伝している。

しかし、知名度の高さの割には史料がないため先行研究が少ない。闕所の憂き目に遭ったため史料がないからであろう。

十七屋は江戸中期には地方へ進出し、出店を増やした。安永二年（一七七三）の段階で上州桐生と大間々に十七屋の出店があった。また甲府に相仕の布袋屋庄右衛門が営業し、福島の十一屋太兵衛、仙台の梅原屋清兵衛が十七屋の出店として営業した。

「島屋佐右衛門家声録」（近交七）によると、安永五年（一七七六）に十七屋は「上州五ヶ所にて千六百五十七太（駄）」を取り扱った。この数値は中山道経由の絹輸送に関して嶋屋の一千五百二十八駄を上回る。これは年間の取扱駄数と思われるが、養蚕と生絹生産の盛んな上州における出店経営の基盤が固められことが窺われる。

十七屋の出店の中には赤字経営に陥る所もあった。安永六年（一七七七）六月、当時の十七屋株式を共有した京都の飛脚問屋である近江屋五兵衛、越後屋孫兵衛、笹屋七郎兵衛から十七屋「桐生店」「大間々店」に対して「桐生店中申渡覚」が交付された。交付理由は「与兵衛儀支配中に夥敷（おびただし）く大借金出来候に付き」のためである。この時、顧客重視、帳簿管理、債務返済、手代給金の見直しなど経営刷新が図られた。

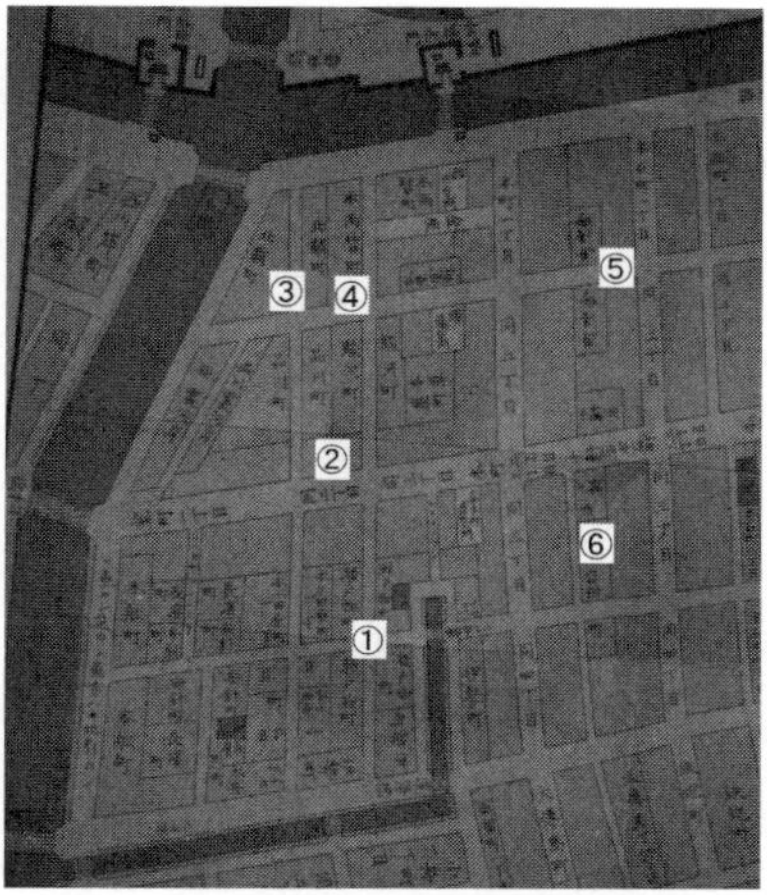

左側に日本橋。①瀬戸物町、嶋屋佐右衛門、②室町二丁目、十七屋孫兵衛、③北鞘町、山城屋宗左衛門、④本両替町、山田屋八左衛門、⑤金吹町、伏見屋五兵衛、⑥岩附町、木津屋六左衛門（「江戸切絵図」より）

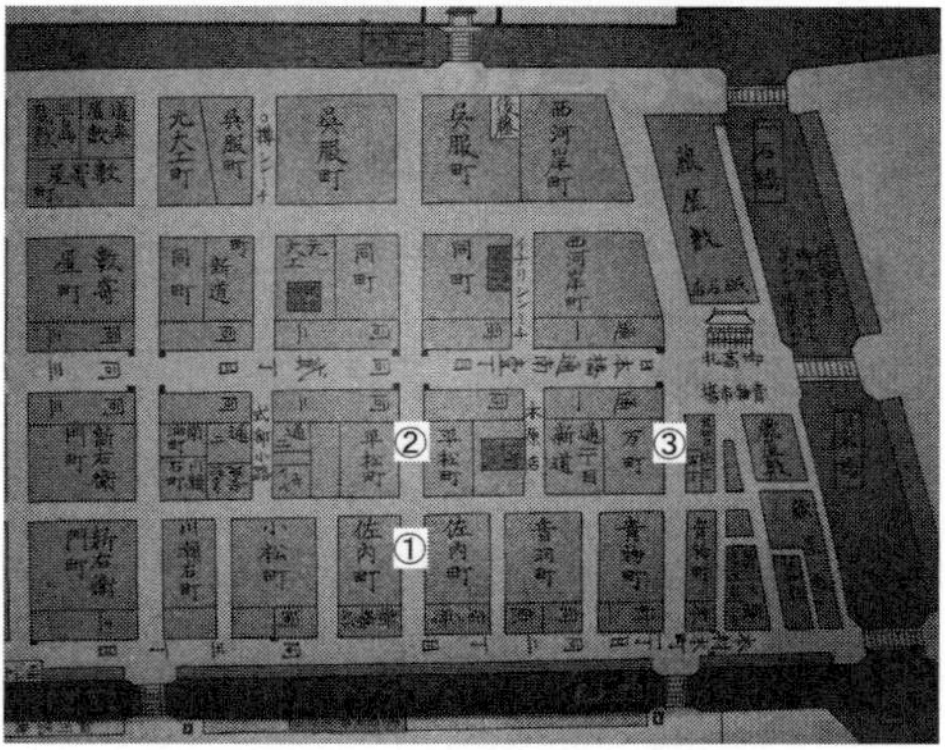

右側に日本橋。①佐内町、和泉屋甚兵衛、②平松町、京屋弥兵衛、③万町、大坂屋茂兵衛。日本橋周辺は江戸随一の繁華街である。日本橋の南北に飛脚問屋が集中した。日本橋北側に金座、呉服商三井越後屋、書肆問屋須原屋茂兵衛、大丸屋、魚河岸、日本橋南側に呉服商白木屋が営業した

十七屋株所持変遷

No.	十七屋孫兵衛株所持	後の十七屋株所持	享保９年（1724）	享保13年（1728）
1	奈良物屋三右衛門	奈良物屋三右衛門	奈良物屋三右衛門	「竹三」
2	伊豆蔵又左衛門	越後屋七郎右衛門	越後屋七郎右衛門	越後屋七郎右衛門
3	越後屋七郎右衛門	丸屋六兵衛	丸屋六兵衛	江戸屋吉兵衛
4	大黒屋庄次郎	近江屋五兵衛	近江屋五兵衛	近江屋五兵衛
5	丸屋六兵衛	舛屋喜三郎	越後屋孫兵衛	越後屋孫兵衛
6	近江屋五兵衛	井筒屋茂右衛門	笹屋七郎兵衛	「井（筒屋カ）八」
7	江戸屋吉兵衛	奈良物屋九左衛門	若松屋甚兵衛	若松屋甚兵衛
8	十一屋吉兵衛	越後屋孫兵衛		「大正」
9	江戸屋清右衛門	笹屋七郎兵衛		「つほキ」
10	舛屋喜三郎	若松屋甚兵衛		「三八」
11	井筒屋茂右衛門			「いセ（伊勢屋カ）六」
12	奈良物屋九左衛門			「なら九（奈良物屋九左衛門カ）」
13	奈良物屋久左衛門			
14	桂屋又兵衛			
15	越後屋孫兵衛			
16	笹屋七郎兵衛			
17	若松屋甚兵衛			

十七屋株は天明六年（一七八六）五月に近江屋五兵衛が単独所有したが、同七年十二月五日、十七屋は闕所処分となる。天明の飢饉を背景に勘定所役人の幕府御用金による北国米購入を巡り幕府役人のほか関係者が処分された。

元勘定組頭土山宗次郎、山城屋宗左衛門（飛脚問屋）が死罪、元勘定奉行家来浪人河野庄右衛門が獄門（処刑）となり、十七屋も連座した。十七屋支配人惣兵衛、近江屋五兵衛が獄門に処せられた。そのほか逼塞、押込、遠島、江戸払い、過料などに処され、計四十八人が大量処分される大事件となった。十七屋で御用懸りを担当した庄兵衛は牢死した。

十七屋御買上米一件の影響は後々まで

深刻な影を落とした。借財を引き継いだ京屋弥兵衛（十七屋の後継業者）は寛政四年（一七九二）から京都本店・江戸店・藤岡店の三店で分担して返済を続けている。弘化四年（一八四七）までの五十六年間に一千百十五両を支払い、かなりの負担を強いられたようである。

早飛脚の誕生

「早飛脚」という言葉自体は戦国時代に誕生し、武田、北条氏、真田氏によって使われたことは前章で触れた。この「早飛脚」が江戸時代中期に飛脚問屋によって新たに商品価値が付加され、主力輸送サービス「早飛脚」として生まれ変わることになる。

大江丸の「島屋佐右衛門家声録」（近交七）によると、定飛脚仲間の内、大坂屋茂兵衛は「江戸最初之飛脚屋」とされる。大坂―江戸の早便に先鞭を付けたからだとされる。

初代大坂屋茂兵衛は慶長年間（一五九六―一六一五）に若狭国に生まれ、大坂―江戸の両都間で日雇稼ぎ（人足派遣業）の飛脚稼業を営んだ。二代目茂兵衛が大坂御番の三度飛脚を請負い、三代目が「歩行早飛脚」の業務を開いたとされる。大坂屋は「両かへ（両替）・ほしか（干鰯）一統に得意にもち、凡そ肩をならぶる者もなきほと」だった。九代目の大坂屋茂兵衛こと杉本茂十郎（一七七二―一八二二）は文化十年（一八一三）に菱垣廻船積仲間を再興し、また三橋会所（永代橋、新大橋、大川橋の架橋・修覆を請け負う幕府公認の機関）の頭取を務めた。天保年間（一八三〇〜四四）、大坂屋茂兵衛は借財を背負って闕所となった。大坂屋の株式は江戸屋仁三郎が継承し、明治維新に至った。

「飛脚仲間惣まく理」には「仲間内大坂屋此頃業躰盛運にして得意も多く、殊に大坂屋久次郎と中者早物 幷（ならびに）仕立状継飛脚一道を開き自由なせしと見得たり」とある。才覚のあった大坂屋手代の久次郎は早便と仕立便（荷物一つのため臨時に飛脚を差し立てる）のシステムを大坂屋一手で始めた。当初は仲間の間で月行事が回り持ちで差し立てた。

大坂屋は業者中の「稼ぎ店」であったが、京都の飛脚仲間と不和になるなど、何かと問題があった。元文六年（一七四一）、大坂屋支配人平兵衛の申し立てによって、十七屋と伏見屋の手代が捕縛され、手錠となった。大坂屋と嶋屋を除く六軒が寺社奉行に訴え出て手錠の勘弁と早飛脚継続を願い出たため、八軒仲間は和睦して新たに早飛脚を出すことになった。大坂屋が二、六、九の付く日に早飛脚を差し立て、この定日以外の一、四、八の付く日に仲間八軒で会所を立てて大坂屋の継所十八カ所を使って差し立てるようになった。

ところが、大坂屋は勢力拡大を図り、寛保元年（一七四一）大坂屋は、他の飛脚問屋が日雇請負人を多数抱えていることを問題視した。大坂屋の後見の勘右衛門（茂兵衛母の弟）と支配人の平兵衛は、幕府の禁ずる「継早」の証拠を握るため「偽書仕立状」をこしらえて若狭屋仁右衛門を通して日用頭藤兵衛に京都へ書状を運ばせた。差出人も受取人も架空の書状であるため、京都より宛先なしで江戸へ戻された。ところが、この偽書を藤兵衛が町奉行所に持ち込んだ。このため却って大坂屋の勘右衛門と平兵衛は「偽書謀判の科」によって召し捕えられ、入牢となった。大坂屋茂兵衛は幼年のため構いなしとなったが、家業差し止めの処分が下った。吟味の結果、勘右衛門は牢死し、平兵衛は市中引き回しの上獄門となった（「定飛脚日記　一」）。

右の大坂屋茂兵衛謀書事件の顚末を記録した「定飛脚発端旧記」（近交七）は「両人、主家へ忠志深しといえとも、自分の才智に誇りて、主家を破滅なす」と評している。大坂屋は商売ができなくなったため、他（山田屋）の飛脚問屋株（営業権）を買い取り、「山田屋八左衛門」名義で商売を続けた。延享三年（一七四六）に、大坂屋茂兵衛に名義を戻し、山田屋も大坂屋も仲間に加盟、再び九軒仲間となった。

早便とは、「三日半切」「四日限」「五日限」「六日限」などと到達規定日数を決めて、宰領飛脚（馬荷を監督）が宿場問屋場の「乗掛（のりかけ）」（馬両横に荷物を付けて騎乗）を利用して馬（一頭か二頭）を乗り継ぎ、昼夜兼行（途中宿泊した）で宛て先を目指した。

早飛脚は「抜状」を併用した。途中で荷物の中から急ぎの荷物だけを抜いて「小継之者」（走り飛脚）を仕立てて先行して走らせた。これを道中抜と言う。宰領飛脚は後から小継之者の通過を確認しながら、宛て先を目指した。

四日限の場合、丸（鞠）子宿（静岡県静岡市駿河区）で道中抜を行い、四日で到着した場合は

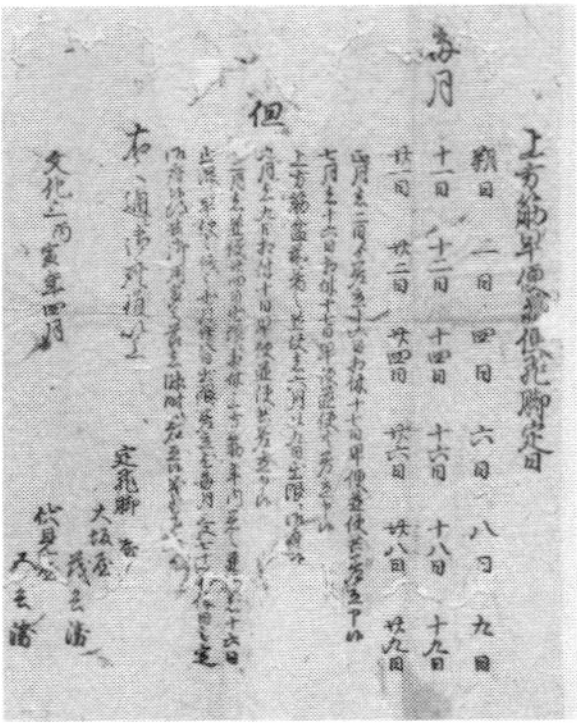

大坂屋茂兵衛、伏見屋五兵衛連名の「上方筋早便・並便飛脚定日」（筆者蔵）

褒美として飛脚に金二朱が支払われた。五日限の場合、箱根仕舞越（箱根関所の閉門前に通過）ができなかった場合、大坂行きは嶋田宿（静岡県島田市）で、京都行きは二川宿で道中抜をした。六日限の場合は土山宿（滋賀県甲賀市）で道中抜をした（「享和三年、仲間仕法帳」近交七）。

江戸中期の段階で早飛脚の制度を仲間同士で協同運用していたことの意味は大きい。明治維新期に飛脚仲間で会社組織を立ち上げる折、この早飛脚の協業が活きたものと考えられる。業者を超えて陸走会社・定飛脚会社を経て、陸運元会社創業につながった。

第 4 章

飛脚問屋と出店、取次所

京屋藤岡店と嶋屋藤岡店(『諸国道中商人鑑』みやま文庫、文政8年〈1825〉序)

1　京屋弥兵衛

†輸送ネットワーク

本章では曲亭（滝沢）馬琴がよく使用した京屋弥兵衛と嶋屋佐右衛門の輸送網について詳しく触れたい。前章で触れた定飛脚仲間に認可された九軒仲間の内、京屋と嶋屋が江戸中期から後期にかけて東国を中心に「出店（でみせ）」を設け、主要街道沿いに本陣・脇本陣・旅籠などと契約して「取次所」を置いて、広域的に輸送網を形成した。

京屋は東国各地に「出店」を置いた。出店とは今でいう支店に相当する。江戸店の直営店に当たる。また主要街道に取次所を配し、取次所を拠点に枝葉を伸ばすように輸送網を築いた。京屋の組織・提携図を参照されたい。

京屋弥兵衛とは、日本橋北側の室町二丁目で営業した定飛脚問屋である。営業地は白銀町、本石町、平松町と移り変わり、天明八年（一七八八）に室町二丁目へ移転した。基本的に京屋株の所有者が「京屋弥兵衛」を名乗る。姓は村井である。江戸店には主人の代理人に当たる「支配人」が実際の経営に携わる。江戸店から右へ続く線をたどると、「出店」がある。上野国（群馬県）は最も出店の多い地域である。同国は養蚕・製糸・織物業が盛んだったからであり、

京屋弥兵衛のしるし

飛脚問屋は織物輸送と決済、取引上の通信に深く関わった。

生糸産地である甲府、陸奥国福島、仙台、紅花産地の山形、二本松に出店が置かれた。幕末の横浜開港に伴い、横浜に近い神奈川店も設置された。こう見ると、出店の立地条件が浮かんでくる。言い換えると、特産地、行政の府、開港地に出店が置かれた。後述する嶋屋とも重複するが、御用状・特産物の輸送と決済、また市況・相場の通信が期待された。

図中の江戸店の真下に東海道、奥州街道、中山道の主要街道の「取次所」があるが、地域の飛脚問屋と言ってもいい重要な存在である。取次所から宿場周辺の村へも荷物を仕立飛脚によって配送した。この主要街道の取次所とはまた別に脇往還にも取次所が営業した。上州出店の下に大間々、太田、足利の取次所があるが、これらは桐生店が管轄していた。おそらく、他の出店にも管轄下に置いている取次所があったものと推察される。

京屋江戸店には「相仕」があった。相仕とは共同運営業者のことである。史料によって合仕、相師とも表記される。飛脚問屋にとっての相仕とは遠隔地同士で互いに輸送のための集配拠点となることである。相仕となり得る業者は同じ資本系列であることが多い。例えば、京屋ならば株主の白木屋彦太郎が他に株を持つ近江屋喜兵衛（後に近江屋孝三郎）が相仕を務める。大坂では尾張屋惣右衛門が相仕を務めたのだが、尾張屋の株主は不明である。

菱垣廻船問屋利倉屋金三郎が見えるが、これは陸上と海上との連携を表している。荷主の意向によって、江戸―大坂間を海上輸送する場合もあった。

　京屋弥兵衛の変遷ははっきりしたことはわからない。京屋株は十八世紀半ばに和泉屋甚兵衛が所持し、後に京都順番仲間が譲り受けた。これは闕所となった十七屋孫兵衛の後継業者として京屋株を共有したからである。京屋は平松町から室町二丁目へ店舗を移転してから次第に身代を大きくした。

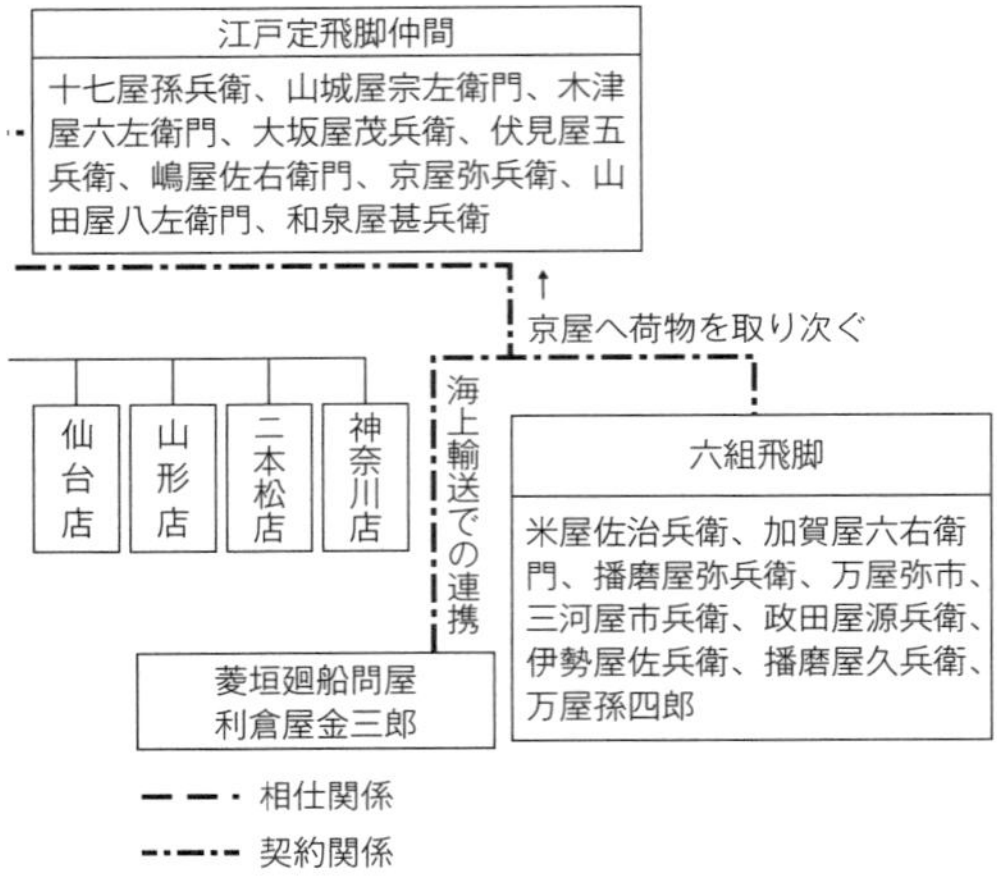

江戸定飛脚仲間
十七屋孫兵衛、山城屋宗左衛門、木津屋六左衛門、大坂屋茂兵衛、伏見屋五兵衛、嶋屋佐右衛門、京屋弥兵衛、山田屋八左衛門、和泉屋甚兵衛

京屋へ荷物を取り次ぐ

仙台店
山形店
二本松店
神奈川店

海上輸送での連携

菱垣廻船問屋
利倉屋金三郎

六組飛脚
米屋佐治兵衛、加賀屋六右衛門、播磨屋弥兵衛、万屋弥市、三河屋市兵衛、政田屋源兵衛、伊勢屋佐兵衛、播磨屋久兵衛、万屋孫四郎

相仕関係
契約関係

　京屋株は後に大手呉服商の白木屋彦太郎が所持した。しかし、白木屋は天保十四年（一八四三）九月、飛脚業界から撤退し、「久右衛門殿」に京屋株を全て譲渡した。

　京都の飛脚問屋近江屋五兵衛は天明七年（一七八七）に十七屋の北国米不正購入に連座して共に処刑された。その前年の天明六年十月付で大手呉服商の白木屋彦太郎（六代目商全）は、近江屋五兵衛の株式（営業権）を四千百両で買い取ると同時に、近江屋所持の

定飛脚問屋京屋弥兵衛組織・提携図

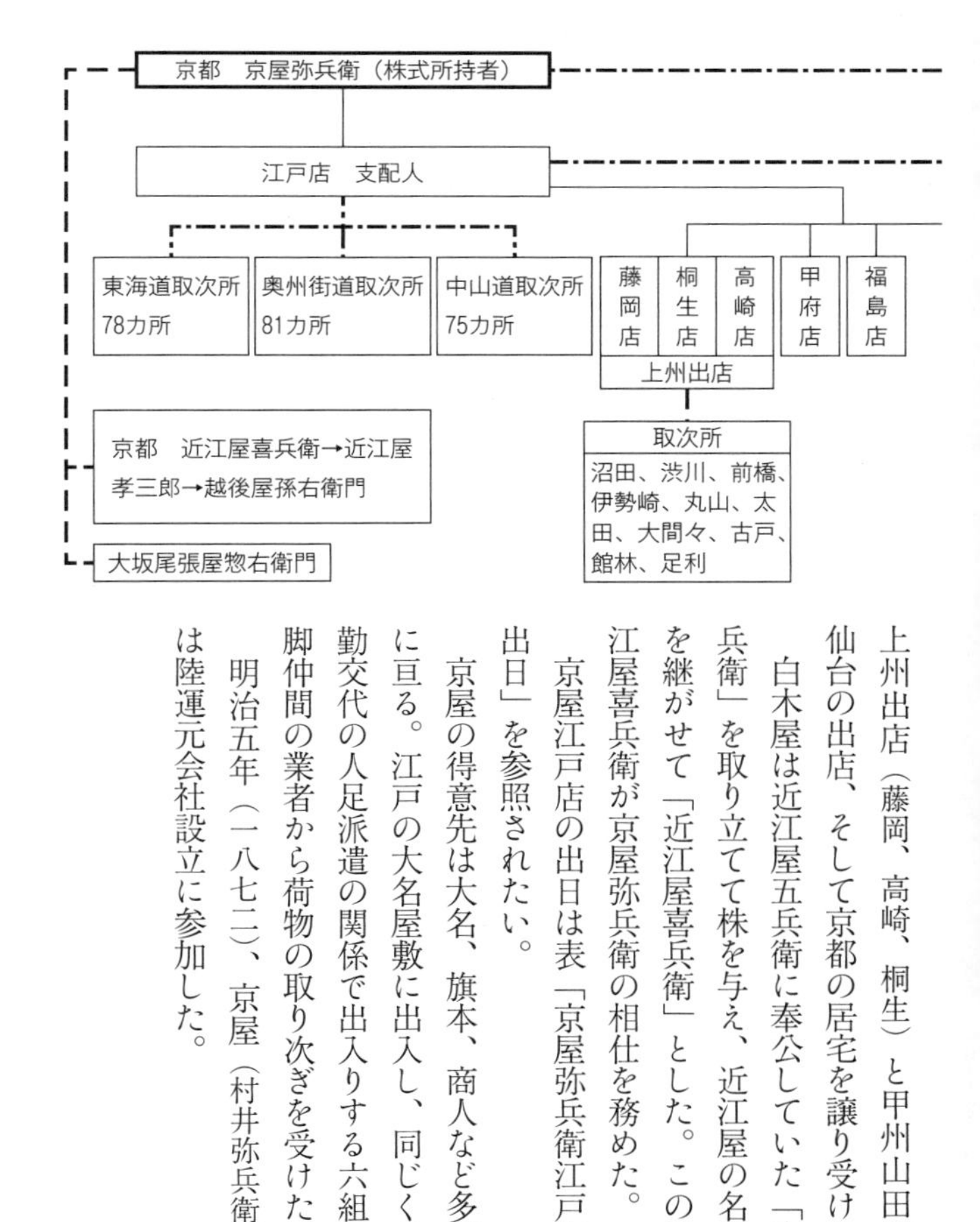

上州出店（藤岡、高崎、桐生）と甲州山田町、仙台の出店、そして京都の居宅を譲り受けた。

白木屋は近江屋五兵衛に奉公していた「市兵衛」を取り立てて株を与え、近江屋の名跡を継がせて「近江屋喜兵衛」とした。この近江屋喜兵衛が京屋弥兵衛の相仕を務めた。

京屋江戸店の出日は表「京屋弥兵衛江戸店出日」を参照されたい。

京屋の得意先は大名、旗本、商人など多岐に亘る。江戸の大名屋敷に出入し、同じく参勤交代の人足派遣の関係で出入りする六組飛脚仲間の業者から荷物の取り次ぎを受けた。

明治五年（一八七二）、京屋（村井弥兵衛）は陸運元会社設立に参加した。

京屋弥兵衛江戸店出日

日	京・大坂・東海道筋		駿府御定便	甲府御定便	奥州筋	西上州・藤岡・高崎、中山道筋	東上州、桐生・足利・大間々辺
	早便	並便					
1	○				○		
2	○	○					
3							
4	○			○			○
5			○		○	○	
6	○	○					
7							
8	○				○		
9	○	○		○			○
10						○	
11	○				○		
12	○	○					
13							
14	○			○			○
15			○		○	○	
16	○	○					
17							
18	○				○		
19	○	○		○			○
20						○	
21	○				○		
22	○	○					
23							
24	○			○			○
25			○		○	○	
26	○	○					
27							
28	○				○		
29	○	○		○		○小ノ月	○
30						○	

†京屋甲府店

天保六年（一八三五）十一月、京屋は甲府柳町の柏屋藤兵衛と山田町の和泉屋利右衛門から株を譲り受け、甲府店の営業を開始した。

出日は五、十の付く日、即ち五、十、十五、二十、二十五、三十日（小の月は二十九日）である。

甲府、石和、市川三代官所の御年貢金の江戸への為替仕送りを請け負っていたが、天保十三年（一八四二）に市川代官の年貢金立替分の三千百四十両の損をかぶり、さらに甲州代官の年貢金立替分三千六百八十両の損をこうむり、経営難に陥った。これに白木屋がてこ入れしたが、再建かなわず天保十四年閏九月に白木屋は「久右衛門」に京屋株を永代譲渡した。

幕末における支配人の風間伊七（一八二二―一九〇七）が甲府店の再建に尽くし、安政元年（一八五四）十月に別店を設けて生糸・陶器販売業も始めた。生糸交易で利益を上げて負債を全て償却した。「京屋薬店」を兼営し、八日町見附に移転後も「売薬店ノ京屋トシテ世間ニ知ラレテ居ル」（「風間伊七伝」）という。

安政六年（一八五九）、伊七は京屋を退職し、明治以降は実業家として名を馳せ、器械製糸業山梨誠進社（後に風間組）を創業。明治五年（一八七二）段階で京屋は山田町一丁目で営業し、薬と生糸を販売した。同年六月、陸運元会社出張所となった。

†上州の京屋――桐生店・高崎店・藤岡店

十七屋の上州進出は享保年間である。寛政元年（一七八九）に高崎、藤岡、桐生の出店が一斉に「近江屋喜平次」名義となる。さらに文化六年（一八〇九）と同七年、京屋弥兵衛名義に変更した。この背景には得意先を巡って同業者間の競争が背景にあったようである。

十七屋、近江屋、さらに京屋と屋号は変わったが、実際のところ出店は、店舗と奉公人共に居抜きのまま継承されたのが実態である。その理由は、宗門人別改帳（書上家文書、桐生市立図書館蔵）に記載の奉公人の名前（年齢）の変動によってわかる。

・桐生店

享保三年（一七一八）に十七屋が出店を設け、近江屋を経て文化六年（一八〇九）に京屋桐生店となった。文化・文政期における京屋桐生店の支配人は近江屋時代から勤めた伊八、佐七、専助と変わり、恒八、再び専助（仙助）、佐七、幸助、宗兵衛と変わる。文政四年（一八二一）から天保七年（一八三六）まで長く支配人を務めたのが庄助である。この後、常七、儀兵衛、忠右衛門、又兵衛、幕末期の小野金助、嘉助、宮川喜兵衛が采配を揮った。

出日は四、九の日、即ち四、九、十四、十九、二十四、二十九日である。

幕末期の支配人、宮川喜兵衛（明治維新後に喜平と改名）は激動期を乗り切り、明治維新後に東京の会社組織への移行に合わせて嶋屋桐生店との合併を推進した。喜平は明治期に薬舗「京屋」（現在は廃業）を開業し、同時に内国通運桐生営業所も兼業した。喜平は諱を為家と称し、明治四十二年（一九〇九）二月二十五日に死去した。享年八十。戒名は泰敬院釈喜欣居士。妻は光子といい、昭和四年九月二十九日に八十四歳で亡くなった。戒名は貞涼院釈光婉大姉。夫婦共に群馬県桐生市東の安楽山重恩寺（浄土真宗）に眠る。

・高崎店

文化七年（一八一〇）、近江屋喜平次高崎店が京屋弥兵衛高崎店と変わった。出日は毎月二と七の付く日、即ち二、七、十二、十七、二十二、二十七日である。支配人は、文化二年（一八〇五）段階で茂八、文政四年（一八二一）段階で角兵衛、文政五年頃に伊兵衛、天保九年（一八三八）段階で市右衛門、同十四年段階で北爪作助、嘉永五年（一八五二）段階で榮吉、慶応二年（一八六六）段階で文七の名が確認できる。

・藤岡店

寛政元年（一七八九）六月、十七屋闕所混乱の事態を収拾した中川嘉介によって近江屋喜平次藤岡店が営業した。文化七年に近江屋喜平次藤岡店から京屋藤岡店に名義変更された。出日は二、七の付く日、即ち二、七、十二、十七、二十二、二十七日である。

藤岡は関東生絹の大規模な集積市場であり、上方へ移出された関係もあって、特に決済（送金）で飛脚問屋が使われた。そのほか、こうした商取引の場面以外にも知行地の村名主から旗本領主への送金（年貢金、御用金、生活賄い金など）にも使われた。

歴代支配人は、文化二年段階で和平、同三年に富田金蔵（支配人を退いた後も幕末まで後見を務める第6章で詳述）、文政四年段階で和平、同五年に藤蔵、文政十一年に周蔵、嘉永五年に久兵衛、慶応二年に惣助の名が確認できる。

・京屋福島店

京屋福島店は福島上町で営業した。前身は「十一屋」である。福島の豪商萱間仲右衛門、萱間三郎兵衛、鈴木彦惣、其他岡代五郎、三瓶勘七など十一軒で営業を開始したからである。十七屋孫兵衛の屋号と同じ由来である。後に京屋に改めた（「福島沿革志」）。

「十一屋」つまり十一屋太兵衛は十七屋孫兵衛の福島店であったが、十七屋の闕所により福島店が京屋に引き継がれた。天保三年（一八三二）、福島藩は財政難解決のため、絹糸類販売に乗り出した。荷物は江戸、三河、京都へ送られたが、京屋と嶋屋の両福島店が共に藩御用を命ぜられた。この折の京屋福島店の支配人は伊兵衛である。

・京屋山形店

京屋山形店は京屋福島店からの出店という位置づけである。嘉永年間（一八四八―五四）から十日町で営業した。出日は四、九の付く日、即ち四、九、十四、十九、二十四、二十九日である。渡辺徳太郎「山形商業談」によると、出日に発送する手紙は重さ約二貫目（七・五キロ）あったとし、「一度に（手紙本数が）百本位」と推定している。山形から福島まで三日、福島から江戸まで七日、計十日かかった。上方まで書状一封の飛脚賃が三百文（三十日）、江戸までが五十五文（十日）、伊達（福島近辺）までが十八文（三日）、米沢までが十二文（一日）であったという。

・京屋仙台店

明和三年（一七六六）、嶋屋仙台店を共同経営していた梅原屋清兵衛が仙台大町一丁目に十七屋仙台店として創業した。出日は一、三の付く日、即ち一、三、十一、十三、二十一、二十三日である。天明七年（一七八七）の十七屋闕所に伴い、寛政元年（一七八九）に京屋が大町三丁目に仙台店を設置した。

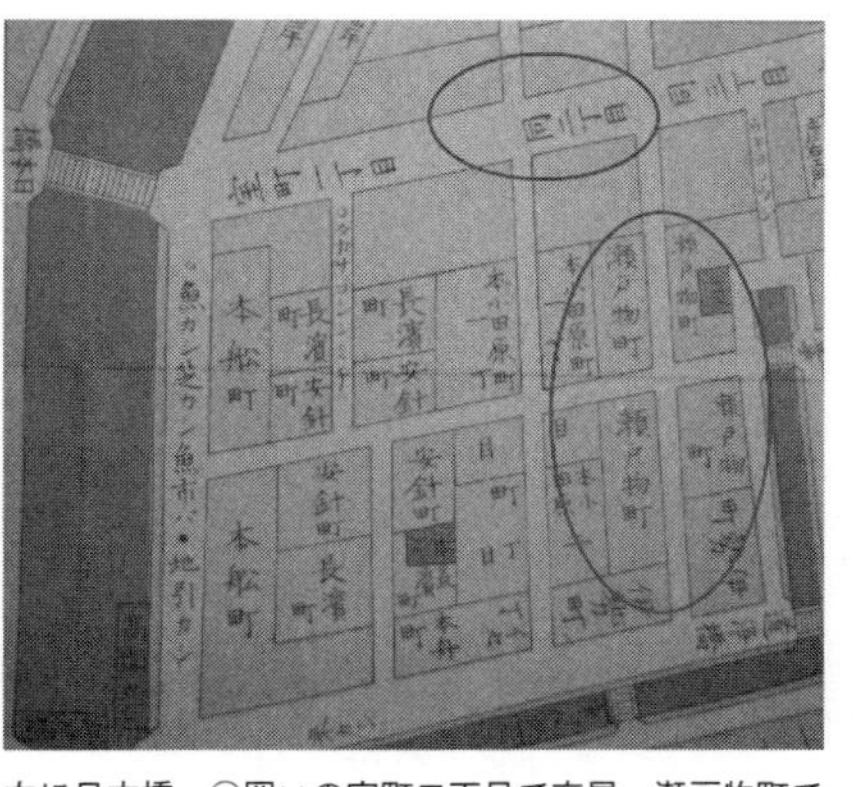

左に日本橋。〇囲いの室町二丁目で京屋、瀬戸物町で嶋屋が営業した（「江戸切絵図」より）

2　嶋屋佐右衛門

†嶋屋江戸店

寛文十一年（一六七一）、嶋屋佐右衛門は「金飛脚」（現金輸送）を看板に掲げて設立した。飛脚問屋の組合「手板組」（手板金飛脚とも）が母体

嶋屋佐右衛門のしるし

である。手板組は当初、江戸瀬戸物町の備前屋与三兵衛を取引宿としたが、備前屋との間でトラブルが生じたため、元禄十四年（一七〇一）五月、瀬戸物町幸八店に店を借りて江戸会所を設置した。これが嶋屋佐右衛門の始まりである（「島屋佐右衛門家声録」近交七）。

「嶋屋佐右衛門」の屋号は人物名ではなく、法人名である。嶋屋は大坂資本江戸店であり、江戸瀬戸物町に江戸店を置いた。嶋屋の場合も十七屋の事情と類似し、大坂の業者八軒（手板組）が嶋屋株式を共同所有し、「嶋屋佐右衛門組（組合、組合中）」とも称した。嶋屋組は嶋屋と大坂の飛脚問屋津国屋（つのくにや）十右衛門（津国は摂津国の意）を経営した。

嶋屋組は、収益を嶋屋と津国屋を含む嶋屋組十軒で均等配分した。経営管理は、八軒の主人が江戸・奥州・上州を巡回して店を指導した（「甲府之儀御尋幸国々縄張」近交七）。設立当初、嶋屋組の一人、大和屋善右衛門は東国の輸送網拡張に努めた。

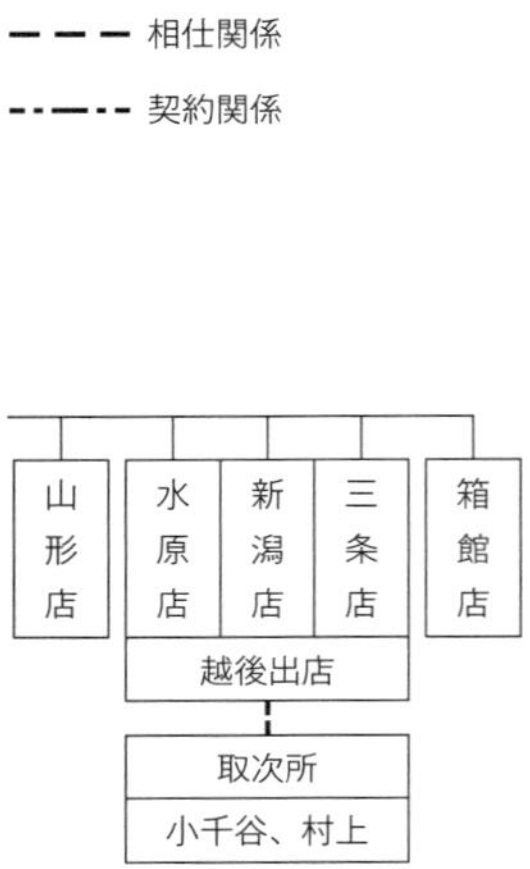

図のように嶋屋は、上野国の四カ所と奥羽地方の福島、仙台、山形に出店を設置した。嶋屋の出店配置で顕著な特徴は越後への進出である。水原、新潟、三条に出店を置き、雪国交通に配慮した輸送

相仕関係
契約関係
山形店
水原店
新潟店
三条店
箱館店
越後出店
取次所
小千谷、村上

定飛脚問屋嶋屋佐右衛門組織・提携図

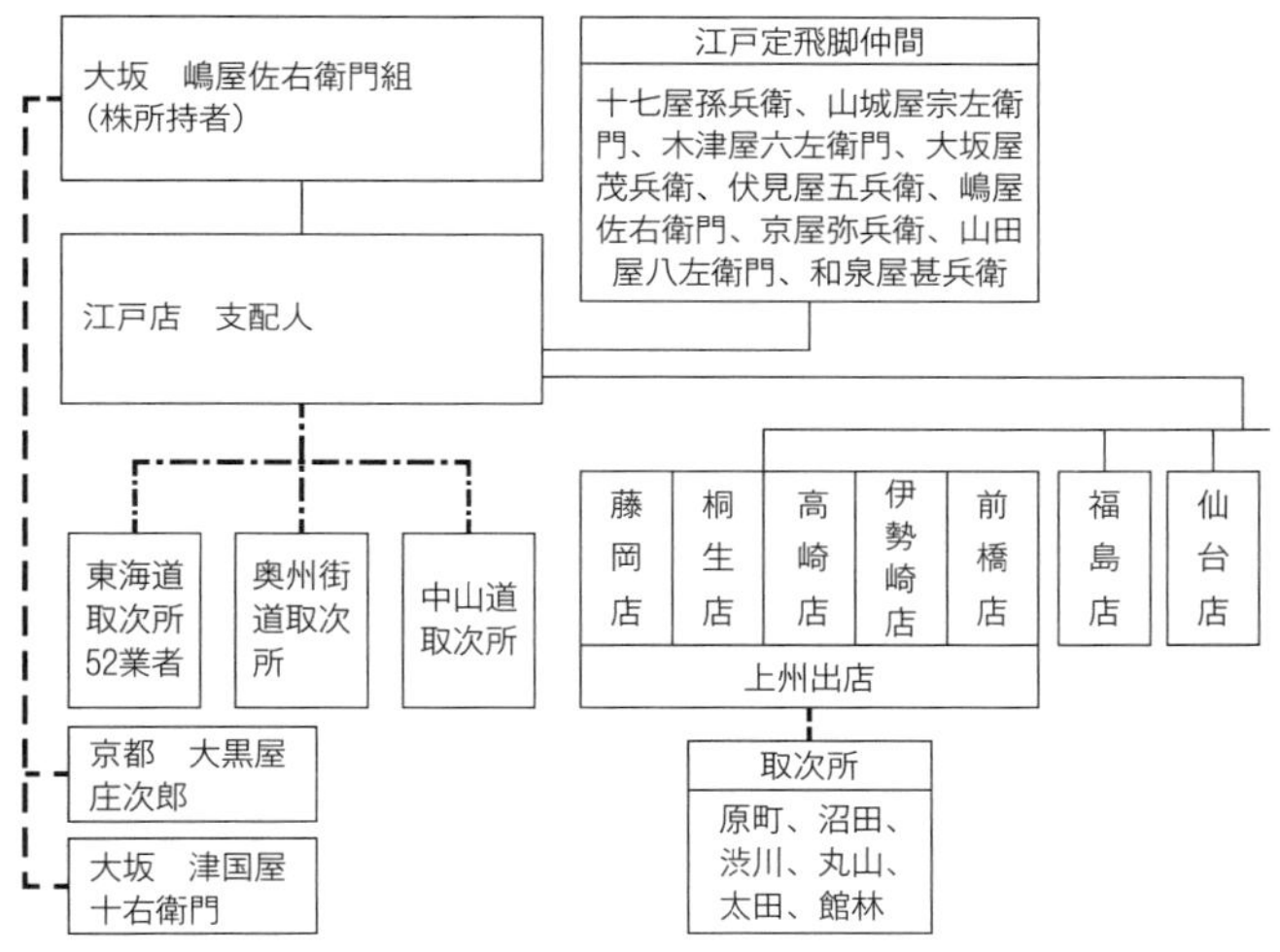

ルートと飛脚賃設定をした。嶋屋の輸送網は幕末に相当に発達し、その輸送圏は東日本をほぼカバーする。相仕（提携業者）は大坂内平野町の津国屋十右衛門と京都高倉御池下ルの大黒屋庄次郎である。

嶋屋は宝暦十三年（一七六五）に水戸藩の本出入（三菜葵の御紋提灯、掛け札を下賜される）となり、御用を務めた。安永八年（一七七九）から江戸―水戸に毎月二と六の日に公用定日便を発した。伊勢崎出身の徳江八右衛門栄清は宰領を務めた後、幕末に嶋屋江戸店の支配人に就任した。嶋屋の経営危機の際、徳江は自身の田畑を処分して再建した。徳江は水戸藩への功績により水戸藩主、徳川斉昭の謁見を受け、褒美を賜った。

嘉永三年（一八五〇）四月付で大坂の嶋屋組（河内屋彦右衛門、別家清次郎、別宅清助と各支配人名義）が大美津治郎右衛門へ嶋屋佐右衛門株式を金五千両で譲渡した。その折の譲渡物件対象は、住居回り座敷、台所、表店土蔵一カ所、表続き土蔵二カ所、座敷続き土蔵一カ所、表続き土蔵一カ所、それと仙台、福島、山形の地方出店（表記は「国々持ち店」）三カ所であった（大橋健佑家文書、福島県歴史資料館蔵）。

†上州の嶋屋――桐生店・高崎店・藤岡店・伊勢崎店

・桐生店

安永十年（一七八一年、四月二日に天明に改元）、山田郡桐生新町の織物買次商の佐羽清右衛門（二代目、道純）が出店を誘致した。天明七年（一七八七）の十七屋闕所の騒ぎの折、桐生新町の輸送は嶋屋が一手で担った。同年十一月、領主の出羽松山藩は嶋屋の働きを褒賞して、他店進出を禁ずる「申渡書」を桐生新町役人に出している。

出日は三、五、八、十の付く日、即ち三、五、八、十、十三、十五、十八、二十、二十三、二十五、二十八、三十日である。

歴代支配人は橋本文蔵（境野村出身）、文化三年（一八〇六）に利右衛門、文化四年から文化十二年（一八一五）まで橋本彦八（第6章で詳述）が務めた。その後は宇兵衛、儀助、文政六年

（一八二三）から文政十三年まで萬兵衛が務め、天保二年に八右衛門、市郎兵衛が引き継ぎ、天保七年の段階で長蔵に代わった。嘉永二年（一八四九）段階で八右衛門、明治三年は砂川安蔵が確認できる。最後の砂川安蔵は、京屋喜平（宮川喜平）と共に陸運元会社桐生営業所設立に貢献した。

嶋屋桐生店（『根本山参詣路飛渡里案内』より）

・高崎店

「嶋屋佐右衛門家声録」によると、享保十六年（一七三一）四月に高崎の茶問屋、松本茂右衛門が飛脚開業を願い出て、同十八年に嶋屋と契約を結び、嶋屋高崎店を開業した。茂右衛門の息子彦兵衛は江戸店勤務から伊勢崎店支配人を経て高崎店を継承した。

土屋老平「更正高崎旧事記」によると、延享二年（一七四五）に高崎町の長兵衛という者が願い出て嶋屋側の許可を得て営業した。松本茂右衛門系の嶋屋の後身と思われるが、松本家が出店株を手放したのであろうか。長兵衛は息子佐七に嶋屋高崎店を譲った。佐七は安永六年（一七七七）に病死した。佐七の息子彦兵衛が店を相続したが、寛政九年（一七九七）に死去した。その弟条助が「彦兵衛」名を襲名したが、同十一年に死去した。

そこで彦兵衛姉かんが高崎店を引き受けることになった。かんは、江戸白銀町の竹屋清八養女として嫁いだが、後に山田郡如来堂村（桐生市相生町一丁目）の津久井儀右衛門に再嫁した。彦兵衛が死去した直後、嶋屋組の安井大江丸が如来堂村へ出向き、亡き彦兵衛親類の者たちと協議した結果、かんが高崎店を継いだ。その後の支配人の変遷は不明である。天保二年（一八三一）に長蔵の名前が確認できる。

出日は三、八の付く日、即ち三、八、十三、十八、二十三、二十八日である。

高崎店は漢方薬販売を兼業した可能性がある。「商家高名録」の広告に漢方薬販売取次所を営業した「嶋屋」が確認できる。明治八年に内国通運会社高崎営業所に移行した。

・藤岡店

「島屋佐右衛門家声録」によると、享保六、七年（一七二一、二二）頃から高崎の紙屋平左衛門と依田与五兵衛とが協業して、飛脚業を始めた。享保二十年（一七三五）嶋屋組の一人である加賀屋五郎左衛門（三代田邑氏）と依田与五兵衛が契約を結んで藤岡店を開いた。

ところが、延享元年（一七四四）五月、依田与五兵衛の営業する藤岡店は「年々不勘定」（赤字経営）に陥ったため、嶋屋組の一人である安井教円（安井大江丸の父）が藤岡に赴き、依田と

「刃傷にも及ぶほど」の相談をした上で、「飛脚共に此方へ引取」（嶋屋方に引き取り）の結果、嶋屋が依田に家賃として年六両を渡し、間口二間、奥行十二間を借りて再スタートした。嶋屋が経営権を掌握したものとみていいだろう。

嶋屋直営となって一時はよかったが、宝暦年間（一七五一―六四）に同業の近江屋五兵衛藤岡店との過当競争のため経営が悪化し、撤退案も浮上した。嶋屋組の安井大江丸が大坂から下って藤岡店に一年ほど詰めて経営改革を行った。飛脚賃を値上げし、人事刷新（支配人の更迭）、経営刷新（縄・莚の近江屋との共同購入、秩父・富岡方面の定便化）を図り、八年間で二百三十両の収益を上げたという。嶋屋藤岡店の場所は『藤岡市史』によると、七丁目の山名へ向かう左角付近にあったとされる。

出日は明らかではないが、請取状などから三、五、八、十の付く日、即ち三、五、八、十、十三、十五、十八、二十、二十三、二十五、二十八、三十日と推測される。

その後も嶋屋藤岡店には安井大江丸（旧国）が度々訪れて句会を開いている。手紙で俳諧の添削指導も行ったという。

・伊勢崎店

享保十四年（一七二九）、伊勢崎店が創業した。「（享保）十二年ごろより桐生佐羽市兵衛様、清右衛門御すゝめにて、支配半兵衛」とあるように、桐生新町の織物買次商、佐羽市兵衛と佐羽清右衛門が誘致した（「島屋佐右衛門家声録」）。

出日は二、三、七、八の付く日、即ち二、三、七、八、十二、十三、十七、十八、二十二、二十三、二十七、二十八日である。出日の合間は京屋高崎店に託した。

歴代支配人は半兵衛、茂兵衛、彦兵衛、庄七、善兵衛、小暮久兵衛まで判明している。草創期の伊勢崎店には上州と江戸を往来した「八右衛門」、上州と上方を往来した「桐生の弥七」、店常勤の「武助」がいたとされる。この八右衛門とは先述の徳江八右衛門の祖先と考えられる。他の事例から宰領は親子代々継承、襲名される場合があるからである。

享保十九年（一七三四）になると経営も軌道に乗った。ところが、伊勢崎店は経営不振に陥り、支配人の半兵衛が江戸へ転勤となり、代わって茂兵衛（高崎店設立者、松本茂右衛門息子）が伊勢崎店を任された。しかし、個人的に絹織物を上方へ販売して五百両の損失を出したことを咎められ、弟彦兵衛が差配を代わった。

明和五年（一七六八）、彦兵衛が高崎店へ転ずると、伊勢国桑名出身の庄七が伊勢崎店を任された。庄七の経営努力もあって伊勢崎店は「上州第一之店」（大江丸「きのふの我」）と言われるまでになった。

天明元年（一七八一）、善兵衛が支配人に就任した。善兵衛は不祥事を起こしたため、得意先の小暮久兵衛が差配を代わった。

・前橋店

創業は安政六年（一八五九）六月の横浜開港以降だと考えられる。横浜の生糸交易で上州生糸が取引されるようになったため、前橋店が開かれたのであろう。営業所在地は本町の通り沿いである。下発知村（沼田市下発知町）の名主が明治二年（一八六九）に前橋の嶋屋を利用したことが史料上で確認できる。嶋屋前橋店の史料は請取書が残されているが、経営実態を示すような帳簿関係史料が全くなく、実態がほとんどわからない。

†北国、奥羽、蝦夷の嶋屋——水原店・新潟店・福島店・山形店・仙台店・箱館店

・水原店

天保二年（一八三一）、里屋元次郎が越後国北蒲原郡水原町（新潟県阿賀野市水原）で嶋屋水原店の営業を開始した。この天保二年に京屋と嶋屋で取り決めがあったのか、京屋は甲斐方面へ、嶋屋は越後方面に輸送路を開いている。幕末まで甲斐と越後の棲み分けがしっかり続いていることから、おそらく史料上では確認できない取り決めがあったものと推測される。

嘉永六年（一八五三）、水原店支配人「安右衛門」と嶋屋江戸店との間にトラブルが起きた。安右衛門は「不当」を言い、出店経営から手を引かなかったため、嶋屋組が同年五月に幕府勘定奉行所へ出訴した。訴訟結果は嶋屋組が勝訴したと思われる。安政元年（一八五四）四月か

ら約二年七カ月間、嶋屋江戸店による直営となった。

安政三年（一八五六）、水原村で郷宿経営の丹治門右衛門が「定飛脚出店株」を引き受け、門右衛門が嶋屋江戸店に千両を支払った。契約を交わす際、嶋屋江戸店支配人八右衛門（徳江八右衛門）のほか、萬之助、勘輔、水原店支配人栄助、新潟店支配人清吉、嶋屋組の多湖九郎兵衛が立ち会った。年季期間は安政三年（一八五六）から文久元年（一八六一）の五カ年。嶋屋は年季中の経営を門右衛門に預け、年季明けに千両返済を約した。

水原店の得意先は領主の新発田藩の溝口家、沼津藩の水野家であり、依頼されて「為登（のぼせ）金」を送金した。もう一つの得意先は水原代官所である。為登金とは年貢の代永（金納）のことと推察される。〝為登〟とあるが、この場合は上方ではなく、江戸であろう。

丹治門右衛門は下条村の佐藤甚兵衛に出店経営を任せたが、出店経理と出店株証文類を巡ってトラブルとなり、万延二年（一八六一）二月、門右衛門は佐藤甚兵衛を相手取り「不法出入」を理由に出訴した。その後、両者は和解し、丹治家は飛脚業から撤退し、佐藤家が出店を引き継いだ。詳細は不明であるが、おそらく佐藤家による出店株の買い取り、売り上げの一部支払いなど金銭面で折り合いが付いたものと推察される。

・新潟店

越後国は在地の飛脚問屋と江戸の嶋屋の営業が混在した。高田と長岡には地域の飛脚業が存在し、小千谷には縮飛脚が発達した。新潟町では寛政八年（一七九六）に「定飛脚」に会符と帯刀を認められており、飛脚問屋の営業が窺われる。嶋屋新潟店は先述の丹治家文書により新潟店支配人として安政三年に清吉、文久二年に与四郎の名前が確認される。柏崎では文政元年に山田惣左衛門が嶋屋柏崎店の営業を始めたが、こちらも今後の課題である。

・福島店

嶋屋福島店の設置は、享保七（一七二二）年である。嶋屋側が福島の商人上州屋伝兵衛と提携して営業準備に着手し、享保九年に上州屋伝兵衛が飛脚業を開始した。しかし、延享二（一七四五）年に上州屋が地元百姓の「不利益」もたらしたとされ、騒ぎとなった。上州屋伝兵衛は「非分路顕し、追放となり」、代わって西谷次郎兵衛殿・番頭源右衛門の世話で福島店は「本ト町山田屋兵左衛門」へ移った。支配は源六が行った。

源六は嶋屋福島店の経営を軌道に乗せる。延享三（一七四六）年、源六は京都へ上った。源六は「働にて京都へ登り、問屋衆をこしらへ、下り金引受、先金夫々に渡し、八幡へ渡りし荷物段々此方へ引取、教円又本相談人也、奉行高橋仁左衛門様ニ能取入たり」（「島屋佐右衛門家声録」）とある。つまり得意先を回り、「下り金」（京から地方へ流れる支払金）の送金を引き受けたほか、「八幡へ渡りし荷物」（近江国の八幡飛脚が福島に出店を構えて請け負っていた荷物）を、嶋屋が獲得した。「教円」とは、著者大江丸の父の先代大和屋善右衛門のことであり、営業上

俳諧師、安井大江丸。嶋屋組の１人。奥州への路線拡張に貢献した。「うつくしき／むねのさハきて／はつさくら　八十五才 大江丸」

の助言を得たのであろう。また当局（奉行）にも取り入ったという。

源六は在勤十一年、営業努力で得意先を増やし、福島店の会計もきちんと処理した。寛延二年（一七四九）に死去した。源六は嶋屋福島店の経営基盤を築いた。

嶋屋は宝暦二年（一七五二）、福島店の三斎定日を決め、定期便を確立させた。特に宰領の恣意性と遅延を改善した。宝暦六年、伝兵衛一件が起きる。伝兵衛を巡って悪い噂が立ったが、事実無根と判明し、会計上も問題ないこともわかった。一時的に左（佐）渡の貞八に支配人を任せたが、再び伝兵衛を再登用した。宝暦八年、伝兵衛の跡を継いだ義平に関しても不正会計の噂が立ったが、事実関係が認められず、嶋屋では不処分とした。

嶋屋の奥州第一号店ともいえる福島店は、仙台店の設置に深く関与したことからわかるように奥州に輸送網を拡張する上で橋頭堡を築いたのである。大坂の大江丸は、伝わった福島情報を受けて自ら出店対策に乗り出したが、輸送網を通じて伝わったことは想像に難くなく、逆に上方情報が福島店へ伝わることもあり得たであろう。

嶋屋組の一人、太和屋善右衛門は安井大江丸（一七二二―一八〇五）の名でも知られる俳諧師である。大江丸は俳諧師、与謝蕪村（一七一六―八四）とも交流があったことで知られる。大江丸は生涯に七十余度も大坂と関東・奥州を往復したため、俳諧仲間・門弟ができた。福島県白河市にある境の明神境内の俳諧碑に作品が刻まれる。

能因のくさめさせたる関はここ

奥州行脚で詠んだ能因法師（九八八―?）の「都をば霞と共に立ちしかど秋風ぞ吹く白河の関」を前提としたユーモラスな作品である。「嶋屋佐右衛門駛歩隊」による大江丸の碑が建碑された。「嶋屋佐右衛門駛歩隊」とは俳諧グループの名称と思われる。大江丸が創業に貢献した福島と仙台周辺に門弟がいたとみられる。

・山形店

延享三年（一七四六）に営業開始した。文化年間（一八〇四―一八）から横町で営業した。出日は二、六の付く日、即ち二、六、十二、十六、二十二、二十六日である。

・仙台店

宝暦十三年（一七六三）、嶋屋江戸店の鹿嶋忠兵衛が仙台に赴いて大町二丁目の富屋金右衛門と契約を結び、嶋屋仙台店として営業開始した。

「江戸より忠兵衛かの地へ下り相対す、初之間はふく嶋伝兵衛兼帯、後江州之東助といふもの支配とす、翌年一礼として宗二かの地へ下る」（「島屋佐右衛門家声録」）と記しており、創業当初は福島店支配人の伝兵衛が仙台店の支配人を兼ね、後に東助が務めた。富屋は、出店株所有者という立場である。

文政十三年（一八三〇）五月の段階で藤助（大橋健佑家文書、福島県歴史資料館蔵）が支配人を務めている。

・箱館店

蝦夷地における嶋屋箱館店は文久元年（一八六一）に箱館大町一丁目で営業を開始した。支配人は定助である。それに先立って幕府は同年三月二十九日付で勘定奉行と道中奉行の六人の連名連印で日光道中、奥州道中沿いの宿々問屋・年寄・名主・組頭宛てに御触れを発布し、定飛脚問屋宰領への箱館までの御定賃銭での人馬継立を周知させた。主要な御用荷物は箱館奉行所の御用状である。津軽海峡の航路は、幕府が寛政十一年（一七九九）に開いた大間・佐井（下北半島）―箱館の航路が使用されたと思われる。出日は五の付く日、即ち五、十五、二十五日である（藤村潤一郎「箱館における定飛脚問屋島屋」）。飛脚賃は書状一通が公用分銀二匁（銭換算二百九十七文）、町方請負分銭百五十文である。

3 飛脚取次所

†五街道の取次所と業務

取次所とは、自身の本業を持ちながら三都の飛脚問屋から委託されて、街道の各宿場において書状・金銀・荷物などを依頼客から請け負い、飛脚問屋に取り次ぐ役割を果たした業者のことである。取次所の奉公人が判取帳持参で宿場内の書状や小荷物の集配業務に従事した。副業の飛脚取次業務の範囲が、書状・荷物の集配も含むことを意味している。宰領飛脚や仕立飛脚は主要幹線を通行するが、取次所は設置された宿場周辺の飛脚業務に関して責任を担ったのである。各取次所で請け負った荷物の飛脚賃は取次所と宰領飛脚の収益になったとされる。

宿場には人馬継立を行う問屋場と、飛脚取次所があり、宿場を街道が貫いている。そこを宰領飛脚が通行し、人馬継立を依頼し、取次所で当地（周辺在方）宛ての荷物を下ろし、また荷物を受け取る。取次所は自前の仕立飛脚で宿場周辺の在方へ荷物を届ける。宰領飛脚は用が済めば、次の宿場を目指した。逆に在方からは公用なら村雇いの「定使（じょうづかい）」が宿場に出向いた。

取次所は、地域の小さな飛脚問屋としておそらく各地にあったはずである。存在が確認されていない場所は、史料が残されていないだけだと思われる。河岸、宿場、在郷町、城下町など水陸交通の要衝や行政の府、定期市で栄えた場所が想定される。

京屋弥兵衛に関しては「京屋大細見」（郵政博物館蔵）により東海道・中山道・奥州街道の取次所が判明した。取次所の宿場別の詳細に関しては拙著『江戸の飛脚』を参照されたい。東海道（品川→大坂）の取次所総数は、史料中の「改」と相仕の尾張屋惣右衛門を除くと七十三業者である。中山道（板橋→守口）の取次所総数は、京屋高崎店と「改」と消去箇所を除くと、七十三業者である。奥州街道（千住→仙台）の取次所総数は、二本松、福島、仙台の京屋出店三カ所と、「改」の箇所を除くと計七十八カ所である。

東海道、中山道、奥州街道などの取次所はその多くが定飛脚仲間の管轄下にあり、脇往還の取次所は京屋と嶋屋、もしくはいずれかの出店の管轄下にあった。荷物損害への賠償責任は取次所による損失は自己弁済、不可能な場合は親類組合が負担した。取次所は出店を補完する側面があったが、むしろ出店と同等に飛脚問屋のネットワークの重要部分を構成した存在であったと考える方が妥当であろう。

†脇往還の取次所

脇往還で営業した取次所に触れておきたい。

武蔵国埼玉郡忍（埼玉県行田市）では、丸屋四郎兵衛と四ツ目屋長四郎が営業した。この丸屋は「忍定飛脚」を名乗っており、江戸定飛脚仲間の取次所であることがわかる。武蔵国入間郡川越（川越市）には井上珖之進、近江屋半右衛門が共に「定飛脚会所」を名乗っている。

京屋伊勢崎取次所は伊勢崎本町で中野屋義助が営業した。出日（荷物受注日）は二と七の付く日、つまり二、七、十二、十七、二十二、二十七の月六回であったことがわかる。

京屋前橋取次所「大津屋」は前橋連雀町（前橋市本町二丁目の一部）で営業した薬種問屋であり、傍ら飛脚の取次所を兼業した。大津屋からの江戸への出日（集荷日）は二と七の付く日、即ち二、七、十二、十七、二十二、二十七の月六回である。盆前は十一日限り、極月は二十六日限りとある。高崎店の管轄にあった。

三国街道渋川宿で旅籠を営業した青木勘右衛門（嶋屋）、足尾銅山街道大間々町では和田七郎右衛門（嶋屋）・須永六右衛門（嶋屋）・善五郎（京屋）が確認される。また日光例幣使街道境町の髪結渡世の嶋屋半兵衛（嶋谷）、太田宿の大島勘助（京屋）と本陣の橋本金左衛門（嶋屋）、古戸村（利根川古戸の渡しがある）の十七屋仁右衛門（京屋、嶋屋）が取次業務を請け負った。

越後国には嶋屋の輸送網が伸張したため、出店・取次所が営業した。「三条より江戸まで定飛脚賃銀」引札（筆者蔵）によると、魚沼郡小千谷には「小千谷問屋　金田屋太兵衛」が取次所を営業した。金田屋は三条一之町で嶋屋三条店を営業した鈴木屋半左衛門の管轄下にあった。

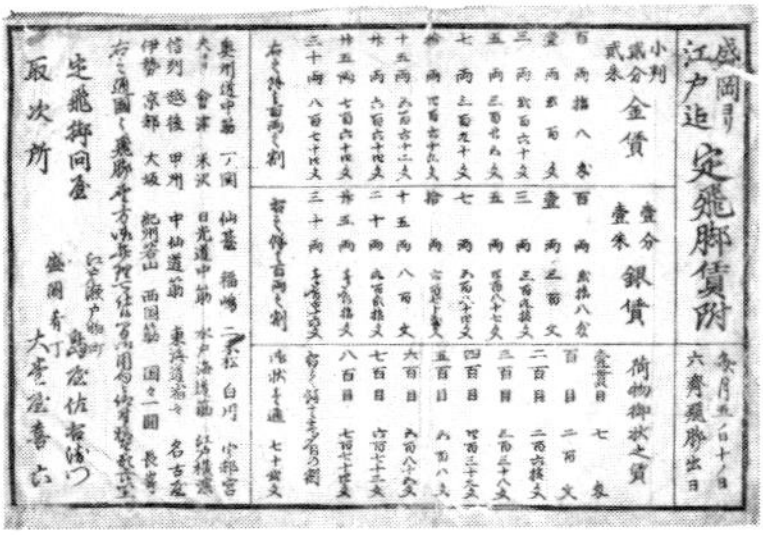

盛岡肴町、嶋屋取次所の大巻屋喜六の引札（個人所蔵）

岩船郡村上庄内町（村上市庄内町）には名古屋嘉左衛門が嶋屋の取次所を営業した。名古屋嘉左衛門は取次所ながら引札を印刷し、輸送可能な地域を宣伝して利用を呼びかけている。奥羽地方の会津若松では、「嶋屋組定宿飛脚取次所」を務めた「斎藤房吉」が営業した。本業は「御用和漢書林」即ち書物問屋である。

嶋屋は陸奥国盛岡（岩手県盛岡市）まで輸送網を伸長した。盛岡肴町で大巻屋喜六が嶋屋の取次所を営業した。引札（写真参照）によると、出日は毎月五、十の付く日、即ち五、十、十五、二十、二十五、三十日である。月六回の出日を設けたので「六斎飛脚」とも称している。

ちなみに「飛脚宿」とは飛脚が宿泊した定宿のことをいう。文脈によって飛脚宿が飛脚問屋の意味で使われることもあるが、大方は街道の宿場内にある定宿の意味で使われる。江戸時代の旅行手引書「旅行須知」によると、飛脚宿は昼夜関わらずチェックインが可能であり、風呂を常に焚いているので、非常に便利であるという。旅人宿側も自らを積極的に「飛脚宿」とＰＲした。

以上、本章でみたように飛脚問屋は江戸店、出店、取次所、相仕、仲間を結んで輸送網を構成した。輸送網がきちんとした機能し、次章以降で触れる業務が可能となる。

第 5 章

飛脚輸送と飛脚賃

三度飛脚の姿(歌川広重「東海道五十三次 平塚 縄手道」部分、天保5年〈1834〉頃)

†馬琴宅から嶋屋までの距離

馬琴の住まいは神田明神石坂下の同朋町東新道にあった。ここは文政元年（一八一八）に買い求め、妻お百、息子宗伯、娘鍬が元飯田町の住居から移り住み、文政七年に元飯田町から馬琴も同朋町に移住して同居した。馬琴は天保七年（一八三六）十一月まで四谷信濃仲殿町へ移るまで同朋町に住んだ。

馬琴宅から瀬戸物町の飛脚問屋の嶋屋までの距離だが、ヤフーマップで計測すると、約二キロ程度である。馬琴宅を出て南下すると神田川にかかる昌平橋を渡る。内神田に入る。左に筋違御門を、右に丹波篠山藩青山下野守の上屋敷前を見ながら、須田町に入り、通新石町、神田鍋町、神田鍛冶町、今川橋跡、本銀町、十軒店本石町、本町、室町三丁目、室町二丁目で駿河町との十字路にぶつかる。右角に三井越後屋が見え、日本橋はもう目の前だが、辻を左折すると瀬戸物町となる。そこに嶋屋が営業している。江戸の町の範囲（御府内と呼ばれる）は半日歩いて半日で歩いて帰って来られる距離にある。非常にコンパクトな町であった。

瀬戸物町の嶋屋江戸店の前は馬と荷物と人で混雑していた。到着した荷物を店内に運び込む者、店前を馬荷と共に出立する宰領飛脚と馬方、走り飛脚の姿が行き交い、とても賑やかであった。馬琴の使いで訪れたお百と下女まつが六間間口の出入り口の暖簾をくぐる。暖簾は

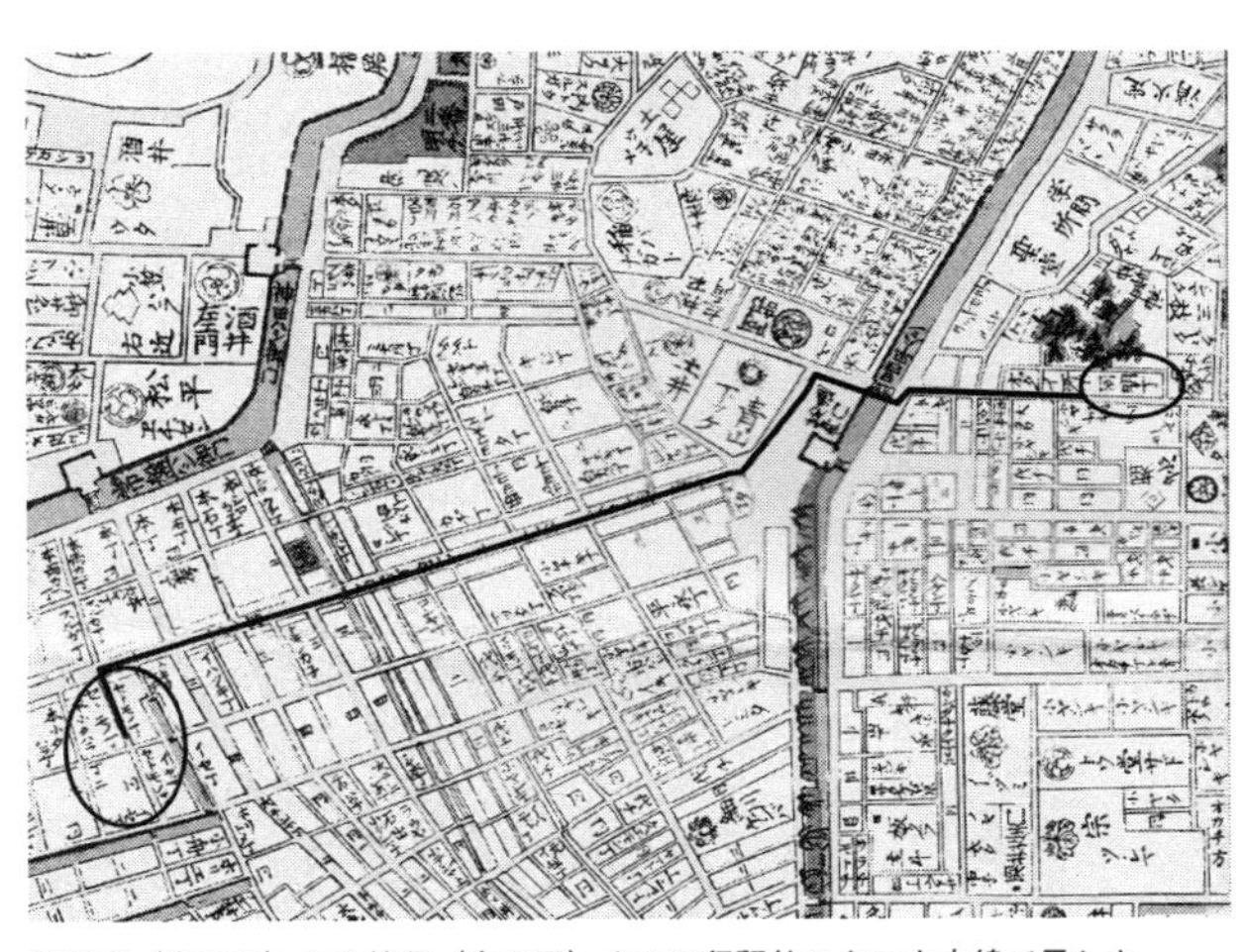
馬琴宅（右の円）から嶋屋（左の円）までの行程約２キロを太線で示した

「〈中　諸国御用達飛脚問屋嶋屋」と山中の家印と屋号が染め抜かれてある。入口脇に「定飛脚」の立看板が掲げられている。

内は中央が鉤の手形に仕切られ、上手が土間、下手が二畳の間と板敷になっている。正面奥には光沢のある土蔵の入口が見える。上手寄りには奥へと通ずる三尺の暖簾口がある。これらを背にして帳場格子がある。その前に大型の角火鉢が置かれている。火鉢の真上には八間（はちけん）が下がっている。八間とは平たい大型の釣り行灯である。笠の下に蜘蛛の手を下げて、油皿が載せてある。上手は石叩きの壁であり、土蔵の戸前が見える。手代と小僧が荷物を土蔵へと運び込む姿が窺える。壁は石叩きの壁となっており、壁前に棟から大秤が吊るしてある。そのほか三十六秤、十二秤も置かれる。

下手寄りには腰板が千本格子となっていて、左端に格子のままの出入り口が見える。千本格子の上部には「御本丸御用」「水戸様御用」そのほか十数枚の御用札と、十個ばかりの提灯が懸けられている。その近くに「諸国状さし」と記した縦長の状さしが取り付けてあり、たくさんの書状が差し込まれている。何冊かの判取帳が吊るされている。顧客には通帳が配られ、店には判取帳が置かれた。通帳と判取帳は記述が同じでなければならない。通帳には何月何日、荷物、宛先、飛脚賃が記される。盆暮れ勘定の際には通帳は照合され、正しいと「合」の印が押印される。「馬琴日記」にも年始に嶋屋の奉公人が通帳を配りに来る。お百は通帳持参で荷物を持ち込む。

†馬琴、嶋屋を使う

天保五年（一八三四）五月二日――。曲亭（滝沢）馬琴は、八ツ半時（午後三時）までに伊勢国松坂の殿村氏宛てに手紙を書き終えた。

それから同じ松坂の小津新蔵宛ての返事の手紙を認めた。殿村佐六へ『日本外史』二十二冊を返却するため、息子の宗伯に書物にあて板を当てがい、包み紙でくるませた。この掛け目が九百七十匁。現在の単位にすると三六三七・五グラム。ざっと三・六キログラムである。その中には「江戸作者部類」二冊が入っている。

また殿村佐六へ返却する「後西遊記」一帙に油紙（水濡れ防止のため）をかけ、当て板をして梱包した。この掛け目が三百七十匁、一三八七・五グラム、約一・四キログラムである。ほかに殿村佐六宛ての書状一封の中に小津新蔵宛て書状を同封した。

書状一封は八日限の早便で依頼した。紙包二つは並便で頼んだ。飛脚賃は書状が銀一匁二分（銭百九十三文に換算される）、紙包は金三朱の掛りである。

七ツ半時前（午後五時前）に下女まつに荷物と通帳を持たせ、妻のお百に付き添わせて、瀬戸物町の嶋屋へ行かせた。馬琴は嶋屋へは同行していない。

嶋屋の奉公人は二人から荷物を受け取り、秤に荷物を載せて重さを確認すると、馬琴の「かよひ帳」（通帳）へ請取印形を記入した。この場合、馬琴が借覧していた書籍を返却するので、自身が飛脚賃を負担しているが、先方が負担すべきと馬琴が判断する時は荷物が到着した時点で荷受人が支払う先払い（先方が支払う意）を選んでいる。

下女まつにお百が付き添った理由は、四月二十五日五時（午前八時頃）に宿元から滝沢家に移って来たばかりだったからである。まつは小風呂敷一つ持参して単身でやって来た。通常はまつの請け人が同道するはずだが、病気で臥せっていたらしい。

†並便——廉価な定期便

馬琴は、返却本などを梱包した紙包二つを並便で松坂へと送った。並便とは定日・出日（集荷日）が決まっている定期便である。紙包は重さが九百七十匁と三百七十匁であり、合計すると千三百四十匁（約五キログラム）である。飛脚賃は合計金三朱である。金三朱は一両の約五分の一として、約二万円の出費である。

「文化3年4月、定飛脚問屋仲間、飛脚賃」表を参照されたい。江戸から京都・大坂までの文化三年（一八〇六）の飛脚賃である。基本は東海道を使う。まず便種の欄をずっと後へ辿ると「並便」がある。並便は地域によって「並便り」「並飛脚」「常便」とも言われた。決められた「出日」の翌朝に宰領（荷物監督者）が四、五頭の馬を率いて、荷物を馬荷にして運んだ「定便」（定期便の意）である。

「飛脚賃」表と照合してみる。並便御荷物一貫目（一千匁、三・七五キログラム）の欄を見ると、賃銀六匁五分である。馬琴の紙包は千三百四十匁なので一貫目を超えている。細目の欄を見ると、一貫目を超えた重さについて記される。五百目（五百匁）までの場合、百目（百匁）ごとに賃銀七分が加算される。一貫目を超えた分の三百四十匁は五百匁以内だから賃銀七分に四を掛けて二十八分＝二匁八分。これを一貫目の賃銀六匁五分に足すと計九匁三分。これを金に換

文化3年4月、定飛脚問屋仲間、飛脚賃

送り先	便種	荷物	増量の荷物細目	賃銭
京都・大坂迠	4日限御仕立	御状1通	御状1通から300目（1・13キログラム）まで。それより重いと100目（375グラム）ごとに銀5匁を加算。東海道筋の場合は1里につき銀2匁ずつ加算	賃金4両2分
京都・大坂迠	5日限御仕立	御状1通	御状1通から300目まで。それより重いと100目ごとに銀5匁を加算。5日限仕立の場合は近江国大津宿から京都・大坂までに限り道中筋について請け負わない	賃金3両
京都・大坂迠（中山道）	6日限仕立	御状1通	御状1通から300目まで。それより重いと100目ごとに銀5匁を加算。但し、道中筋の場合は1里につき銀3匁ずつ加算。仕立飛脚は刻廻しで差し立て	賃金6両
京都・大坂道中筋共	6日限	金100両	但し、①2朱判1片から金1両まで賃銀3匁5分加算、②金1両余から3両まで賃銀4匁加算、③金3両余から5両まで賃銀4匁5分加算、④金5両余から7両まで賃銀5匁加算、⑤金7両余から10両まで賃銀5匁5分加算、⑥10両以上、100両の割合、但し「乱し金」で仰せ付けるように	賃銀55匁
	6日限	丁銀1貫目	但し小玉銀50目まで賃銀3匁、それ以上は500目まで100目ごとに賃銀6匁を加算、それ以上は貫目の割合	賃銀55匁
	6日限	御荷物1貫目	掛り目500目まで御状の割、それ以上だと貫目の割合	賃銀45匁
	6日限	御状1通	掛り目10目までそれ以上は10目ごとに賃銀5分の割り増し	賃銀1匁
京都・大坂道中筋共	7日限	金100両	但し、①2朱判1片から金1両まで賃銀2匁5分加算、②金1両余から3両まで賃銀3匁加算、③金3両余から5両まで賃銀3匁5分加算、④金5両余から7両まで賃銀4匁加算、⑤金7両余から10両まで賃銀4匁5分加算、⑥10両以上、100両の割合、但し「乱し金」で仰せ付けるように	賃銀45匁
	7日限	丁銀1貫目	但し小玉銀50目まで賃銀2匁5分、それ以上は500目まで100目ごとに賃銀5匁を加算、それ以上は貫目の割合	賃銀45匁
	7日限	御荷物1貫目	掛り目500目まで御状の割、それ以上だと貫目の割合	賃銀40匁
	7日限	御状1通	重さ10目まで。それ以上は10目ごとに賃銀4分の割り増し	賃銀8匁

京都・大坂道中筋共	8日限	金100両	但し、①2朱判1片から金1両まで賃銀1匁5分加算、②金1両余から3両まで賃銀2匁加算、③金3両余から5両まで賃銀2匁5分加算、④金5両余から7両まで賃銀3匁加算、⑤金7両余から10両まで賃銀3匁5分加算、⑥10両以上、100両の割合、但し「乱し金」で仰せ付けるように	賃銀35匁
	8日限	丁銀1貫目	但し小玉銀50目まで賃銀2匁5分、それ以上は500目まで100目ごとに賃銀4匁を加算、それ以上は貫目の割合	賃銀35匁
	8日限	御荷物1貫目	掛り目500目まで御状の割、それ以上だと貫目の割合	賃銀25匁
	8日限	御状1通	重さ10目まで。それ以上は10目ごとに賃銀3分の割り増し	賃銀6分
京都・大坂迠	10日限	100両	但し、①金1分から金1両まで賃銀8分加算、②金1両余から3両まで賃銀1匁加算、③金3両余から5両まで賃銀1匁2分加算、④金5両余から7両まで賃銀1匁4分加算、⑤金7両余から10両まで賃銀2匁加算、⑥10両以上、100両の割合	賃銀20匁
	10日限	2朱判100両	但し、①2朱判1片から金1両まで賃銀1分加算、②金1両余から3両まで賃銀1匁2分加算、③金3両余から5両まで賃銀1匁5分加算、④金5両余から7両まで賃銀2匁加算、⑤金7両余から10両まで賃銀3匁加算、⑥それ以上は10両以上、100両の割合	賃銀28匁
	10日限	丁銀1貫目	但し小玉銀50目まで賃銀1匁、それ以上は500目まで100目ごとに賃銀2匁を加算、それ以上は貫目の割合	賃銀10匁
	10日限	御荷物1貫目	掛り目500目まで御状の割、それ以上だと貫目の割合	賃銀10匁
	10日限	御状1通	重さ10目まで。それ以上は10目ごとに賃銀1分5厘の割り増し	賃銀4分
京都・大坂道中筋共	並便	金100両	但し、①金1分から金1両まで賃銀6分加算、②金1両余から3両まで賃銀7分加算、③金3両余から5両まで賃銀8分加算、④金5両余から7両まで賃銀1匁加算、⑤金7両余から10両まで賃銀1匁加算、⑥10両以上、100両の割合	賃銀11匁

京都・大坂道中筋共	並便	2朱判100両	但し、①2朱判1片から金1両まで賃銀8分加算、②金1両余から3両まで賃銀1匁加算、③金3両余から5両まで賃銀1匁5分加算、④金5両余から7両まで賃銀1匁8分加算、⑤金7両余から10両まで賃銀2匁2分加算、⑥それ以上は10両以上、100両の割合	賃銀22匁
	並便	丁銀1貫目	但し小玉銀50目まで賃銀6分、それ以上は500目まで100目ごとに賃銀1匁を加算、それ以上は貫目の割合	賃銀7匁
	並便	御荷物1貫目	掛り目100目まで賃銀7分、それ以上だと500目まで100目ごとに賃銀7分の割、それ以上の重さは貫目の割、尤も伊勢国津、松坂、山田までの荷物は1貫目につき賃銀5分加算して申し受ける	賃銀6匁5分
	並便	御状1通	重さ10目まで。それ以上は10目ごとに賃銀1分の割り増し	賃銀2分
京都・大坂迠	歩行荷物1人持		重さ5貫目限り。それ以上は1貫目ごとに賃銀10匁の割合を加算、尤も道中割り増しは申し受けない	賃銀100匁
勢州神戸迠	5日限	御状1通	重さ10目まで。それ以上は10目ごとに賃銀5分の割り増し	賃銀1匁5分
勢州白子迠	5日限	御状1通	重さ10目まで。それ以上は10目ごとに賃銀5分の割り増し	賃銀2匁
勢州津迠	5日限	御状1通	重さ10目まで。それ以上は10目ごとに賃銀5分の割り増し	賃銀3匁
勢州松坂迠	6日限	御状1通	重さ10目まで。それ以上は10目ごとに賃銀5分の割り増し	賃銀5匁
勢州山田迠	6日限	御状1通	重さ10目まで。それ以上は10目ごとに賃銀5分の割り増し	賃銀9匁
勢州津迠	8日限	御状1通	重さ10目まで。それ以上は10目ごとに賃銀4分の割り増し	賃銀1匁5分
勢州松坂迠	8日限	御状1通	重さ10目まで。それ以上は10目ごとに賃銀4分の割り増し	賃銀1匁5分
勢州山田迠	8日限	御状1通	重さ10目まで。それ以上は10目ごとに賃銀4分の割り増し	賃銀2匁5分

*「定飛脚問屋賃銭定の議」(郵政博物館蔵)より筆者作成。類似史料には早便の名称に「幸便」の字がほとんど使用されていない。そのため本表も他史料に合わせ「幸便」の字を記載しなかった。同年の史料には駿府便、御状箱が記されており、また若干賃銭が異なることを断っておく

算すると、金一両が銀六十匁なので金三朱足らずである。

並便の場合、馬一匹に荷物二箇＝一駄（三十六貫＝一三五キロ）を付けた。梱包に使う縄の掛け方で行き先の区別（その種別は今に伝わらない）をしたという。馬五―十疋（疋は江戸期の馬数の単位）で出立した。その内の一頭に宰領飛脚が騎乗（乗掛）し、昼のみ移動し、夜は飛脚宿（定宿）に止宿した。並便は規定日数が示されていない。江戸―京都・大坂であれば、十五日の到着を目指したと思われる。ところが、道中は様々な輸送障害が待ち構えており、概して延着しがちであり、遅いと三十日かかる場合もあった。

途中、各宿場町の問屋場で御定賃銭（公定賃銭）により馬を交換する。問屋場とは、幕府の公用（戦時は軍需物資、平和時は荷物輸送）のため設置され、無償（幕府御用の場合）・有償（武士、庶民の旅行者など）で人足と馬・馬方（馬士）を交換する人馬継立（伝馬役）を行う施設である。問屋場は問屋（宿役人が兼ねる）が仕切り、補佐役の年寄が数名いて交代で詰めた。その配下に帳付、馬指がおり、馬指が人馬を割り当てた。

問屋場は、江戸幕府の保護を受けながら宿役人によって運営された。各宿場に平均一カ所か二カ所設置された。組織は問屋―年寄―帳付―馬指（馬差）・人足指（人足差）から構成された。明治五年に陸運会社に再編され、明治八年に解散した。東海道の場合、問屋場には馬百疋・人足百人、中山道の場合、五十疋・五十人、日光道中と奥州道中と甲州道中は二十五疋・二十五人を常置した。宿場によって両宿場で規定数を負担する場合もあった。

この問屋場が非常に混み合う時に馬数が足りない場合がある。馬が不足した状態を「馬支（うまづかえ）」という。馬差支（さしつかえ）の略である。馬が不足した場合、宿場は周辺の村から馬を補充する（助郷という）が、大名行列などの大通行が重なると余計に不足しがちであった。この馬支は飛脚にとって延着の最大の要因となった。また河川が増水して川留めで渡れない場合がある。前へ進めない状況を「川支（かわづかえ）」といい、これもまた馬支と並んで延着の原因となった。

並便の賃銭であるが、例えば、京都・大坂までの道中筋（宿場及び周辺）共に金百両（元文小判百枚＝一三〇〇グラム）の荷物を運ぶと賃銀十一匁であった。二朱判百両（元禄二朱判金八百個＝一七六八グラム）だと銀二十二匁である。後者の賃銭が倍額の理由は重量が異なるからである。こうした金銀荷物は道中で紛失すると、飛脚問屋が荷主に賠償した。つまり飛脚賃は〝保険料〟込みだったと考えていいだろう。

もう一例挙げておく。御状一通は賃銀二分である。銀一匁＝銀十分＝銭百文（銭相場、金一両＝銭六千文の計算）だから銭二十文の換算である。二八そばの値段が二×八＝十六文だから、かけそば一杯強分の金額で江戸から上方まで手紙一通を届けることができたのである。

この並便より少し廉価であった便種に「ダラ便」があった。筆者は当初、馬琴が延着に対して悪口を言っているのかと思ったが、実は便種の一つと判明した（『曲亭馬琴日記』別巻）。何と自虐的な命名だと思ったが、要するに、馬琴は延着に対して「これではダラ便と同じではないか」と嘆じていたのだと解釈できる。

†早便――時間を金で買う速達便

馬琴は、伊勢松坂へ発送した書状一封（二通入り）を早便で八日限を指定した。飛脚賃は銀一匁二分（銭百九十三文に換算される）と通帳に付けられた。表で八日限幸便の欄を確認すると、銀一匁五分とある。馬琴の支払いより三分高い。これは賃銀改定か掛け目の関係であろう。

早便とは、「早飛脚」「早便り」、また単に「早」ともいい、並便より短時日の規定日数（日限という）で運ぶ特急便である。四日限、五日限、六日限、七日限、八日限、十日限などの到達規定日数が設定されていた。

早便は、定期便（六日限、七日限、八日限、十日限）と、書状一通のために臨時で仕立てる仕立便（四日限、五日限、六日限）があった。特に六日限が得意先によく使われたため、「定六」（六日限の定便）が飛脚の代名詞となった。馬琴がよく使ったのは八日限である。早便の封書には包みの左側上部に付箋のような赤紙を貼付した。これは飛脚問屋が宛先を選り分ける際に目に付きやすくした工夫である。当時の表現で、急ぐことを「赤紙を付けた」と言っていたという（「飛脚ノ話」）。

幕末に近い時期の京都順番飛脚仲間と大坂三度飛脚仲間の引札（いずれも三井文庫蔵）にそれぞれ「三日半限」が設置されていることから、江戸定飛脚仲間も「三日半限」が設置されていた可能性がある。物流博物館（東京都港区高輪）所蔵の「上方・下方抜状早遅調」には「三日限」が記載されているが、段階的に「三日半限」から「三日限」と設置した可能性がある。継所を十八カ所から二十カ所に増やすことで実現させたのであろう。

早便は基本的に馬一疋に荷物二箇（一駄）をつけ、宰領が騎乗し、昼夜兼行で上方をめざした。荷物が多い場合は二疋の場合もある。早便の制度は江戸中期に大坂屋茂兵衛が中心となって整備された。このことはすでに触れたので繰り返さない。

届け日数の日限であるが、前述の並便と同じように問屋場で駅馬の空くのを待って雇ったため、やはり遅れがちであり、馬支や川支がさらに延着に輪をかけた。そのため宰領飛脚は、馬士（馬方）に「酒手銭」や「追銭」といったチップの一種を支払い、鼻薬を効かせたのだが、これは逆効果であり、馬士の中には逆に増し銭をねだる者も現れた。

この早便は、基本的には宰領飛脚が馬荷と共に出立し、道中で早便荷物だけ抜いて、雇い人足による走り飛脚を先行させる「抜状（ぬきじょう）」（擢状）との併用であった。つまり早便は、宰領飛脚と走り飛脚が運ぶ形が基本であったと考えるとわかりやすい。走り飛脚は宰領飛脚よりも先行し、宰領飛脚が後から追いかけて各宿場で走り飛脚の通過時刻を確認した。

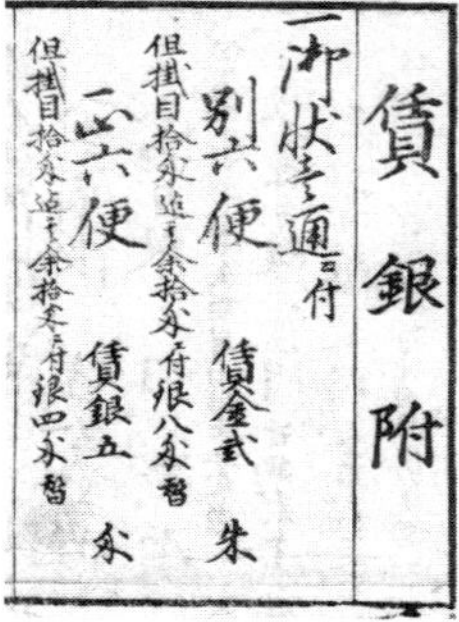

賃銀附
一御状壱通ニ付
別六便　賃金弐朱
但掛目拾匁迄ニ而余拾匁ニ付銀八分増
正六便　賃銀五匁
但掛目拾匁迄ニ而余拾匁ニ付銀四分増

大坂の江戸屋平右衛門の引札の一部

六日限は本来、六日で運ばねばならないが、川支と馬支が原因で規定日数に届けられず、五日限・六日限の場合、それぞれ七日か八日を要するのが普通であった。そのため天保年間（一八三〇―一八四四）の初めに、きっちり六日で届ける「正六日限」というサービスが現れた。京都順番飛脚の引札を見ると「六日限」のほか「正六日限」がある。

そもそも延着問題の解決を趣旨に天明二年に仲間が認可されたはずだったが、半世紀後の天保初年ごろも改善されなかったことが「正六日限」の新設からわかる。六日限より賃銭が高くなったが、利用者も増えたことで定着した。

便種は江戸の呼び名と上方の呼び名は異なる。上方では早便、中便、常便と区分される。常便は江戸の並便に当たる。正六日限より日数がかかっても早便、中便と呼ばれる。慶応三年（一八六七）とみられる十月発行の大坂三度飛脚仲間の飛脚賃引札（筆者蔵、写真参照）を見ると、「正六便」（正六日限と同義）の横に「別六便」が設置されている。飛脚賃を比べると、別六便が金二朱（金一両の八分の一）、正六便が銀五匁（金一両〈銀六十匁〉の十二分の一）と、別六便の方が高い。この引札は、早便には全て「正」が付いている。「正三日半限」「正四日限」

「正五日限」「正六日限」といった具合である。普通に「三日半限」「四日限」でいいはずだが、大坂は「正」の付記自体が常態化している。江戸・京都で意味する「正」の意味が、大坂では「別」で表されているのだ。「正」も「別」も飛脚問屋の企業努力が滲むような表記なのだが、江戸と京都の引札にはそうした表記が見られず、大坂だけで使われている。これを文化的な視点で見ると、この「別六便」にはせっかちな浪花気質が反映されているのであろうか。

早便の賃銭（巻末の「飛脚賃」表参照）は、京都・大坂まで「六日限」で書状一通が賃銀二匁である。江戸後期の銭相場を用いて銭換算すると二百文である。かけそば一杯が十六文＝三百円として三千七百五十円となる。七日限だと銀一匁五分、銭換算で百五十文＝二千八百十三円、八日限だと銀一匁で銭百文＝千八百七十五円、十日限だと銀六分で銭六十文＝三百円である。確かに郵便料金と比べると、やや高めであるが、様々な文献でやり玉にされるように目玉が飛び出すほど高値であろうか。

†抜状との併用——延着防止のカギ

輸送途中に日限の決まった書状を抜いて走り飛脚に先行させて走らせる抜状を「道中抜（どうちゅうぬき）」といった。出立地点で最初から荷物を抜いて軽装の走り飛脚を差し立てる抜状を「庭抜（にわぬき）」といった。抜状の始めについて物流博物館の「上方・下方抜状早遅調」（以降、「早遅調」と略す）によると、飛脚問屋（また宰領飛脚）が、道中稼ぎの宿場住人と相対で契約し、「往返継飛脚」として賃金を渡して送り放していた。しかし、それが幕府の継飛脚よりも先行して走ることがあった。それは川留めの折に「廻り越し」（迂回して渡河する）で進み、また途中で事故に遭遇して荷物を紛失するなどの問題が生ずるようになった。飛脚問屋以外にも日雇方人足を使って飛脚商売を行う者が現れた。

延享年間（一七四四―四八）に道中奉行「稲生下総守」（「早遅調」の表記だが、正しくは稲生下野守正英。但し稲生は延享年間に道中奉行を務めていない）が東海道の宿場問屋役人に対して幕府の御用以外で継飛脚の方式を行うことを禁ずる触れを出した。その折に飛脚問屋七軒（後の九軒仲間）に対し、もし触れに背いたら罰する旨を言い渡したが、次のようにも述べた。「但し、その方どもより差し立てた（宰領）飛脚の者が荷物を持参し、どうしても急ぎの分がある場合はどの宿場からであっても、持ち走る抜状に関しては苦しくない（構わない）」と言い渡した。

確かに三都の飛脚問屋は実際には継飛脚に準ずる形で、継所二十カ所を設けて、走り飛脚をリレー輸送する形を採用している。しかし、これは東海道五十三次の宿場ごとに継いでいるわけではない。また途中の宿場から持たせて走らせる抜状が苦しくないというのも同様の論理であり、この辺が法の抜け穴（お目こぼし）だったのかもしれない。

抜状の走り飛脚はゴール地点まで一人が走り通したのか、あるいは途中で何人かが交代して走ったのかは問題であるが、次項でその問題を扱いたい。

†「上方・下方抜状早遅調」——飛脚の時刻表

抜状の実態はわからないことが多い。手法は限られるが、先述の「早遅調」と文化三年に定飛脚問屋六軒仲間が作成した「仲間定法帳」を併せて詳細に検討してみよう。

「早遅調」の内容は、東海道における早飛脚の通過点(難所・継所)の里数と時刻を日限別に示した時刻表(三日限、渡河点通過時刻一覧)である。時刻は干支表記である。子丑寅卯辰巳午未申酉戌亥の各出立時刻に合わせて次の難所・継所までの到着時刻は当然ながらずれていくことになる。

難所(交通危険個所)は次の通りである。

①六郷川(東京都大田区、神奈川県川崎市)＝船渡し
②馬入川(相模川、神奈川県平塚市)＝船渡し
③酒匂川(神奈川県小田原市)＝歩行(かち)渡し
④箱根峠(神奈川県箱根町、静岡県函南町)
⑤富士川(静岡県富士市)＝船渡し

⑥興津川（静岡県静岡市）＝歩行渡し
⑦阿部（安倍）川（静岡県静岡市）＝歩行渡し
⑧大井川（静岡県島田市）＝歩行渡し
⑨天竜川（静岡県磐田市、浜松市）＝船渡し
⑩舞阪（静岡県浜松市）＝渡海
⑪宮（愛知県名古屋市、七里の渡し）＝渡海
⑫佐屋（佐屋街道、愛知県名古屋市、三重県桑名市、三里の渡し）＝船路
⑬桑名（三重県桑名市）
⑭横田川（野洲川、滋賀県甲賀市）＝船渡し

右は河川が圧倒的に多い。飛脚問屋にとっては川支が一番の延着要因とはっきりと認識されていたことがわかる。また抜状を運ぶ飛脚の継所二十カ所に何日何時に通過するのか事細かに現在の鉄道時刻表風に記される。

「早遅調」によると、江戸―京都の継所は二十カ所、江戸―大坂の継所二十一カ所である。継所は宿場名が書かれ、川崎宿「大源」、吉原宿「三金」などと略記される。これは大竹屋源三郎、三度屋金蔵であり、全て飛脚取次所である。継所と継所の間の距離はばらばらであるが、最短で三十丁（三・三キロ）、最長で十九里（七六キロ）であり、平均して五里（二〇キロ）程

三日限、渡河点通過時刻一覧

三日限三十六時壱刻二三里半十四丁昼夜二四十六里二丁也

		江戸出刻	子	丑	寅	卯	辰	巳	午	未	申	酉	戌	亥
四里半	一時	六郷川	丑二分	寅二分	卯二分	辰二分	巳二分	午二分	未二分	申二分	酉二分	戌二分	亥二分	子二分
十一里	二時八分	馬入川	辰	巳	午	未	申	酉	戌	亥	子	丑	寅	卯
四里半	一時二分	酒匂川	巳二分	午二分	未二分	申二分	酉二分	戌二分	亥二分	子二分	丑二分	寅二分	卯二分	辰二分
四里半	一時二分	箱根	午四分	未四分	申四分	酉四分	戌四分	亥四分	子四分	丑四分	寅四分	卯四分	辰四分	巳四分
十二里	三時	富士川	酉四分	戌四分	亥四分	子四分	丑四分	寅四分	卯四分	辰四分	巳四分	午四分	未四分	申四分
五里	一時三分	興津川	戌七分	亥七分	子七分	丑七分	寅七分	卯七分	辰七分	巳七分	午七分	未七分	申七分	酉七分
四里	一時壱分	阿部川	亥八分	子八分	丑八分	寅八分	卯八分	辰八分	巳八分	午八分	未八分	申八分	酉八分	戌八分
八里	二時	大井川	丑八分	寅八分	卯八分	辰八分	巳八分	午八分	未八分	申八分	酉八分	戌八分	亥八分	子八分
十里半	二時七分	天竜川	辰五分	巳五分	午五分	未五分	申五分	酉五分	戌五分	亥五分	子五分	丑五分	寅五分	卯五分
五里	一時四分	舞阪	巳九分	午九分	未九分	申九分	酉九分	戌九分	亥九分	子九分	丑九分	寅九分	卯九分	辰九分
廿一里	五時四分	宮駅	亥三分	子三分	丑三分	寅三分	卯三分	辰三分	巳三分	午三分	未三分	申三分	酉三分	戌三分
六里	一時五分	佐谷	子八分	丑八分	寅八分	卯八分	辰八分	巳八分	午八分	未八分	申八分	酉八分	戌八分	亥八分
三里	八分	桑名	丑六分	寅六分	卯六分	辰六分	巳六分	午六分	未六分	申六分	酉六分	戌六分	亥六分	子六分
十八里	四時七分	横田川	午三分	未三分	申三分	酉三分	戌三分	亥三分	子三分	丑三分	寅三分	卯三分	辰三分	巳三分
十一里半	二時八分	京都	酉二分	戌二分	亥二分	子二分	丑二分	寅二分	卯二分	辰二分	巳二分	午二分	未二分	申二分
廿二里半（横田川から）	五時七分（同上）	大坂	子	丑	寅	卯	辰	巳	午	未	申	酉	戌	亥

＊「上方・下方抜状早遅調」（物流博物館蔵）より筆者作成

抜状の継所及び里数・時刻

宿場	継所	前の継所からの里数	現在の距離表記	前の継所からの時刻	現在の時刻表記
川崎	大竹屋源三郎	5里	20キロ	1時03分	2時間36分
戸塚	内田七右衛門、田中徳右衛門	6里	24キロ	1時05分	3時間
平塚	平田屋宗兵衛	5里半	22キロ	1時04分	2時間48分
小田原	小西治郎左衛門	5里	20キロ	1時03分	2時間36分
箱根	大坂屋与三兵衛	4里8丁	16.9キロ	1時02分	2時間24分
三島	世古六太夫、鹿島屋仁三郎	4里	16キロ	1時01分	2時間12分
吉原	三度屋金蔵	6里8丁	24.9キロ	1時06分	3時間12分
興津	三度屋武兵衛	6里6丁	24.7キロ	1時06分	3時間12分
阿部川	「守武」	4里半	18キロ	1時02分	2時間24分
鞠子	三度屋伊兵衛	30丁	3.3キロ	2分	24分
嶋田	野田屋六右衛門	6里	24キロ	1時05分	3時間
金谷	黒田治兵衛	1里	4キロ	3分	36分
二川	「角権」	19里	76キロ	4時09分	9時間48分
藤川	石田新助	7里	28キロ	1時08分	3時間36分
宮	小嶋権兵衛、貝屋権左衛門	10里	40キロ	2時06分	5時間12分
桑名	松本杢兵衛	7里	28キロ	1時08分	3時間36分
四日市	黒川彦左衛門	3里6丁	12.7キロ	8分	1時間36分
関	山中杢兵衛	7里	28キロ	1時08分	3時間36分
土山	「伊賀屋」	4里	16キロ	1時01分	2時間12分
大津	江戸吉衛門、大黒屋儀助、相模屋伝兵衛、近江屋藤助	13里	52キロ	3時04分	6時間48分
伏見	高井武右衛門	4里8丁	16.9キロ	1時01分	2時間12分

＊「上方・下方抜状早遅調」（物流博物館蔵）より筆者作成。継所は屋号、名前が判明したものを記し、不明な業者は史料通りに記載した

度である（「抜状の継所及び里数・時刻」表参照）。

走り飛脚が走行する時間は五里で一時三分とされるが、一時は二時間、一分は十二分だから二時間三十六分となる。そこから割り出せる走行時速は七・六キロである。箱根駅伝のランナーがおよそ二〇キロだから、三分の一程度の速さで走る。但し、走り飛脚

は速さ以外に荷物を破損・紛失せず、無事故で届けることが求められたと言えよう。

しかし、宰領飛脚の場合、不測の事態（川支、馬支、盗難、災害など）が起こる可能性がある。抜状のスタート地点はあらかじめ決められている。定飛脚問屋仲間六軒で作成した文化三年の「仲間仕法帳」（近交七）によると、次の通りである。
①四日限仕立＝鞠子宿（静岡県静岡市）
②五日限仕立（箱根を仕舞い越せぬ場合）＝京都行きは二川宿（愛知県豊橋市）、大坂行きは島田宿（静岡県島田市、大井川左岸）
③六日限仕立＝土山宿（滋賀県甲賀市）
右の宿場から走り飛脚を走らせる。但し、四日限・五日限の場合で、酒匂川で川支に遭った場合は別である。川明けと同時に抜状を使う。臨機応変に対処する。

また四日限仕立状で箱根の関所（開門時間は午前六時〜午後六時）を仕舞い越し（関所を通過）できない場合、「何方（いずかた）よりなり共仕廻し越し」（どこからでも箱根峠を越えること）をするように定められている。しかし、実際のところ、四日限仕立の場合、宰領飛脚を使わず、庭抜（最初から走り飛脚を用いる）の方が確実ではないかと思われる。

川留の場合が大問題であるが、これは日限がある場合、悠長に川明けを待っていられない事情がある。一体どうしたのであろうか。参考になるのが「駅逓明鑑　巻二」に記載の明治二年に明治政府が出した川留間道通行の布告である。明治二年の段階だと東京と西京に分かれており、これを結んで御用状が往来する。政府は川留の場合は「川支の節は右川上、忍び越しの増道これ有る分、表向き差し免され候様いたし度」と述べている。例えば、六郷川であれば、通常の六郷の渡船場より半里（二キロ）遡った川上に矢口の渡船場があり、「風雨出水これ有る節も多分越し立て出来申すべき」とある。同様に馬入川、酒匂川、富士川、興津川、安倍川、瀬戸川、大井川、天竜川、吉田川、矢作川、横田川の回り道が示されている。明治二年の御用状は飛脚問屋が運んでいる。こうした間道情報は江戸時代からの情報蓄積であり、飛脚問屋の抜状もこうした間道が利用されたに違いない。

もう一つの難関は関所であった。関所通行は、御用状を運ぶ幕府継飛脚に関しては昼夜に関わらず通行させていた。しかし、御用を請け負ってはいても民間の飛脚問屋に関してはそうはいかない。関所通行の問題は、飛脚問屋側で調整された。飛脚問屋は、全国の関所の通行の難易度をきちんと把握していた。伊勢崎―江戸を往来した嶋屋の宰領徳江八右衛門栄清は「徳江八右衛門所持飛脚手引帳」（個人所蔵）の中の「諸国御関所書付」で全国の関所五十三カ所の重い（○印二十カ所）と軽い（△印二十七カ所）を記録している。

関所通行時の取り調べの重い軽いの、具体的な記述も添えられている場合がある。例えば、武蔵国葛飾郡中川関所の場合は△印が付けているが、補足で「右は女決して相通し申さず、若し所（地元の意）の女、縁組或は神仏参詣、召し抱え女等出入りは御代官証文又は其所名主手形を以て相通し申し候」と書かれている。飛脚問屋の発した宰領・走り飛脚は、関所の開閉のタイミングを考慮しながら街道を往来していたのである。

抜状の走り飛脚が持つ荷物の重量は上限があった。「仲間仕法帳」の第二十七カ条に「都て道抜状の持ち目、三百目限りに相定め候」とある。三百目（三百匁）とは一一二五グラム、即ち約一・一キログラムである。但し、第二十四条によると、貫目がある仕立荷物と一本仕立状を道中で持ち込まれた場合で一貫目（三・七五キログラム）以上ある場合、書状は一人持ちとし、また重荷は別に一人持ちとし、それぞれ分けて走らせた。

昭和二十四年公開の映画「天狗飛脚」（丸根賛太郎監督）の中で俳優市川右太右衛門（北大路欣也の父）演ずる飛脚「天狗の長太」が、江戸から京都まで一人で駆け抜けるシーンがあるが、これは映画のフィクションである。史実は継所で交代してリレー輸送されたのである。但し、継所はいつでも抜状の走り飛脚を交代できるように昼夜で対応しなければならず、負担が結構大変だったのではないかと推察する。

†仕立便――一通のための超特急便

「仕立便」には二つの意味がある。①昼夜に限らず、荷主から臨時の注文が入ると、すぐに受注荷物のためのみに差し立てた飛脚をいう、②出店・取次所から定期便が通わない地域へ差し立てられる——以上の飛脚のことである。

飛脚賃は時代が下るとともに「諸色高値」（物価高）を理由に徐々に値上がりしている。江戸時代中期の寛保二年（一七四二）に嶋屋組は下り酒問屋仲間から飛脚賃の値下げを要求され、対応に苦慮している（「定飛脚日記」二）。さらに幕末の開国以後は物価騰貴が著しく、飛脚問屋側から顧客に対して飛脚賃の値上げを願い出ているほどである。

「仲間仕法帳」（近交七）によると、御状一通の四日限仕立飛脚であっても抜状のスタート地点が鞠子宿と通常決められていたということは江戸店から発した時点では宰領飛脚が馬荷で運んだことになるが、夏の長雨が続く梅雨の時季であれば、経験則で川留めが見込まれる。そうした場合は、最初から走り飛脚を走らせたものと思われる。そうでなければ、とても間に合うものではない。

右の事情は御状一通の五日限仕立、六日限仕立であっても変わることはなかったであろう。六日限幸便の場合は定期便なので、おそらくスタート時は馬荷物であったろう。宰領飛脚が途中まで運び、飛脚宿などで相宿となった下りの宰領飛脚から街道の先々の様子の情報を仕入れることによって、宰領飛脚の判断で抜状を行うかどうか決めたものと推察される。こうしたことは現場判断で運用しないとうまくいかないはずである。

飛脚賃について触れたいが、前にご覧いただいた「文化3年4月、定飛脚問屋仲間、飛脚賃」表を参照されたい。御状一通を運ぶ四日限仕立が金四両二分、五日限仕立が金三両、中山道経由の六日限仕立が金六両である。中山道経由の六日限が東海道の四日限と五日限と比べて高い理由は、中山道の抜状が東海道ほど整備されていないからであろう。飛脚賃を現在の金額に直すと、金一両＝十万円として四日限仕立が四十五万円、五日限仕立が三十万円、中山道経由の六日限仕立が六十万円となる。

実はこの頻度の少ない仕立四日限、仕立五日限を利用して、飛脚問屋には〝内証の利潤〟があったとされる。例えば、六日限の荷物を受注した場合、すぐに仲間行事のいる会所へ向かい、幸便の有無を問う。荷主の前では、すぐに差し立てる風を装いながら、三日の間「三日限」「四日限」の注文があるのを待ち、それに抱き合わせて運ばせてしまう。注文がない場合、六日限荷物を、三日限か四日限で輸送しなければならない羽目になる。それでも成功すると、荷主からは余分に飛脚賃を取れるので大きな収益になったようである。しかし、そのような〝内証の利潤〟は年に数回あった程度だという（「飛脚ノ話」）。

右のように利鞘を得るやり方は「仲間仕法帳」第十二カ条で禁じられている。「一本仕立状受け負い置きなから、仲間内え持ち合い差し込みを聞き合わせ、これ有りと申し候へば、賃金値切り合い、自然と遅刻に及び、又は即刻仕立の状を抱え置き、外に下値の持ち合い差し込みを待ち合い居り候事共、言語道断不届きの事に候」とある。

　仕立状に関しては得意方から受け取ったら、封をしたまま月行事へ持参して立ち合いの上で飛脚を差し立てるように定めた。その折、月行事へ諸入用代として金二朱を支払った。

　しかし、禁止されていても、実際は〝内証の利潤〟はなくならなかったのであろう。手紙一通を仕立で依頼された場合、仲間内で調整して抱き合わせで運んでしまう方が効率的である。少ない飛脚人員で可能な限り荷物を動かした方が利益を生み出しやすい。だから明治期に飛脚問屋の関係者から聞き取ったと思われる「飛脚ノ話」の中で、右のような〝内証の利潤〟が裏話として出てきて記録されたものと思われる。

　ただ四日限仕立や五日限仕立のように高額な賃銭ばかりを強調すると、真実の飛脚像が歪んでしまう。御状一通を送る場合、金一両＝銭六銭文の相場、掛けそば十六文＝三百円で計算すると、六日限（定期便）だと賃銀一匁（銭百文＝千八百七十五円）、七日限だと賃銀八分（銭八十文＝千五百円）、八日限だと賃銀六分（銭六十文＝千百二十五円）、十日限だと賃銀四分（銭四十文＝七百五十円）、並だと賃銀二分（銭二十文＝三百七十五円）である。

　現在でも六十万円や四十五万円の金額を持ち出し、「飛脚は高い」「庶民が使えなかった」「延着不着が多く使えなかった」などの批判的な言辞がなされることがある。しかし、その部分だけを強調する態度は、政治家として自己正当化のバイアスのかなりかかった前島密の「郵便創業談」を無批判に受け入れていると言わざるを得ない。

現代社会に生きる我々とて一個人として、ヤマト運輸や佐川急便を荷主として発送することは毎日ではあるまい。時たま利用するぐらいではないか。これが企業に勤めていればどうであろう。従業員として仕事関係で取引先に発送する機会がぐっと増えるであろう。

一旦、明治時代の歪みが生じたレンズを取り払って、透き通ったレンズを通して、虚心坦懐に江戸社会の像を見つめなおしてほしい。

第６章

奉公人、宰領飛脚、走り飛脚

徳林庵宰領奉納井戸（京都市山科区四ノ宮泉水町7、徳林庵山科廻地蔵、筆者撮影）

†店奉公人――荷物を受注

飛脚が陸送業者として機能するには、大別して荷物の集配の拠点となる店舗と、そこに勤める奉公人、実際に移動する飛脚（宰領と走り飛脚）が必要である。店舗とは江戸店、出店である。飛脚問屋の場合、店舗は借家であることが多く、自前の土地と店舗で営業しているケースが少ない。他人名義の土地・店を借りて、営業するケースが多い。

飛脚問屋には支配人（一人）、支配人を補佐するベテランの後見（一人）、その下に複数人の手代と子供（丁稚、小僧）から構成される。支配人は読み書き・算盤計算のできることが必要条件である。支配人は基本的には経営全体を任されて統括した。二十代、十代が多くを占める手代と子供らが荷主に応対した。荷物を預かり、通帳（客側）と判取帳（店側）に付けて、それを宛先別に仕分けして梱包した。縄の結び方で宛先を認識したという。すぐに出荷しない荷物は土蔵へと運び込んだ。

支配人の中には地域の商人が出店支配を行う者もおり、そうした中には商才のある者とそうでない者とがいた。出店を赤字経営に陥らせる支配人がいると、株所持の本店が乗り出し、協議（時に強談判）の末、支配人を更迭し、また転勤させるなどの処置を取った。

飛脚問屋の奉公人は基本的には店内及び店周辺で立ち働くのが基本である。馬琴宅に出入りしていた京屋の状配りは雇人足である可能性が高い。馬琴宅で馬琴本人が応対する場合もあるが、馬琴が忙しい場合は家族が対応して、請取書（受領証）を一筆認めて京屋に渡した。正月に馬琴宅に新しい通帳を届けに来る嶋屋の者はおそらく奉公人であろう。これは新年の挨拶も兼ねており、今年も御贔屓にと口上を述べたものと思われる。

江戸時代中・後期に俳諧・狂歌・川柳が盛んになったことを背景に飛脚問屋の株所持者及び地方出店の支配人から文化人が登場した。嶋屋桐生店の支配人を務めた橋本彦八（一七六三―一八三二）は諱を寛矩、狂歌名を涼窓亭裏風、境野縣麿、葛浦風といった。桐生新町近くの山田郡境野村（桐生市境野町）出身。父文蔵も嶋屋に奉公した。彦八は生け花、茶道、囲碁などをよくし、また狂歌の万歳連の牛耳をとり、後進を育てた。彦八の息子は亀松といい、彦八を襲名した。一時期、嶋屋に奉公し、宰領として江戸―桐生の現金輸送に従事したが、後に境野村を出奔し、江戸へ出て国学者橋本直香（一八〇七―八九）として万葉学者となった。直香は二十代で嶋屋桐生店に亀松の名で奉公し、また宰領飛脚としても江戸―桐生で現金輸送にも従事した。父彦八の名を襲名するも出奔し、江戸で学問に励んだ。

京屋藤岡店の支配人、富田金蔵（一七七七―一八五五）は同店の発展に寄与した。武蔵国秩父郡太田村生まれ。父は農耕と養蚕を営んでいた清吉、母はさよ。通称金蔵、諱は高等といい、金風亭、後に狂歌名を浅葎庵永世とも号した。「富田永世」の名で知られる。十三歳で藤岡店勤務を経て、二十三歳で江戸店に転じた。江戸店奉公の間、加藤千蔭、清水浜臣について国学を修め、関岡閻亭に和歌を、黒川春村に狂歌を学んだ。

金蔵は飛脚稼業の傍ら蔵書を形成し、また借覧もして史料カードを作り、それを基に地誌『上野名跡志』『北武蔵名跡志』を著した。そのほか刊行されていないものの、「日野弁天詣紀行」「たびうぐひす」「ふた道にき」「藤岡異人伝」などを著した。京都在住の京屋弥兵衛が「積年の勤行を多とし、父の礼を以て遇した」（『藤岡町史』）という。

†宰領飛脚の所持品

宰領飛脚は馬荷物（明荷（あけに）、葛籠（つづら）を琉球菰（こも）で包む）を監督しながら、街道を往来する。宰領の姿は三度笠に合羽（かっぱ）を纏い、店印を染めた腹掛を着用し、馬背に騎乗（人馬継立の乗懸（のりかけ）を利用する）した。馬荷物には「定飛脚」「御用」と墨書された絵符（棒先に長方形の板の付いた荷札）が差し込まれていた。宰領飛脚は、問屋場の馬不足や河川の増水困難に直面した場合にその状況を解決する危機突破力が高く、さらには曲者揃いの馬方の扱い方などを心得ている、街道の環境と情報に精通した〝交通の職人〟とも形容できよう。

宰領飛脚の雇用形態は大きく三つに分かれる。①飛脚問屋に直接雇用、②飛脚問屋と個人契約、③飛脚専門の人材派遣―である。①は飛脚問屋に直接雇用され、給金をもらう形である。

現代社会の正規の従業員と同じである。②は独立した個人の業者がいて、飛脚問屋及び出店と契約を結び、荷物輸送を委託される形である。③は大坂の柳屋嘉兵衛と京都の近江屋喜平次は飛脚専用の人材派遣業である。飛脚問屋で受注した荷物を柳屋と近江屋が請け負う。柳屋嘉兵衛は宰領二人が創業した業者である。近江屋と柳屋については改めて第12章で触れる。

大坂の三度仲間、京都の順番仲間、江戸の定飛脚仲間ら三都の飛脚問屋にはそれぞれ宰領がいた。また各地方にも宰領がおり、各出店と江戸店を結んだ。飛脚問屋によっては宰領には種別がある場合があり、例えば名古屋―京都を往来した井野口屋半左衛門には「本番宰領」と「代番（間番）宰領」の別があった（『飛脚問屋井野口屋記録』全四巻）。本番宰領は名古屋に居住し、「譜代の才領」（親子代々勤める）であり、八人で仲間を組織し、問題処理に当たった。代番宰領は本番宰領に差し支え（病気、欠員など）があった場合の「代理の宰領」であった。

宰領の所持品から、もう少しその特徴を見ていこう。

明治二年（一八六九）三月六日七つ半時（午後五時頃）、武蔵国幡羅郡弥藤吾村（埼玉県熊谷市）で、京屋桐生店の宰領飛脚新蔵が馬方一人を斬り殺す事件が起きた。凶器は脇差。被害者は近くの大里郡原島村の百姓健三郎倅の長三郎であった。宰領新蔵は熊谷宿から妻沼宿にかけて荷物を運んでいたが、その途中で長三郎を斬ったのである。

斬った動機は現金である。麻財布に金百二十五両と銭七貫文が入れてあったが、長三郎が懐中から銭を取り落としたところを新蔵が見咎めて問いただした。長三郎は盗賊の悪名を付けたとして立腹した。長三郎ともう一人が脇差を抜いて打ちかかってきたところを新蔵が長三郎を斬り、逃げた一人は召し捕らえられた。

駆け付けた役人は新蔵も捕縛した。後の取り調べの中で、新蔵は斬った動機について現金が紛失しては店が弁償しなければならないため、奉公先に申し訳ないという気持ちと、自身もこの先渡世できないと追い詰められた心情を明かしている。

右の事件が起きたことで、宰領新蔵の所持品が史料として残された。岩鼻県（慶応四年に設置された上野・武蔵国幕府領の管轄機関）に桐生新町役人惣代で組頭の森口重郎右衛門から提出された預かり品一札である。「京屋桐生店宰領新蔵の所持品」表を参照されたい。

No.1の懸物箱とは宰領が首から下げる箱と思われる。No.2の前提げは宰領が胴体前面にかける布であり、屋号が染め抜かれている可能性がある。No.3の矢立は筆記具を入れる筒状の入れ物。No.4は護身用の小刀。立門とは竜紋（綾織の一種）であり、帯地に用いた竜紋帯のこと。No.6の小算盤は携帯用の小さいサイズの算盤である。No.7は道中危険なため守り袋を身に着けていた。

No.8—10とNo.18は煙草を好んだらしいことが窺える。

No.11のうこん胴巻は鬱金（うこん）色に染めた胴巻（現金入れ）。身体に着用するNo.12帯、No.13綿入れ、

No.16脚絆、No.19腹掛（下着の一種）、No.20木綿羽織、No.21足袋、No.22股引、No.23前掛け、No.26雪駄などである。No.15風呂敷は物を包む以外にも応用が利いて便利である。No.17手拭は汗を拭き、包帯代わりになる。No.14印形は押印して自身の証とする際に必要である。No.24の布団はおそらく騎乗する時に使った座布団かと思われる。

目につくのが現金である。二分金とは南鐐二分銀、南鐐一分銀、南鐐一朱銀の合計が三十五両三朱と高額である。ほか文久銭二貫五百文、青銭は明和五年（一七六八）初鋳の真鍮製の寛永通宝（四文銭）、寛文四年（一六六四）鋳造の寛永通宝である文銭、万延元年（一八六〇）と文久三年（一八六三）鋳造の四文銭、一文銭である。銅銭の合計が二貫九百六文である。そのほか盗まれた麻財布の金百二十五両と銭七貫文を所持した。合計して現在の金額にすると一千六百二万円となる。

京屋桐生店宰領新蔵の所持品

No.	所持品	数	No.	所持品	数
1	懸物箱	1つ	18	火道具入れ	1つ
2	前提げ	1つ	19	腹かけ	1つ
3	矢立	1本	20	木綿羽織	1枚
4	小刀	1挺	21	足袋	2足
5	立門帯	1つ	22	股引	1つ
6	小算盤	1挺	23	前掛け	1つ
7	守り袋	1つ	24	布団	1枚
8	煙草入れ	1つ	25	鍵	1つ
9	煙管	1本	26	雪駄	1足
10	根つけ	1つ	27	2分金30両	
11	うこん胴巻	1つ	28	1分銀3両	
12	帯	1筋	29	1朱銀2両3朱	
13	綿入れ	1つ	30	文久銭2貫500文	
14	印形	1つ	31	青銭200文	
15	風呂敷	1つ	32	文銭2つ	
16	脚絆	1足	33	4文銭140文	
17	手拭	1筋	34	1文銭64文	

書上家文書A－2－10「明治二年三月、京屋宰領新蔵一件、所持の品書御預かり書」

　宰領飛脚は飛脚問屋と契約して荷物輸送を請け負い、飛脚問屋へ赴き、打切勘定を渡されてそれで宿泊費、飲食代、人馬継立の費用などを賄った。明治三年頃の東京―仙台における打切勘定は、一駄につき金八円（江戸時代の金八両）であったという。

主に並便と早便の輸送に従事した宰領飛脚は、馬荷を監督しながら主要街道を往来し、各宿場問屋場で馬・馬方（馬士）を有償で継ぎ替えながら目的地を目指した。いわば宰領飛脚とは飛脚便の遂行にとって必要不可欠な要の存在であり、走り飛脚と共に輸送の最前線を担った。

明治期の史料「飛脚ノ話」によると「コノ又宰領ノ余得ハ東海道筋ノ駅々デ拾ッテ行（集ムルコトヲ云フ）小荷物・信書ノ賃デアルガ、コレハ皆自分達ノ利潤ニナルノデアル」とあり、街道筋で受けた荷物は余得となったようである。

幕末期の嶋屋で宰領飛脚に従事した徳江八右衛門栄清は元々上州伊勢崎在の太田村（伊勢崎市太田町）出身であり、江戸店の支配人にまで出世した。天保三年（一八三二）十二月、八右衛門は桶川宿近くで現金を奪われたが、父の汚名を雪ごうと娘の茂世が自死した。自死ではなく「変死」とする史料もある。安政二年（一八五五）に茂世の行為を顕彰した「孝女茂世之碑」が嶋屋組と京都和糸絹問屋によって太田村に建碑された。

†宰領の情報網

岐阜、滋賀、京都などには地域を超えて共同で奉納した宰領飛脚による金石史料（常夜灯、道標、手水盤（ちょうずばち）などの石造物）が残されている。沈黙する石の彫り物からは広範な宰領飛脚たちのネットワークが垣間見える。一部を紹介しよう。

まず東海道に面して徳林庵手水盤（京都市山科区）がある。年代不明であるが、京都、大坂、名古屋、金沢、奥州、上州の「宰領中」と彫られ、臼井金八が発起人となっている（本章扉参照）。臼井金八は宰領の一人であり、奉納に際して取りまとめ役を務めたのであろう。

宰領飛脚（『東海道名所図会』巻四、物流博物館蔵）

もう一つが右の手水盤に隣接する文政四年（一八二一）六月、京都順番定飛脚宰領中寄贈の手水盤である。名前が確認し難い位置にあったが、「信者」八人の名前が確認できた。片山茂左衛門、上田藤兵衛、福井藤兵衛、青木又右衛門、嶋津藤平、坂本兵七、井口清兵衛、嶋津平右衛門である。これらは宰領の面々である。紙の史料には現れない無名の宰領たちの痕跡である。

もう一つが中山道の旧大湫（おおくて）宿から十三峠へ向かう中山道の途中にある中山道十三峠三十三処観音石窟

（岐阜県瑞浪市）である。天保十一年（一八四〇）十月の奉納である。風化が甚しいが、嶋屋才領中、京屋才領中、甲州才領中、奥州飛脚才領中、松本飛脚才領中、彦根産物才領中、越後／伊奈中馬連中とある。世話人は太市、卯蔵、以下に銀之助、伊平、佐助、栄助、伊兵衛、庄兵衛の宰領たちの名前が刻印されている。徳林庵の手水盤と同様に宰領らの広範囲なネットワークが窺える。とりわけ注目されるのは、建碑作業が信州伊那と越後の中馬との協業という点である。中馬とは主に信濃国（長野県）で盛んに活動した駄賃馬稼ぎのことである。

信州・越後中馬との協業作業の意味するところは、同じ街道を職場とする者たちの連帯というにとどまらず、もう一歩踏み込むと、街道で中馬と連携して輸送する場面があったのではないかという想像である。古文書では裏付けできないが、問屋場の馬不足を考慮すると宰領飛脚が中馬に依頼して街道の一部を輸送した可能性もあったのではないだろうか。もっとも宿場の宿役人に知れれば、問題となって大ごとである。

三つ目に取り上げるのが草津宿追分常夜灯・道標（滋賀県草津市）である。こちらは京都、大坂の飛脚問屋と宰領中、そして名古屋の井野口屋半左衛門及び宰領中・取次、岐阜定日宰領中と織屋中、桑名・大垣・福井の宰領中、さらには江戸、播磨国、備前国の日雇方の協業による建立・奉納である。

前で触れたが、「岐阜定日」とは、飛脚問屋が集荷日として「定日」を設定し、客に周知するが、その「定日」が飛脚問屋そのものを意味して使われるようになったユニークな事例である。右の場合の日雇とは、大名行列に荷を担う人足を派遣する上下飛脚屋のことである。

宰領飛脚連携・情報網概念図

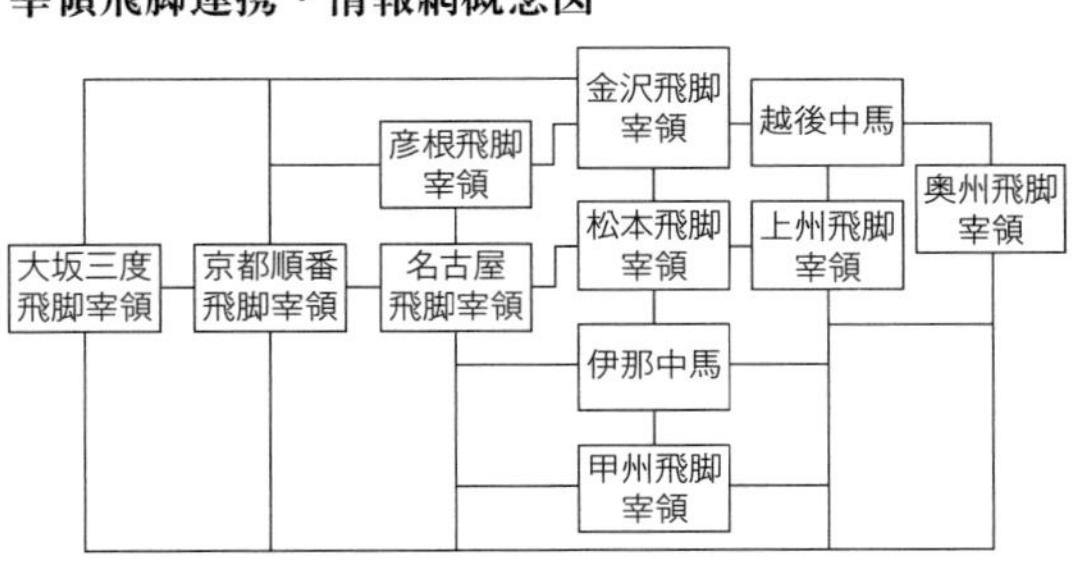

以上のように金石史料からは宰領飛脚たちのネットワークが垣間見られる。便宜と共にリスクを伴った職場を日々の生活の場として共有する者同士の連帯感があったからであろう。もっとも当初から宰領が連携していたわけではない。寛政四年（一七九二）九月付で京三度定飛脚順番宰領惣代の十右衛門が、東海道宿々の問屋場役人に宛てて嶋屋組の宰領が水戸藩御用の絵符を背景に商人荷物を競り取るため、非常に困っている旨を訴えている。これは嶋屋が公用荷物に混ぜて商人荷物も混載させていたことを意味する。一時的に競合する場面もあったが、次第に棲み分けるようになったのだと思われる。宿場内の飛脚宿（飛脚の定宿）で一緒になった折に街道上の交通情報を交換する場面もあったであろう。このように金石史料からは宰領飛脚たちの強いネットワークが窺い知れるのである。

†走り飛脚は速さより安全優先

走り飛脚とは、徒歩もしくは走行にて宛先最寄りの飛脚問屋まで荷を届ける、または飛脚問屋から荷受人に荷物を配送する人足のことをいう。実はこの「走り飛脚」の語は、宰領飛脚と同様に筆者が古文書の中で使われる熟語から抜き出して便宜上用いている用語である。

実は走り飛脚の実態についてはわからないことが多い。走り飛脚に関する一次史料がほぼないに等しいからである。前章で紹介した抜状（道中抜、庭抜）に関わる存在であるから、必ず走り飛脚はいたのであるが、実態となるとよくわからない。

走り飛脚の人材供給源は、人足と呼ばれる仕事（肉体労働）に従事する人たちである。江戸社会は人足社会である。火消人足や駕籠人足、車力（大八車を牽いた荷物運搬業）などと同じ業種に属する者から排出した。中には背中や肩に刺青を持つ者も少なからずいたと思われる。仕事を持って収入を得ていたので、堅気とヤクザの中間にいる人たちと言えようか。

馬琴のもとに荷物を届けに来る京屋弥兵衛の飛脚人足がそれに当たる。但し、この飛脚が果たして走ったのか、徒歩で赴いたのかまでは日記からはわからない。馬琴宛ての荷物は、大坂・京都・伊勢松坂から京屋江戸店に到着すると、荷物が解かれ、地域別に仕分けをされた後、江戸店と契約している人足に託され、配送されたものと思われる。

人足は馬琴または家族に荷物を渡すと、京屋側で用意した請取書に「慥に受け取り申し候」との一筆をもらい、馬琴宅を後にしたものと推察される。

†飛脚の走り方

よく話題に上ることだが、飛脚は一体どういう走り方をしていたのであろうか。現在のような両手両足をはっきりと交互に出す歩き方・走り方は、実は西洋式の軍隊に由来している。幕末期に導入され、明治期の徴兵制により広まった。明治時代中期に教育現場に教練が導入され、軍隊行進の仕方を校庭で教わるようになってから普通となった。それ以前はどうであったであろうか。これは絵画史料や伝統芸能（能、狂言、歌舞伎）、古武術などから探るよりほかない。

走り飛脚（東京定飛脚問屋奉納絵馬、成田山新勝寺蔵）

ナンバ歩き、ナンバ走りという言葉を聞いたことがある読者も少なくないと思う。飛脚が果たしてナンバ走りをしたのか、確証はないが、それに近い走り方をしたのではないかと考えられる。走り飛脚は着物を身に着けていたが、脚部をむき出しにし、脚絆（脛に纏う布、脛巾）を付け、草鞋履きで走った。そうした着衣と荷物（棒の先に荷箱をくくりつける）を担ぐ（肩で振動させない）ことから、ある程度の所作が規定される。両腕を交互に振らず、上体を左右にひねらず、真っ直ぐに保ちながら、やや前掲姿勢で足だけを交互に出す走り方である。上体をひねらないので、体に負担を与えない（木戸康裕・小木曽一之「飛脚の走法とその走力」、田村雄次『飛脚走り』）。

三井文庫の中に明和八年（一七七一）刊行『万民千里善走伝』（以降、善走伝と略す）という走り方の指南書がある。この書物は飛脚を対象に書かれたものではない。とは言え、当時の走り方を知る上で参考になる。これに類した史料で「千里道中早脚伝」（三井文庫蔵、以降、早脚伝と略す）という刷り物（折本形式）もある。内容はほぼ同じである。二点の史料を参考にして当時の走り方を紹介しよう。

まず「真ノ足取」「行ノ足取」「草ノ足取」という三つの基本歩行がある。命名は書体（真書、行書、草書）に由来しているようである。真ノ足取は「五分五分ニ運歩スルナリ」とあり、行ノ足取は「四分六分ニ運歩スルナリ」、草ノ足取は「人々尋常運歩スル所ノ歩驟（あしとり）ナリ」とある。この三つの足取りが理解できると。「嘗テ以テ労倦（疲労の意）スルコトナシ」という。早脚伝も同様の足取を掲げる。

この真ノ足取の五分五分の運歩であるが、左右一歩ずつ踏み出した歩幅を十分とし、左右同距離の歩幅を踏み出すこと意味しているのであろう。行ノ足取で言う左右四分六分は左で四分踏み出したら、右を六分出して十分とする。草ノ足取は個々人の通常時の歩幅を指す。

足運びに関しては「大股ハ悪し、小足にはこび」と勧め、「足の踵を地につけず、土ふまずより向ふで歩むべし」とある。そうなると、右の十分が果してどれくらいの距離を言うのか個々人の判断となるが、大股はダメで小刻みで歩くことを推奨している。どすんと足全体で着地せず、土踏まずより先を使えと記される。足は草鞋履きだが、爪先に力をかけてグリップを効かせられる。

平地では真行草の足取を順に使い、一町（約一〇九メートル）ごとに足取を変えるように説いている。行ノ足取で四分踏み出す足は休む気持ちでいるようにという。これで歩くと長距離を歩いても疲れず、茶店で休息する必要がない。急がなくとも目的地に早く到着する。「飛廉子（中国の想像上の生き物）ノ如クナルベシ」という。

上り坂と下り坂の進み方も指南している。上り坂は、まず階（階段）があるか、あるいは丸太などの壇があるか、また両方がなくとも昔からの踏み跡があるものであり、その所を登るようにいう。そして行ノ足取を薦める。左の足を四分、右の足を六分に運び、十間（約一八メートル）進む。そうしたら次の十間は左を六分、右を四分に変える。その次は歩く際に背骨を真っ直ぐに立てて「腰ニテ歩ム」（臍下丹田を意識して）、真ノ足取（左足五分、右足五分）で進む。

「腰ヲスヘテ」と強調し、軽く踵を上げて十間（約十八メートル）進む。大股で行かず、「腰ヲ切テアルクナリ」とする。

下り坂はやはり全体に腰を意識しながら踵を軽く上げ、小歩行（こはこび）するようにする。小股で小さく坂を下るようである。その際、地表の凹凸の少ない所を進むようにし、両手を上げるぐらいの感覚で肩を振って腰もすえて軽い足取りで進むこと。

坂の上り下りの腰の使い方は古武術に通ずる考え方である。

果たして走り飛脚が右のような走法をしていたかどうかはわからないが、おそらくは近かったものと思われる。加えて走り飛脚自身に個々の工夫があったはずである。草鞋の作り方を工夫し、足を洗う、揉む、温めるほか三里の灸もよく行ったという。「足三里」とは膝の皿の上に親指を当てて手のひらで包み込んだ時、中指の先が当たったくぼんだ箇所がそうである。また食塩を口でかみ、足の裏に塗って火にあぶると足が痛まず軽くなるとされる。

走り方も工夫した。例えば、走りながら次々と目標を変えていく。先を行く女の赤い柄の着物など、次々と目標を定めながら走る。これはモチベーションを維持する方法である。また歩く時も走る時も調子を付けて進む。調子が乱れると疲れる。呼吸法も同様である。息を一度吸い込んだら、二度吐く。速度が上がると二度吸い込み、二度吐く。スタミナ維持は漢方の髭人参（チョウセンニンジンの中で髭根が多数あるもの）に効果があったという。また小石を踏まないことも大事である。小石を踏むと転倒の可能性が生じる以外に刺激が不規則になって疲れがどっと出て調子が狂う原因にもなる。走り飛脚は食事を満腹にせず、腹七分で収めておく（鈴木繁「飛脚は石を踏まない」）。

走りの職人

宮本武蔵の『五輪書』風の巻に「人にははや道といひて、四十里五十里行くものもあり。是も朝から晩まではやくはしるにてはなし。道のふかん（不堪、未熟の意）なるものは、一日はしるやうなれども、はかゆかざるもの也」と書かれている。

真を突いた言葉だと思う。これはA地点からB地点を同じ距離行くにしても初めてで不慣れな場合と、道の環境を熟知した上で行くのとでは全く異なることを説明している。

右の状況を現代に置き換えて考えると、歩行・自動車関係なく、初めての舗装道を長距離進む場合、到着まで時間がかかることがある。これが何十日、何百日と通い慣れた通勤・通学道だと、到達時間が早く感じることがある。これは道の状況について熟知して、道路環境に合わせてペース配分や予定を立てられるようになるからである。

これは私の経験であるが、登山道でも同じである。これが初めて入る山だと獣（熊、猪）や道迷いへの恐れから（この道・方向でいいのだろうか）と不安が先に立ち、その心理が速度とペース配分に影響を与える。木の枝にピンクのリボンを見つけると（この道でいいのだ）という安堵感が生まれる。二度、三度と登ると、方向先の道の事情がわかるから心理的余裕が生まれ、自身の調子に合わせ、速さと時間のペース配分が可能となる。

走り飛脚も同様であろうと考える。経験として「早遅調」の内容が血肉化されていれば、道路環境から何日目の何刻でこの辺を通過していれば、四日限、六日限、八日限が達成できるであろうとの考えが可能となろう。何十、何百度の体験に裏打ちされて体感・直感できるはずである。職人技術は何百、何千回という経験に裏打ちされた熟練技を指すものと考えれば、ベテランの走り飛脚も〝走りの職人〟ということができよう。

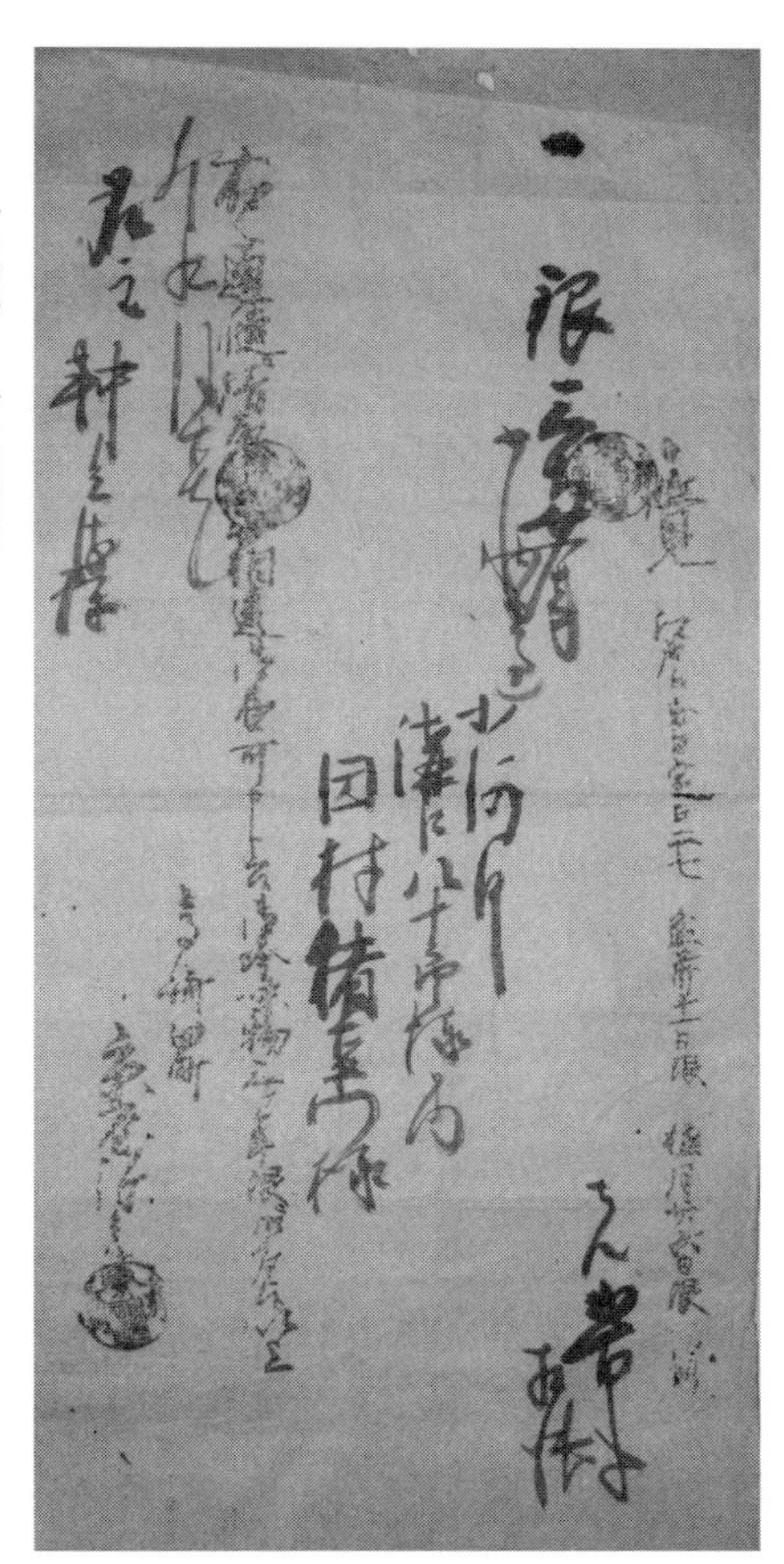

京屋高崎店の請取書。名主耕兵衛宛てに銀3両入包、書状1通を小河町溝口八十郎御内、田村猪右衛門宛てに送ることを請け負った。飛脚賃は200文「相済」とある(筆者蔵)

1　織物購入資金をプール

†絹市の現金――松原の渡し難船事故

安政二年（一八五五）七月二十六日酉の下刻（午後六時すぎ）、上野国山田郡境野村（群馬県桐生市境野町）と下広沢村（同市広沢町）の渡良瀬川両岸を結ぶ松原の渡しで、定飛脚問屋「京屋」と「嶋屋」が荷物を運搬渡河する途中で、渡し船がひっくり返る難船事故が起きた。宰領飛脚、荷物、現金などが流され、下流域の村々を巻き込んで大騒ぎとなった。いわゆる「松原の渡し難船一件」（以下、難船一件）である。

前夜に風雨のため、事故当日の二十六日は午後八時になっても渡良瀬川は依然として増水した状態だったようである。両飛脚問屋の内、京屋宰領の助八が下広沢村側から現金六千両と荷物五箇を載せて渡り無事に対岸の境野村に着岸。続いて嶋屋宰領権八の倅兼吉が荷物八箇と小付（荷物の上に添える小荷物）の革財布を積み込み、丸山村の「馬士」（馬方）二人、おそらく乗客の桐生新町藤吉店和吉、祐助後家とし店常右衛門、舟頭四人の計九人が船で川中へ乗り出した。ところが、突然水かさが「三四尺」（約一メートル少々）も増え、そこに大風が吹いたため船が「打ち返し」（転覆の意）、みな川中に落ちた。九人のうち丸山村の馬士一人と船頭一人は境野村の対岸に泳いで上がった。

九つ時頃（午後十二時ごろ）、京屋と嶋屋は事故を桐生新町役人に届け出た。驚いた名主長沢新助はすぐに人足を何人か派遣して川筋をくまなく調べたが、何せ風雨の影響と暗がりのため手がかりが見つからず、また大水のため船も出せず、対岸の様子は一切わからなくなった。

明後二十八日朝、渡し船が出て、対岸の様子がわかった。水中に落下した者の中で、広沢村の岸にたどり着いた者は、丸山村の馬士一人、船頭三人の計四人。嶋屋宰領兼吉、和吉、常右衛門の三人の行方はわからない。荷物は少し下流の只上（ただかり）村の原宿で三箇、太田長岡村にて一箇の計四箇のほか「小附二包」も下広沢村で見つかった。残りの荷物四箇と革財布は流失して見つからず、二十六日夜から二十九日夕方まで「手抜かり無く」捜索したが、ついに見つからなかった。

松原の渡し（「根本山参詣路飛渡里案内」より）

難船要因について検討しよう。普段より水深があり、流れも速く、また視界も利かない中を、定飛脚問屋の京屋弥兵衛と嶋屋佐右衛門の宰領が金銀荷と荷物に付き添い、川を渡し船で渡ろうとした。無理をした理由は、翌二十七日は「市日」だったため、「押而（おして）相渡り」と強いて渡ろうとしたようである。

†難船の原因

難船要因について諸史料を検討して整理すると四点にまとめられる。①増水、②突然の増水、③荷物と九人の乗船の無理、④市日前日の強行とも言える渡河。増水のため普段より水深があり、流れが速く、また視界も利かない中を、定飛脚問屋京屋弥兵衛と嶋屋佐右衛門の宰領が金銀荷と荷物に付き添い、川を渡し船で渡ろうとした。

判断を誤らせた最大の要因は④である。難船事故の翌日は市日であった。市日とは、桐生新町で三と七の付く日に立った絹市のこと。絹市とは絹織物を生産者と織物買次商（仲買商）が取引を行う市場のことである。

桐生新町及び周辺の村々は絹織物生産地帯であった。現在の桐生市も織都と呼ばれるように江戸時代初期から生絹生産が盛んとなり、江戸中期の元文三年（一七三八）に京都西陣の織物技術（特に高機による紋織物）を導入したのを機に、染色、図案に工夫が生まれ、完成品としての新規織物を織り出し、直接江戸の一大消費地に移出できるようになった。

絹市で売買するには多額の現金が動くことになる。飛脚問屋が運んだ現金荷物は「凡そ六千両ほど並びに荷物五箇積み入れ」とあるが、一両＝十万円として、現在の金額に換算すると約六億円となる。高額の現金である。織物購入の決済資金だったと推察される。

織物買次商は絹市では生産者に対し、絹札（手形の一種）で決済した。絹市の閉市後、買次商は織屋の要求に応じて手形を現金に換金しなければならない。たくさんの現金が必要である。そうした得意先の事情を知る宰領飛脚たちの頭には増水する渡良瀬川を目前にしながらも「市日」に何とか間に合わせたいという心理が働き、無理が生じたのであろう。

新井滋雲「松原之渡」（境野公民館蔵）

　事故発生に関しては飛脚問屋出店から桐生新町役人に届け出がなされ、町名主から領主の出羽松山藩と関東取締出役に届けられた。さらに京屋・嶋屋江戸店から道中奉行と江戸町奉行にあらましの経過説明と流失品の届け出がなされた。水死体と流失品捜索のため、渡良瀬下流域の村々に通達された。その範囲は上州、下野、下総古河にまで及んだ。

　その結果、荷物と革財布は三カ所で見つかった。ほどなく矢場村堰の水門内と館林在で荷物二箇、七カ月後の安政三年三月六日に一本木村（いっぽうぎ）で現金の入っていない革財布のみが発見された。一本木村での発見は、川除普請の際に人足が金の入っていない革財布を発見し、九六鍬（くろくわ）常吉か一本木村名主の小兵衛から届けられ、名主が嶋屋と京屋に確認させたところ、京屋の「銭一貫文程入候革財布」であることが判明した。以上の経緯は同村名主の小兵衛が桐生新町役人へ知らせた。

多額の現金輸送を示す史料は長沢家文書（桐生市立図書館蔵）にも保管されている。年不明であるが、「金銀取り交ぜ三千四百十五両一分三朱と銭四百九十二文」が七月二十七日付で「江戸表より入れ置き」と明記され、京屋弥兵衛の押印がなされている。三千四百十五両を現在の金額に換算すると、三億四千百五十万円である。

右は江戸表から金・銀・銭を取り交ぜて京屋桐生店へ運び込んだことを証する。やはり商引に必要な資金として輸送され、プールされたものであろう。為替金（逆為替の場合）として使われた可能性は十分に考えられる。為替を可能にしたシステムとは飛脚問屋による多額の現金移動があって初めて成り立ったものと言えよう。

†預り金手形

前項で桐生新町の市日に多額の現金を要したため、宰領飛脚が無理して渡河しようとしたため難船事故が起きたことを紹介した。

飛脚問屋関係文書に含まれる「預り金手形」とは、飛脚問屋が得意先から現金を預ることを証明する手形のことである。宮川家文書（桐生市立図書館蔵）に所収される天保九年（一八三八）十一月二十七日の預り金手形の事例を取り上げよう。

預り申金子之事

一　金三百二十五両也

前書の金子慥かに請取御預り申し候処実正に御座候、然る上は御入用の節何時にても玉上甚左衛門殿方ゑ相違無く急度御渡し下さるべく候、後日のため預り申金手形、仍而件の如し

天保九年戌十一月二十七日

京屋弥兵衛（印）

升屋源三郎殿

右は京屋弥兵衛が升屋源三郎から金三百二十五両を預り、その現金をいつであっても玉上甚左衛門へ渡すことを証した手形である。右の京屋弥兵衛とは印影を見ると、京屋桐生店のものと確認できる。升屋は江戸麹町五丁目で営業した呉服商岩城升屋、玉上甚左衛門とは上野国山田郡桐生新町二丁目で営業した織物買次商（仲買商）玉上甚左衛門のこと。つまり升屋が京屋桐生店に現金三百二十五両を預け、玉上甚左衛門がいつでも現金を引き落とせるようにしたという流れとなる。つまり京屋桐生店は織物購入資金をプールする役割を担ったことになる（図参照）。

天保9年11月27日付京屋桐生店預り金手形の現金の流れ

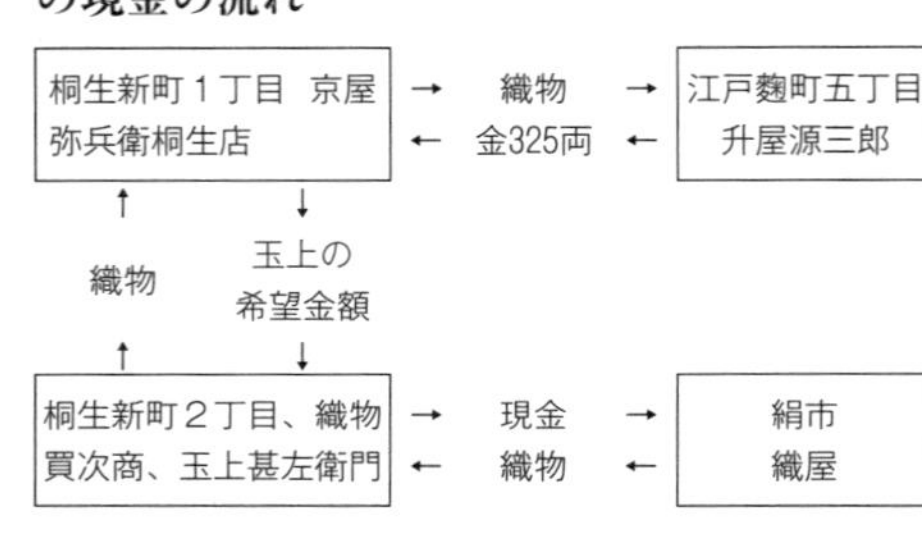

右の升屋宛ての京屋桐生店発行の預り金手形は宮川家文書に十二点収められる。升屋は桐生新町の玉上だけではなく、絹市が開かれる他の地域にもバイヤーがいた。藤岡町の吉田半兵衛が升屋に委託されて絹市で織物を購入した。藤岡にも京屋の出店があったことから、同様の資金と織物の流れが類推されよう。

2　為替手形

†便利な手形

江戸時代には為替手形が盛んに使われたことは、林玲子、石井寛治らの研究で明らかにされている。為替手形は、例えば関東のAという生産者と、関西のBという商人が取引をした場合、現金決済の折に実際に現金を動かさずにBからAへ現金を渡すことができた。その仕組みはBがAに対して、Bが債権者である関東のCという債務者から、現金を受け取るように指示した手形を振り出すことで可能となる。

貸借関係を巧みに利用して、こうした手形決済を行う。手形一枚を送れば済むので、途中で現金を奪われるリスクを回避することができる。右の場合、都合よく貸借関係があるから可能となった。大坂堂島の米取引後に現金を江戸へ送金するのに為替手形が用いられたが、これも貸借関係の情報を一手に把握する必要があった。

飛脚問屋の中には蔵屋敷の御用を務める業者もいた。大名家が大坂で為替を組んで江戸屋敷へ送金したい場合、出入りの飛脚問屋に委託する場合があった。そのため飛脚問屋の手代は毎日もしくは隔日で蔵屋敷に出入りし、蔵屋敷の方で為替を組みたい場合、両替商に出向き、変動する「打歩（うちぶ）」を問い合わせ、安ければ蔵屋敷に赴き為替を勧め、高い場合は一両日も延引させたという。為替賃金に不足が生じると両替商の方から飛脚問屋に逆打（ぎゃくうち）の情報を知らせてくることもあった（「飛脚ノ話」）。

飛脚問屋も為替手形では送金業務を請け負っているが、享和三年（一八〇三）の「仲間仕法帳に「嶋屋為替金値段の事」の条文があり、但し書きに次のように記されている。

但し、早飛脚に金子持たせ申さざるに付き、拠無く諸得意より相頼まれ候はば、正金（現金）にて受け取り、日限の通り相届け申すべく請負方致すべく、右金子は嶋屋え相頼み、為替にいたし申すべく定め、尤（もっと）も京都・大坂計りに限り候、道中行は請負い申す間敷候事

右の条文は、早飛脚に金子を持たせることはないので、得意先から強いて依頼された場合は現金で受け取った上で、嶋屋に依頼して為替を組んでもらうようにし、さらには京都・大坂宛てに限ったとしている。

京都と織物取引

群馬県内には江戸時代の為替手形の史料が県立文書館に保管されている。中でも羽鳥家文書には上方との織物取引で飛脚問屋が関与した為替手形の存在が確認できる。

為替金手形之事

一　金五拾両也
右の金子慥かに請け取り申す処実正也、右代り荷物大
極上太織百二十五疋、此度高崎嶋屋佐右衛門殿え相渡
し、京都糸屋長左衛門殿え差し登ぼせ申し候、この手
形参着御引き替え金子相違無く御渡し下さるべく候、
右荷物売代金を以て御差し引き下さるべく候、後日の
為、為替証文、依而件の如し
上州渋川
羽鳥久右衛門　印

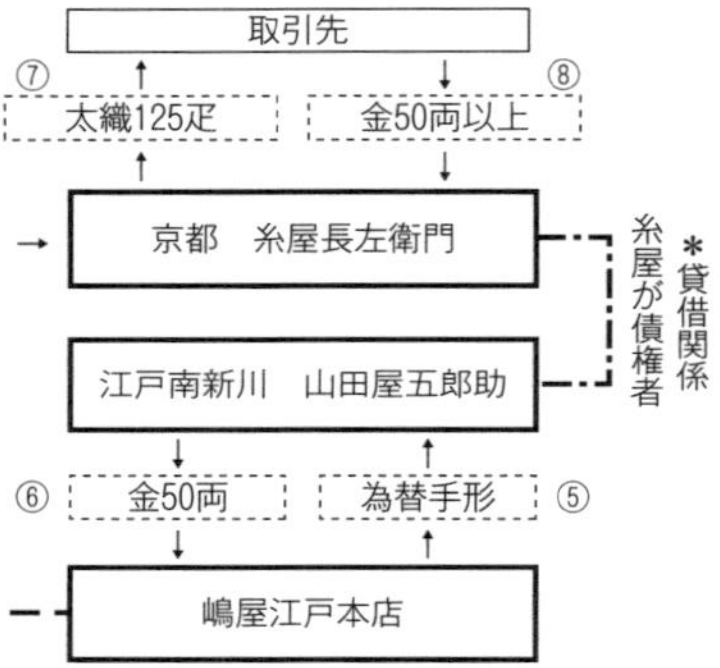

取引先
⑦ 太織125疋
⑧ 金50両以上
京都　糸屋長左衛門
＊貸借関係
糸屋が債権者
江戸南新川　山田屋五郎助
⑥ 金50両
⑤ 為替手形
嶋屋江戸本店

羽鳥家為替利用図（文政13年12月13日付）

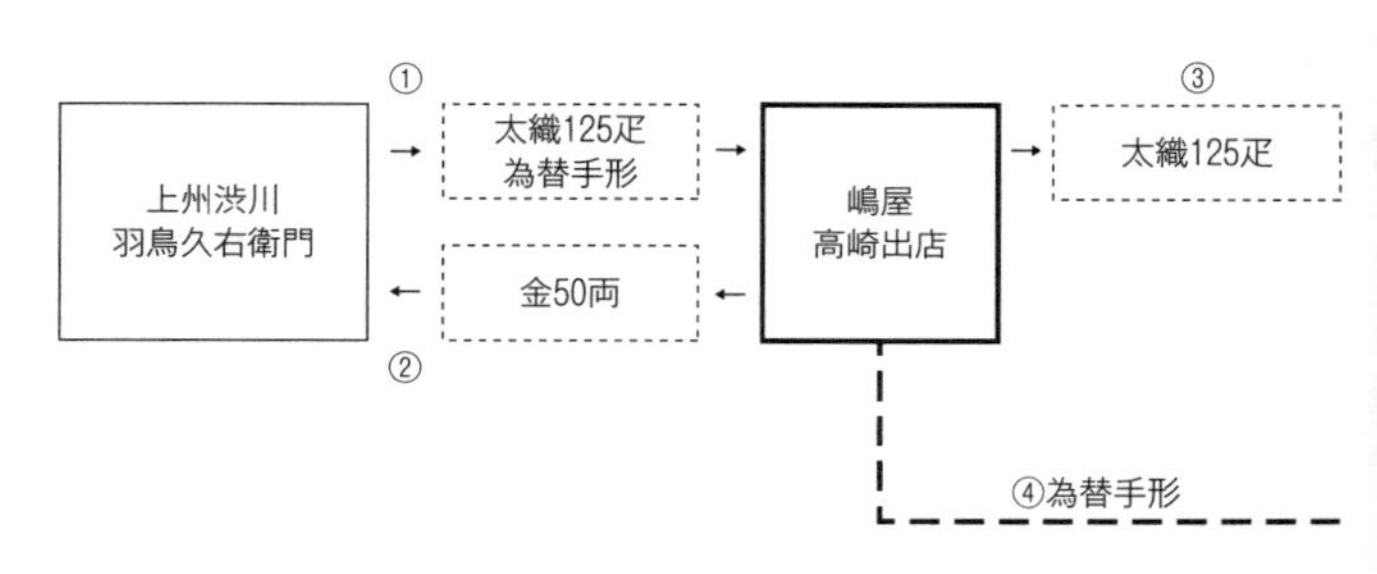

文政十三寅年十二月十三日

江戸南新川

山田屋五郎助殿

右を図示すると「羽鳥家為替利用図（文政13年12月13日付）」となる。数字通り追っていくと、①羽鳥久右衛門は太織百二十五疋を京都の糸屋長左衛門に販売する。②織物代金を嶋屋高崎店から受け取る（逆為替）。③嶋屋高崎店は太織百二十五疋を京都の糸屋へ送る。④為替手形は嶋屋江戸店に送られる。⑤嶋屋江戸店は江戸南新川の山田屋五郎助の所で為替手形を渡す。⑥嶋屋は金五十両を受け取る。⑦京都の糸屋は太織百二十五疋を販売する。⑧糸屋は金五十両以上の販売金額を受け取る。

糸屋は五十両以上の販売金額から五十両（山田屋の債権金額）を差し引く。為替手形は山田屋が手形支払い済みの証拠として羽鳥久右衛門宛てに送り返す。ここで為替手形の流れは終了する。金五十両は最初に嶋屋高崎店から羽鳥久右衛門に織物代金として支払われたので逆為替となる。糸屋と山田屋の貸借関係を巧みに利用した為替手形である。

これはほんの一例であるが、羽鳥家文書関係の飛脚問屋が関与した為替手形は十八点が確認される。江戸店の為替手形の史料がほとんど残されていないが、地方には飛脚問屋が預り金、為替手形に関わる史料が少なからず保管されており、飛脚問屋が金融的な機能を担ったことの証左と言えよう。

†為替手形の弱点

為替手形は非常に便利な仕組みであったが、完全無欠であったわけではない。中には訴訟に発展したケースもある。そうしたことも背景にあってと思われるが、為替手形の取り組みに関して、不都合な点があるとして、本店より上野国の店々に対して引き締めが通達された（栗田豊三郎家文書、群馬県立文書館複製資料）。

覚

一　近来、為替取銀方、追々猥（みだ）り相成り、運上金出来候分もこれ有り、甚だ取計わざるの事に候、是迄（これまで）年々用金定め書、問屋衆より差し下され候得共、一切右定法を用いず、猥りの取り組み方成され候故、右様の事には全体内金の事に候得は百両の所には金七、八十両も御渡しも然

るべき処、過上に相成り候様の御取り組み成され候、心得違い致され候、向後は問屋方内金定めにの外、決して御渡し成され間敷候、万一御心得違いにて領分御取り組み成され候共、問屋方にて相渡さずの間、その旨御荷主方え御断り成され候、尤も手形表に改合い加印御末々に成さるべく候

(中略)

亥

六月　　　　　　　　　本店　印

上州
店々

右は年号・屋号不明である。為替の取り組みが内金百両を預かっていれば、七、八十両の為替を取り組むのはいいと述べているが、次第にみだりになり、内金以上の金額で為替を組むケースが増えていると警鐘を鳴らしている。この内金とは飛脚問屋側に経済的な損失を出さないための保証金のように思われる。

この為替内金とは、どの商人でも為替を組むことができるわけではなく、預り金を入れることによって為替を組む上での保証となった。陸奥国信達地方で生糸買次商を営業した大橋儀左衛門は金千両を嶋屋福島店に預けている。

預り申す金子手形の事

一　金千両也　　但し、亥五月限金百両に付き
　　　　　　　　　一ヶ月金三歩の四割

右の通り慥かに相預り申す処実正也、尤も御入用の節は何時にても元利共急度返済仕るべく候、右は絹糸為替荷物請け取り金に預り申す義に付き、少しも相違申す間敷候、後日の為預り金手形依て件の如し

文政九年
　戌十二月朔日　　　　　　島屋
　　　　　　　　　　　　　佐右衛門（印）
　大橋儀左衛門殿

右の文政九年（一八二六）の史料には千両もの大金を預かる旨が記される。その趣旨は「絹糸為替荷物請け取り金」として嶋屋福島店（印影「奥州／〈中　嶋屋／福嶋」）が預かったものである。大橋儀左衛門は生糸買次商であるが、京都からの入金一方ではなく、江戸や京都へ自身の買い物のため為替手形を送っている。

年不明（午七月五日付）だが、江戸の升屋源十郎宛てに金六十両の為替手形を送り、「小橋屋利之助殿」に現金が渡るようにしている。またこちらも年不明（午十月三日付）ながら、大橋儀左衛門が京都の岐阜屋八兵衛に金二百四十両の為替手形を送り、為替手形が岐阜屋に到着次

第、手形で換金するものと記してある。買い物内容は不明である。

3 融資

†融資の対応

飛脚問屋は地域における重要な金融機能として融資を行った。宮川家文書に残される史料は大口融資と、比較的少額の小口融資のものが確認できる。

覚

一 金百両也

右は去々寛政十二申年より御借用申す利足、文政四巳年迠年々御勘定申し居り候所、不勝手に相成り、難渋仕候間、当金三十両差し入れ、残金七十両は無利足にて一ヶ年に十両つつ七月半金、極月半金、七ヶ年に御請け取り御皆済下し渡され度き段、御願い申し入れ候所、御勘弁を以て御承知下され忝く存じ奉り候、然る上は来る酉年より卯年迠七ヶ年の間に金七十両相違無く相済み申すべく候、後日の為依而件の如し

京屋弥兵衛（印）

文政七甲申年六月

下山政右衛門殿

右は下野国足利郡小友村（群馬県桐生市菱町一丁目小友）の名主を務めた下山政右衛門が寛政十二年（一八〇〇）に京屋弥兵衛（印影から桐生店とわかる）から金百両を借用し、文政四年（一八二一）までの期間利足共々返済し続けたが、不勝手（手許不如意の意）となったため、とりあえず三十両を返済し、残金七十両は無利足で一ヶ年に十両（七月と十二月に五両ずつ）を支払うこととし、翌文政八年（酉年）から天保二年（卯年）まで支払うものと改めて取り交わした。借金返済を見直したわけである。京屋桐生店は利息が取れないが、貸した分を取り戻せればいいと最終的に判断したのであろう。

次の史料は呉服商大丸関係者への融資である。

覚

一　金五十両也

右の通り太賃金前借り申す処、実正也、返済の儀は当冬御勘定の砌（みぎり）差し引き下さるべく候、以上

天保五年

午七月二十四日

京屋弥兵衛（印）

大丸勘助殿

右の史料の興味を引く箇所は「太賃金」である。「太」は「駄」を意味する。つまり大丸の奉公人勘助が馬荷で運ぶ経費が不足したので、京屋桐生店（印影からわかる）から金五十両を借用して充当したわけである。大丸は大伝馬町で営業した呉服商であり、馬琴と妻百がよく買い物をしたことが「馬琴日記」からわかる。その大丸のおそらく田舎買い（地方回りの織物バイヤー）が江戸へ織物荷物を輸送する経費に充てたのであろう。

さらに興味を引くのは当冬に勘定する際に差し引いてくれとある箇所である。これは京屋桐生店が半季分の清算の折に五十両分を差し引いて請求してくれという意味である。

次の史料は飛脚問屋に関わる街道沿いの問屋場が嶋屋と京屋の両桐生店から金十五両を借りたことを示す証文である。金額的に小口融資に属する。

覚

一　金拾五両也　　無利足

右は拠無く要用に付き、御無心申し入れ候処、書面の金子御貸し渡し忝く慥かに請け取り申す処実正也、御返済の義は当月より六済御飛脚中上り方荷物賃銭を以て追々御引き取り下され候筈御示談に及び候処、相違御座無く候、若し滞り候はば加判人引き請け、急度返済決して御損毛懸け申す間敷候、後証の為借用証文、仍て件の如し

天保六未年閏七月

中山道浦和宿

問屋

星野権兵衛（印）

証人

半右衛門（印）

上州桐生町

島屋佐右衛門殿

京屋弥兵衛殿

右は中山道浦和宿の問屋場を務めた星野権兵衛が金十五両を京屋と嶋屋の両桐生店から借用して、返済に関しては問屋場の馬継ぎ立ての際に賃銭を取らずに返済する形を取ることを証したものである。星野権兵衛は本陣を務め、また飛脚取次所も兼業した。

次の史料は桐生の渡船場に融資した証文である。

金子借用申す一札の事

一　金一両也　当時通用金也

右は後谷舟場入用金として慥かに受け取り借用申す処実正に御座候、右金返済の義は来子ノ二月中迠には右之金子無相違御返済申すべく候。尚亦(なおまた)其節返済（出来の字抜け）兼候はば加判

人方にて急度御返済申すべく候、為後日借用申一札、依而件の如し

借用人

弥吉　印

証人

次郎八　印

文政十亥年

九月日

京屋様

右は京屋桐生店が一両を後谷の渡船場（桐生市三吉町・桜木町）へ融資したことを示す。地域社会で右のような少額融資を行ったことを証する史料である。もっとも渡船場は飛脚も使う可能性が高いため、先行投資的な意味も持ったのかもしれない。

銀行もノンバンクもない江戸時代で、小口融資を行うのは寺院、長屋住まいの者など様々な形でいたが、飛脚問屋の地方出店も木目細かい小口融資を行うことで地域経済が動く一因となったものと言えよう。

†飛脚問屋の金融とは

江戸時代には銀行がなかったとは言え、銀行の機能がまったくなかったわけではない。江戸時代には銀行機能が分散されて役割を果たしていた。銀行が担った機能は、江戸時代には両替

商が両替と貸借、預り金と替為手形を扱った。また、商人同士でも融資し合い、信用の担保とした。寺院の中にも融資をするところがあった。飛脚問屋も送金、為替、融資、預り金といった機能を担った。

明治時代の経済用語は、江戸時代以前から使われた。中世以来の為替、江戸時代に営業権を意味した株、通（い）帳、手形、切手、預（り）金、元利（元本と利息）、相場などは商業経済が沸騰した江戸時代に普通に使われた。明治期に入り、西洋経済の仕組みが導入されると、江戸期の用語は訳語として転用された。それだけ江戸の商業経済は成熟していた。

飛脚問屋は重要な業務である輸送・通信・情報発信以外にも、送金（顧客依頼、資金プール）を行い、現金を預り、また為替手形を取り組み、融資も行った。為替手形に関しては飛脚問屋も慎重に扱い、得意先から預り金を内金（保証金）として入れてもらった。

これは桐生新町の事例となるが、幕末に京屋と嶋屋の桐生店が領主出羽松山藩（酒井氏、二万五千石、山形県酒田市）の命令で、飛脚問屋が両替を行っている場面もみられる。

飛脚問屋の果たした金融的役割は近世経済が展開していく上でなくてはならない存在であったと言えよう。

第８章
さまざまな飛脚

歌川広重「江戸名所　寿留賀町」。三井越後屋と富士山、左にチリンチリンの町飛脚が描かれる（郵政博物館蔵、安政5年〈1858〉）

1　武家専用の飛脚

†幕府継飛脚

江戸時代初期に運用が始まり、幕府の消滅する慶応三年（一八六七）まで二百六十五年間にわたって維持された公用便制度が、幕府継飛脚である。この制度は江戸幕府のオリジナルではなく、戦国時代の大名も、継飛脚を利用していた。豊臣秀吉が、奥州仕置の折に継飛脚の設置を命じた。山陽道にも応用し、朝鮮外征の文禄・慶長の役の折には継飛脚を運用した。

江戸幕府は、京都の二条城や大坂城とを結ぶ東海道に、継飛脚を設置した。江戸幕府の継飛脚に関する研究には鶴木亮一と山本光正の業績がある。両氏の研究に基づいて継飛脚の概要に触れておこう。

まず、名称は宿場によって異なり、「御状箱持夫」（品川、原）、「御継飛脚定役」（保土ヶ谷宿）、「御状箱取扱役」（三島宿）、「御継飛脚」（島田、御油）、「飛脚番」（藤枝、島田、御油、赤坂、藤川、岡崎、亀山宿）、「御書飛脚」（土山、草津）などと呼ばれた。街道と宿場を整備し直した幕府は、各宿場に人馬継立を行う問屋場を設置して経済的に保護した。この問屋場には専用の人足（宿場によって人数に差があり、六—八人）が待機しており、幕府からの御用状が届くと次の宿場へ向けて走った。関所は昼夜に関わらず通行できた。川留が川明けになった段階で、優先的に渡船することができた。また往来では声を出して走り、往来の者たちは避けなければならなかった。

継飛脚の輸送した御用状は、享保八年（一七二三）の段階まで、老中証文・京都所司代証文・大坂城代証文・駿府城代証文・勘定奉行証文に関しては継ぎ立てたが、享保九年以降には、老中証文と道中奉行証文のあるものに限ると明記された。例外的に、「先例」を理由に勘定奉行所の御用状を継ぎ立てる場合もあった。幕府から発せられた御用状は、最初に江戸の大伝馬町（毎月一―十五日）と南伝馬町（毎月十六―晦日）で差し立てられた。

継飛脚の継立刻限は、元禄九年（一六九六）の段階で江戸―京都が普通で三十二時（今の六十四時間＝二日と十六時間）から三十三時（六十六時間＝二日と十八時間）、急御用が二十九時（五十八時間＝二日と十時間）から三十時（六十時間＝二日と十二時間）であった。つまり三日で到着した。江戸―大坂の場合だと普通だとプラス四時（八時間）、急御用だとプラス三時（六時間）である。延着理由は定飛脚問屋と同様に川支である。

幕府は、継飛脚の制度を維持するために継飛脚給米を各宿場に支給した。宿場によって給米の量も変わる。品川宿の場合は二十六石九斗、三島宿は六十一石四斗六升、赤坂宿が十五石六斗七升である。この支給量の差異は距離に基づいている。由比宿の場合だと隣の興津宿まで三里あり、継飛脚給米が十七石八斗一升二合となる。これら継飛脚給米は幕府代官の支配する天領から支給されている。継飛脚給米は東海道だけにとどまらず、美濃路、佐屋路、中山道の垂井―守山十一カ宿、他の五街道の一部の宿場にも支給された。

†七里飛脚

尾張藩、紀伊藩のものがよく知られるが、それ以外にも松江、高松、備中松山、津山、姫路、福井、川越藩などが七里飛脚を称した。ここでは尾張藩の七里飛脚のみ触れたい。尾張藩は自前で東海道に七里（実際は四―六里＝十六―二十四キロ）ごとに継所を設置し、人足を待機させて江戸と国許を連絡した制度を構築した。継飛脚を模倣した縮小応用版である。

徳川義親『七里飛脚』によると、尾張藩の七里飛脚の始まりは徳川義直が設置した慶長十年（一六〇七）ではないかとしている。東海道に十八カ所の継所を置き、各継所に中間（ちゅうげん）三人を配置して昼夜を問わず藩用書状と荷物を継ぎ立てた。寛永九年（一六三二）五月二十九日付で待機の中間を三人から二人に減らした。

継所十八カ所は池鯉鮒―法蔵寺―二川―篠原―見附―掛川―金谷―岡部―小吉田―由比―元吉原―三島―箱根―小田原―大磯―藤沢―保土ヶ谷―六郷である。継立の種類は一文字（三日目着、二人持ち）、二人前（四日目着、二人持ち）、十文字（五日目着、一人持ち）、無刻附（六日目着、一人持ち）があったが、多くは一文字便か二人前便が使われた。しかし、コスト削減のため文政五年（一八二二）八月に廃止した。その後は宿継の形で御状箱を継ぎ送ることも検討されたが、結局は民間の飛脚問屋に御用を委託している。

七里飛脚廃止後の名古屋―江戸の輸送は、民間の飛脚問屋の吉田四郎左衛門と水谷与右衛門が御用を請け負った。定飛脚問屋と同様に各宿場の問屋場を利用しながら、宰領が馬荷物を運んだ。飛脚賃は小封御状一通が銭十六文、中封御状一通が銭三十文、大封御状一通が銭四十二文、御包物百目（三七五グラム、未満含め）が銭六十文、腰指一腰が銭三百五十四文、刀一腰が銭五百九十文、植木百目（未満含め）が銭七十四文、弓は掛け目次第である（飛脚問屋『井野口屋記録』二）。

嘉永四年（一八五一）三月七日に七里飛脚制度が復活して五年間継続したが、やはり廃止に至った。七里飛脚は徳川御三家の権威を笠に着て、街道沿いでだいぶ迷惑をかけたというが、嘉永四年の飛脚の担い手が、中間から同心へと武士身分に昇格した段階で、その迷惑行為が増長した。諸大名の通行にも因縁をつけ、道中奉行にも楯突くなど目に余ったため、幕府から尾張藩に対して厳重に抗議があったという。

余談であるが、この尾張藩の七里飛脚の中に浜島富右衛門という者がいた。その息子の浜島庄兵衛（一七一八―四七）は異名を「日本左衛門」といった大盗賊であり、東海道筋を中心に荒らしまわった。歌舞伎「白浪五人男」(河竹黙阿弥作)の日本駄右衛門のモデルである。延享四年(一七四七)に自首し、打首・獄門となった(竹内誠『元禄人間模様』)。

†大名飛脚(藩飛脚)

大名飛脚は江戸—国許を結ぶ藩自前の通信制度である。大名家では飛脚の利用に三つのパターンがあった。①大名飛脚のみを用いる、②大名飛脚と民間の飛脚問屋の両用、③民間の飛脚問屋に完全委託(飛脚問屋からみると御用請負)に集約される。

①は省略するが、②は例えば、尾張藩が七里飛脚と民間の飛脚問屋井野口屋半左衛門(名古屋—京都、享保八年〈一七二三〉に御用認可)の両方を用いたケースである。③は先述の尾張藩の江戸定日飛脚問屋吉田四郎左衛門と水谷与右衛門が名古屋—江戸の御用を請け負い、また江戸の京屋弥兵衛が二本松藩の御用を請け負った事例である。また藩士が個別に国許へ手紙を送るのに大名飛脚だけでなく、民間の飛脚問屋を使う場合もあった。江戸藩邸にいた時期の長州藩士の吉田寅次郎(松陰)がその例である。

安政二年(一八五五)の江戸大地震の折、三十五藩が大名飛脚によって国許に情報が伝えられたことが明らかにされている。それ以外は大名飛脚と民間の飛脚問屋の両方からか民間の飛脚問屋のみによって情報がもたらされている(北川糸子『近世災害情報論』)。つまり少なくとも三十五藩が大名飛脚を自前で設置していたことになる。

2　多様社会の飛脚

†チリンチリンの町飛脚

町飛脚とは江戸の府内と近国を対象として荷物・手紙を輸送する飛脚業者である。飛脚が担ぐ荷箱に鈴が付いていたため、「チリンチリンの町飛脚」と呼ばれた。江戸っ子は鈴が鳴ると町飛脚が来たことがすぐにわかり、手紙の輸送を依頼した。

町飛脚は人宿（奉公人の周旋・仲介業）から転業した業者が多かったとされる。喜田川守貞『近世風俗志』（第一巻所載〈全五巻〉、岩波文庫、一九九六年）に日本橋にほど近い芳町で営業した町飛脚「立花屋」の引札の写しが掲載されている。筆者が翻刻（ほんこく）したものを左に掲げる。

※欄外「報帖縮図　原帋（紙）三ツ切　竪五寸二分、横七寸」

覚

御府内四里四方　　町飛脚定直段

一　日本橋より芝大門　　上ヶ置

一　同浅草芝居町迠　　代二十四文
一　同芝大門より品川迠　上ヶ置
一　同山谷より千住迠　　代三十弐文
一　同かうし町より新宿迠　返事取
一　同本郷より板橋迠　　代五拾文
一　同浅草田町より吉原迠
御屋舗様方　　近所　代五拾文
　　　　　　　遠方　代百文
一　諸国／代参　仕立飛脚
　　近国　壱里ニ付　代百文之割
　　遠国　同　　　　代百廿四文之割
右之通り直段ニ而御用向之節者
よし町ちりん〳〵の町飛脚
　　　　　立花屋まで御遣し
可被下候、以上
但し高金之品者御断申上候

原紙のサイズは縦一五・六センチ×横二一センチである。表題は「覚」とあり、江戸府内四里四方の飛脚賃が記載されている。浅草に芝居町（猿若町）が移転して以降、即ち天保十二年（一八四一）以降の引札とわかる。この立花屋は、江戸後期から幕末期の町飛脚の一覧を列記した「御府内町飛脚」（郵政博物館資料センター蔵）にも屋号と住所の記載が確認される。

全て日本橋が起点となっている。日本橋から芝大門、また日本橋（「同」とは、右の「日本橋より」を受けている）から浅草芝居町までが「上ヶ置代二十四文」とある。この「上ヶ置」の意味であるが、この後に出て来る「返事取」に対応したものと考えられる。返事取とは文字通り宛先に手紙を届けたら、そのまま待機して返事をもらって差出人に返事を届ける流れとなっている。つまり「上ヶ置」とは返事を受け取らずに届けたままにした状態を言うのであろう。

†立花屋の輸送網と飛脚賃

この立花屋の輸送ルートを図にしたものを掲げる。

日本橋―芝大門―品川宿（東海道一番目の宿場）区間、また日本橋―山谷―千住宿（奥州道中一番目の宿場）区間であるが、両方共に上ヶ置代三十二文となっている。先述では芝大門までが二十四文だったから芝大門以降から品川宿の区間が三十二文という意味であろう。日本橋―山谷―千住宿の区間は奥州道中と重なる。

次は日本橋―かうし町―新宿、それと日本橋―本郷―板橋区間、日本橋―浅草田町―吉原が返事取で代五十文の飛脚賃である。「かうし町」とは麹町、新宿とは内藤新宿のことである。それと日本橋―本郷―板橋宿の区間は五街道の一つの中山道と重なる。日本橋―浅草田町―吉原は、遊郭の吉原との通信を担っている。返事取は宛先で返事を受け取り、差出人に届けるところまでが業務となる意味がわかる。

御屋敷様の飛脚賃は随分と曖昧であるが、近所が五十文、遠方が百文である。

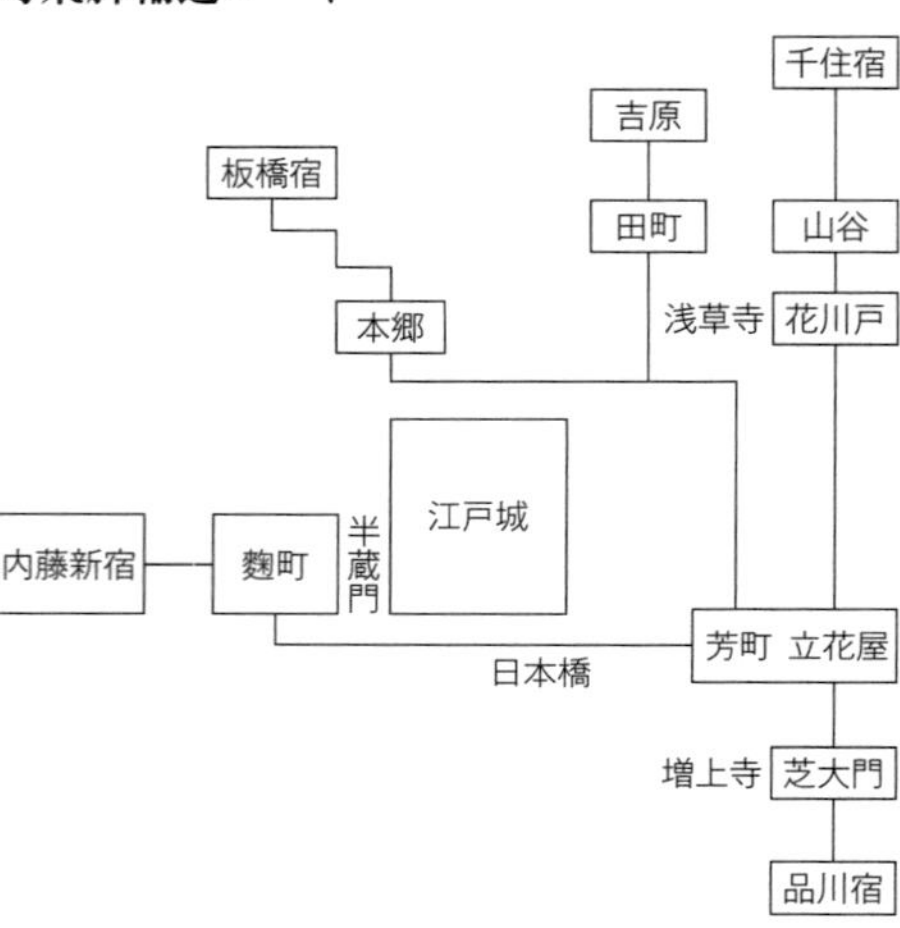

注目されるのが「諸国／代参　仕立飛脚」である。近国一里につき「代百文之割」とあり、遠国だと一里につき代百二十四文の割である。代参は当事者の代わりに信仰対象の寺社仏閣に参拝して御札を貰ってくる業務かと思われる。

†川崎宿に町飛脚創業

実はこのチリンチリンの町飛脚は江戸府内にとどまらず江戸から離れた東海道第二番の宿場である川崎宿にも営業していたことが三井文庫蔵「鴨屋半次郎　口演」からわかる。重要な史料なので鴨屋半次郎の口演を次に掲げる。

口演
一　益御機嫌克御座遊ばされ、恐悦至極に存じ奉り候、随って私見世の儀、日増しに繁昌仕り候も全く御贔屓様方共御蔭故と有難く存じ奉り候、然る所是迄の家業へ取り交ぜ、町飛脚御用御差し支え無く相勤めたく、極めの賃銀下値に相働き、東京横浜御買い物、御誂え物に至る迄精々念入り、仮令大金の御使い仰せ付けられ候共、聊か御不都合これ無き様相勤め申し上げ候、万々一間違いその外御座候節は急度埒明け申すべく候、都て下値早便を専一に致し候、御贔屓様方猶此上偏えに御用向き仰せ付けられ下され候様希上げ奉り候、若し遠国近在の御使いても別仕立てに致し候、何卒日々の御用向きの程願い上げ奉り候、恐惶謹言
※絵「東京／横浜／川崎上新宿／町飛脚／鴨屋半次郎」「川崎駅　鴨半出／東京／横浜／町飛脚」
猶以て一人持ち、二人持ち、半人持ち御荷物等至る迄御差し支え無く／御用仰せ付けられ候様

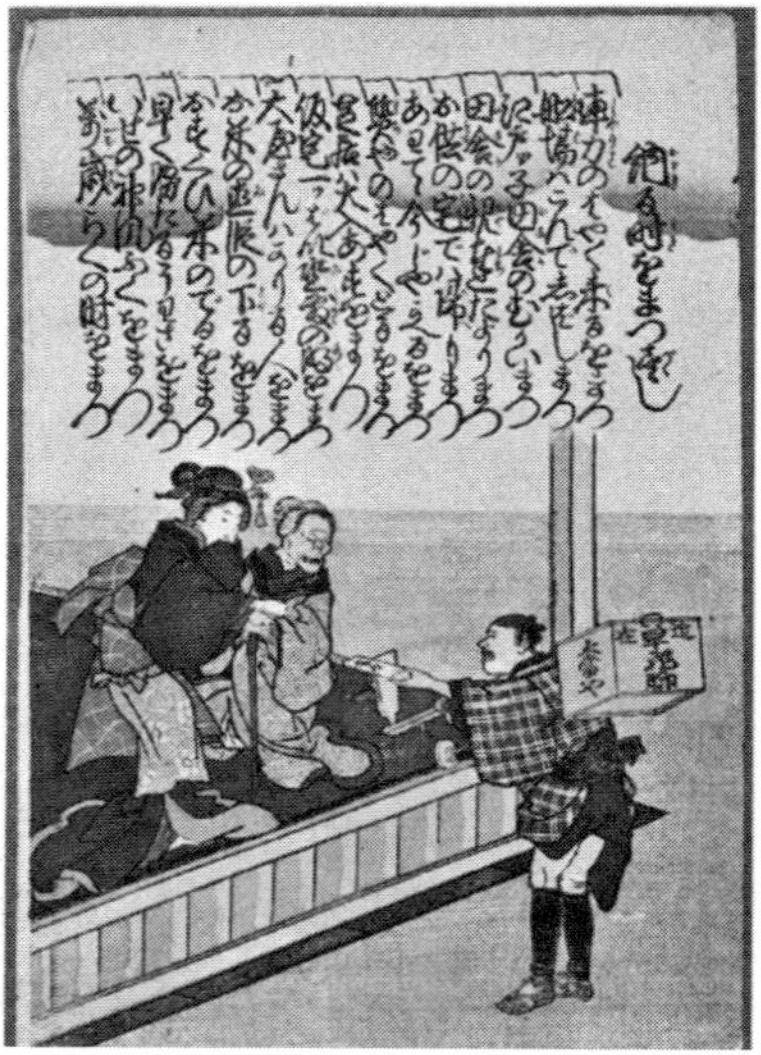

「納る時をまつ尽し」。荷箱に「近在／早飛脚／大当や」とある。棒の先に天狗の面を付けた羽子板が付けられている（郵政博物館蔵）

偏に偏に希上げ奉り候

川崎上新宿

七月

鴨屋半次郎

右の口演は、文中に「東京」「横浜」の地名が出て来ることから明治期のものとわかる。傍点部に注目したい。「是までの家業へ取り交ぜ、町飛脚御用御差支無く相勤めたく」と述べていることから、本業たる「家業」が存在し、その副業として町飛脚を勤めるつもりであることがわかる。さらに「東京横浜御買物、御誂物に至るまで精々念入り、仮令大金の御使い仰せ付けられ候共、聊か御不都合これ無き様相勤め申し上げ候」と述べている。この文章の意味するところだが、「東京・横浜での御買物から御誂物（注文の品）に至るまで念を入れて行い、さらに大金の使いであろうと少しも不都合のないよう勤める」と述べているものと思われる。つまり筆者は買物屋のことを指すのではないかと推論する。明治期に滋賀県で「飛脚」と呼ばれる商売が存在したが、それは京都へ買い物に行き、依頼主に買って届けるというものであった。鴨屋半次郎も右の東京と横浜で買い物代行をし、それを依頼主に届けるということを売りとし、木版刷りの口演を撒いたものと思われる。

神社への代参（代わりに参拝して札を頂く）や買い物を代行するなど業務を拡大している町飛脚であるが、明治期に入ると一気に衰退した。明治四年三月に東海道に新式郵便が敷かれて成功すると、同五年七月に全国一斉に郵便網が普及した。その結果、町飛脚は廃業に追い込まれた。彼らの転職先は人力車夫が多かったとされる。

明治政府の駅逓司御用掛の荒川春岡が明治三年（一八七〇）十一月二十四日付で調査報告した史料があり、その中で「近頃商業衰微いたし追々軒数相減候処、此節町飛脚相止メ人力車ニ渡世替いたし」（「駅逓改正草稿」『杉浦譲全集』所収）とある。町飛脚は転業を図り、人力車渡世になる者が多かった。英国の旅行家、イザベラ・バード（一八三一－一九〇四）は『日本奥地紀行』の中で人力車夫について「この愉快な車夫たちは、身体はやせているが、物腰は柔らかである」と好意的に描写している。

†大名行列で活躍した上下飛脚屋

幕末期の紀伊徳川家の江戸城登城行列の構成比率は、総勢二百八十人のうち、二百人以上の六〇パーセントが小者・中間・又中間といった人宿から派遣された渡り奉公人・日用取から構成されているという（根岸茂夫『大名行列を解剖する』）。

人宿とは今でいう人材派遣業に近い。大名の参勤交代では大名行列が構成されるが、やはり人宿から人足が派遣された。傘持ち、草履取、沓持ちといった荷物持ち、持ち槍、雨傘、位傘、草履箱、日覆い箱、挟箱、蓑箱などが続く。

大名行列に人足を派遣する人宿を特に上下飛脚屋といった。通日雇、通日用ともいった。上下飛脚屋は普段から得意の大名家の江戸屋敷に出入りした。江戸時代も下ると、上下飛脚屋の業者数も増加し、百九十三軒（業者名は拙著『江戸の飛脚』を参照のこと）を数えた。これらは日本橋組、京橋組、芝口組、大芝組、神田組、山ノ手組のいずれかに所属し、六組飛脚仲間と総称された。幕府による仲間公認は寛政元年（一七八九）のことである。江戸ではなぜ人足派遣業を上下飛脚屋といったのであろうか。

これは江戸期の飛脚の淵源とも絡んでいて、手紙や荷物を運ぶ定飛脚問屋と上下飛脚屋とは、当初は明確に業種が区分されていなかった可能性がある。江戸初期に参勤交代制度が確立し、大名家が国許と江戸屋敷を往復するようになり、江戸と国許の連絡網が必要となった。大名家では自前の大名飛脚を備えたが、実際に飛脚として走らせたのは武家身分以下の人足たちであることが多かった。おそらくは大名家に出入りする人足が飛脚業と人足仕事を両方兼ねて従事し、上下飛脚屋と呼ばれるに至ったのではないだろうか。

人足派遣業の人宿から飛脚問屋に専業化した業者のほかに、大坂屋茂兵衛、十七屋孫兵衛のように上方飛脚問屋の江戸会所（集配拠点としての意）から次第に飛脚問屋として成長した業者もいたであろう。それらがやがて手紙・荷物輸送を専業にする飛脚問屋として仲間を構成するに至った。江戸中期は仕事が未分業であり、双方共に人足を派遣し、また荷物輸送も請け負ったが、やがて競合するようになったため、文化十四年（一八一七）に協定を結び、ある程度の棲み分けが進んだものと思われる。

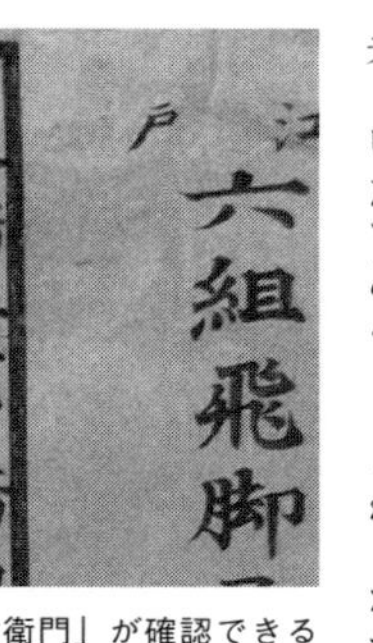
江戸
六組飛脚

日本橋組　京橋組

越前屋孫右エ門
川瀬石町家持
米屋久右エ門
大津屋喜右エ門
米屋久平治
堺屋小右エ門
姫路屋林兵
若狭屋忠右
加賀町家持
姫路屋孝
福島屋所左エ
大坂屋粂次郎

日本橋組に「川瀬石町家持　米屋久右衛門」が確認できる
（「嘉永六年四月改 江戸六組飛脚仲間」郵政博物館蔵）

上下飛脚屋の業者の個別研究も進んできており、市川寛明によって日本橋南に位置する川瀬石町の米屋久右衛門の一連の事例研究（巻末参考文献参照のこと）が発表された。

安政四年（一八五七）六月、桑名藩が江戸城大手門の門番を命ぜられた折、藩命によって米屋久右衛門が番人足を一手に請け負って派遣している。門番は総勢四百名程度が務め、その内桑名藩士が四十四人であり、その多くは米屋が派遣した人足たちであった。その折に門番のほかにも火の番にも付いた可能性を指摘している。

江戸城大手門の門番は多人数を必要とし、また門番配置も複雑であった。市川氏は「こうした請負が可能なのは、米屋田中家が一度に多人数の日雇を動員する参勤交代の通日雇を複数の藩から請け負い、大手門ばかりでなく江戸城の諸門の門番を請け負っている大規模人宿であったからではないだろうか」と分析している。

3 二見屋忠兵衛——飛脚取次の商人

†馬琴と牧之の交流

「江戸」という社会を考える上で、いつも念頭に置いている言葉がある。それは「融通無碍（ゆうずうむげ）」である。必要は発明の母ではないが、〝必要は商売の種〟ということである。例えば、旅籠屋だからと言って、かっちりと旅客を宿泊させるだけが仕事ではなく、他に副業を営業していることがよくある。桂庵は口入（就業斡旋）商売を意味するが、もとは医師の桂庵が口入を兼業したことが語源となっている。本節で紹介する二見屋忠兵衛もそうである。

馬琴と鈴木牧之（一七七〇—一八四二）との書簡のやり取りを仲介した二見屋忠兵衛の存在

も融通無碍で捉えた方がよさそうな存在である。

馬琴が、『北越雪譜』の著者、鈴木牧之と交流したことはよく知られている。高橋実氏の論考「馬琴と牧之の交流」(『近世文藝』十四、一九六八年)によると、鈴木牧之は越後国塩沢で越後縮の仲買商であり、本名を儀三治、俳号を牧之といった。牧之は江戸の人が雪国の様子を余りに知らないことから『北越雪譜』の執筆を着想した。

牧之は、『北越雪譜』を江戸で刊行しようと考えた。そのため江戸で著名な戯作者であった山東京伝を頼った。しかし、板元は、無名作家の、それも雪をテーマとした民俗誌の刊行を渋った。牧之は、次に馬琴に刊行のツテを紹介してくれるように依頼した。しかし、馬琴は山東京伝、京山兄弟の関係に配慮して時期を待つようにと伝えた。

牧之は馬琴に期待した。そのため、馬琴に手紙と、後年に『北越雪譜』と言われる原稿を送り続けたのであろう。牧之の夢は山東京山によって天保七年(一八三六)にようやくかなった。この時、馬琴は刊行に関与していない。どころか牧之に原稿を返却しなかったとされる。

馬琴と牧之とが、一体どのようにして手紙のやり取りをしたのかは今まで詳しくは明らかにされてこなかった。「馬琴日記」には馬琴と越後塩沢の鈴木牧之との交流を示す記述が散見される。巻末に「滝沢馬琴と鈴木牧之との書翰往復(文政10年—天保5年)」表をまとめてみたので、参照していただきたい。

馬琴と牧之との往復書簡（受発送を含めて）は文政十年が九回、同十一年が五回、同十二年が八回、天保二年が五回、同三年が二回、同四年が七回、同五年八回である。合計四十四回、七カ年で割ると平均六回である。二カ月に一回はやり取りしているペースである。割と頻繁な部類に入ると言ってもいい。馬琴と牧之とが互いの存在を認め合い、忙中にあっても手紙を書く時間を割いて交流を重視していたことがわかろうというものである。

†二見屋忠兵衛の正体は？

馬琴は牧之に手紙を送る際に必ずと言っていいほど、二見屋忠兵衛に渡している。この二見屋忠兵衛について、高橋氏は「塩沢町生れで、東京新大阪町に店を持つ二見屋忠兵衛が飛脚。天保二年死没」としている。しかし、「馬琴日記」によると、二見屋忠兵衛は正確には飛脚問屋ではなく、飛脚との間を仲介する取次役と読み取れる。

その手掛かりとなる記述が、文政十二年（一八二九）九月十四日にある。馬琴は宗伯と共に大丸で買い物をした後、「食後、新大坂丁二見や忠兵衛方にて足袋かひ取」とある。同年十二月十四日にも「二見や忠兵衛方へ罷り越し、過日注文の足袋一双かひ取」とある。その後も滝沢家では、この二見屋忠兵衛から足袋をたびたび購入していることからわかる。つまり二見屋忠兵衛は足袋商であることがわかる。

では、足袋商である二見屋忠兵衛が取り次いだ先の業者は一体どういった業者であったのであろうか。天保四年六月十八日、同二十八日、同年七月一日に越後飛脚の記載がある。同年七月十五日には盆後に越後飛脚が到着次第、馬琴に知らせることを約している。つまりこのことから、二見屋忠兵衛は越後飛脚の取次をしたことがわかる。この越後飛脚であるが、おそらく業者であろう。二見屋忠兵衛は、馬琴と越後飛脚との間に入って、馬琴から書状と飛脚賃を預かり、また牧之からの手紙を届ける取次業を請け負ったのである。

二見屋忠兵衛とは、いかなる人物であったのであろうか。忠兵衛は天保二年（一八三一）二月十五日夜四つ時（午前十時頃）に死去するのだが、馬琴がその死を知るのが五カ月後の七月七日になってからのことである。いつもであれば、二見屋忠兵衛が牧之の書状を届けにくるのだが、昼後に伊勢町の伊勢屋八右衛門が牧之の書状二通と箱入り寒晒し粉を届けに来たことから、忠兵衛の死去を知らされる。死因は「病死」とある。忠兵衛は越後塩沢表町出身であり、江戸新大坂町に店を構えた。牧之とも年来の友人である。馬琴は忠兵衛について「老実（世事に長けて誠実の意）の人也」と記す。享年ははっきりせず、「年六十余」とある。そして「年来、越後の状をよく取つぎしもの也」と感懐をもって書き留めている。

二見屋忠兵衛は、当時の言葉では「唖」、即ち話すことができなかった。聴覚障害者であったのである。文政十年三月五日には「忠兵衛聾故、言語不通、早々帰去」とあり、また文政十二年二月七日にも「書付を以て忠兵衛に示しおく。忠兵衛聾なれば也、其後、早々帰去」とある。忠兵衛は書状を届けた後「早々帰去」とよく記述される。

その一方で、時に孫を連れて馬琴宅へ牧之の書状を届けに来たこともある。文政十一年十一月六日に馬琴は忠兵衛の孫に「張り子のつち壱」を渡した。「つち」は土人形の意味であり、おそらく張り子の人形という意味であろう。孫がうれしがる様子が想像される。そんな孫の姿に、忠兵衛は傍で目を細めていたであろう。「老実の人」という馬琴の忠兵衛評は妥当と思われる。この忠兵衛の跡は、息子の忠蔵が継承し、天保二年中に「忠兵衛」を襲名している。

†死蔵される『北越雪譜』

さて馬琴と牧之との交流だが、天保五年（一八三四）九月十五日に次のように記している。文政年間に鈴木牧之から「雪譜料」として送られた「越後雪の図説」が数百枚となり、貯めて置いたが、離れ離れになっては見ることもできないため、取り調べて継ぎ合わせ、巻物にしようと思い、今日取り出した。調べ始めたが、折々多用のため、ようやく一巻分を継ぎ合わせた。今夕五つ時までにできた。それから半切紙三巻を継ぎ立てた。

さらに同十八日には越後雪譜図説について今日も終日取り調べ、二巻余りを継ぎ立てて終えた。夜四つ時（午後十時頃）までに五巻ができた。一巻五十枚ばかりずつという。翌日の十九日にも越後雪譜図説、今日も終日見分け、三巻ばかり継ぎ合わせ終える。夜四つ時まで作業。おおよそ五十枚を一巻にして八巻ある、と記している。二十日には越後雪譜料、画稿絵巻、題目、奥書など十六枚を染筆した。夜四つ時（午後十時頃）まで継ぎ立てて完成させた。およそ四日間昼夜にわたって取り組んだ。同二十七日には経師職人の万吉に、越雪図説考八巻の仕立を申し付け、裏打ちのため大半紙五百枚、ほかに美濃紙百二十五枚を渡した。

馬琴は、こともあろうに牧之から送られ続けていた『北越雪譜』の原稿を巻子に仕立ててしまったのである。これではあたかも馬琴の個人コレクションである。牧之は公刊したかったが、馬琴は著者の意向に完全に反した行為をしてしまっている。高橋実氏によると、還暦を過ぎた頃から牧之は『北越雪譜』を刊行できないことに次第に焦りを生じた。山東京山（山東京伝の弟、戯作者、一七六九―一八五八）との交流が始まり、京山の申し出もあって、天保元年（一八三〇）九月に京山に刊行を依頼することにした。そのため牧之は、馬琴に原稿の返却を申し出たのであろう。馬琴は立腹したという。そのため馬琴は原稿を返却しなかったとされる。

いかに売れっ子作家とは言え、長年の自身の放置を棚に上げて、ひどい話である。だが、筆者は、馬琴が牧之に原稿を返却しなかった理由について巻子本に仕立ててしまったことにあるのではないかと考える。要するに牧之に返却したくとも返却できない形にしてしまった。勝手に仕立てた巻子本を牧之が見れば、どう思うであろう。馬琴はそのことを思うと巻子を見せられなかった。結局、牧之は原稿を書き直す破目となった。

そうした二人の感情の齟齬があったにもかかわらず、二人の書簡のやり取りはその後も続いた。馬琴は滅多なことでは紹介状のない一見の訪問客とは会わなかったが、それだけ時間を大切にした。その馬琴が牧之との手紙のやり取りを絶やさず、継続したことから牧之の存在にいかに一目置いたかがわかる。また牧之も馬琴に気を遣い、書簡に寒晒し粉を添え送るなど関係を大切にしていたかが窺い知れる。

4 人足社会の江戸

†馬琴の使った人足——日雇人足太兵衛

馬琴は、京都・大坂などの上方方面へ荷物や手紙を京屋弥兵衛の「状配り」から受け取り、逆に送る際は、嶋屋佐右衛門で発送することがほとんどであった。越後へは二見屋忠兵衛を経由した。では、近場はどうだったのかといえば住み込みの下女たちが担ったのだが、後述するように滝沢家では出入りが激しかった。そこで下女たちが滝沢家との間で何らかの事情が起きて機能しない場合、また荷物の届け先が多いような場合は、業者に人足を派遣してもらい、

「脚ちん（賃）」を支払い、いわば金で解決した。

江戸時代は参勤交代の荷物担ぎも含めて、人足派遣業が盛んであった。大名のほか旗本・御家人の集中する江戸は、至る所で人足たちが働いている人足社会であった。馬琴もそうした人足を利用した。

「巻末資料　馬琴の日雇人足利用（文政11年―天保4年）」の表を参照していただきたい。『馬琴日記』から日雇人足を利用した年月日を抜粋して作成した。文政十一年（一八二八）に一回、文政十二年に十二回、天保二年（一八三一）に六回、同三年に一回、同四年に四回の利用が確認できる。人足の名前は、ほぼ「日雇人足太兵衛」で占められている。

太兵衛が運んだ荷物は、荷物と手紙である。荷主の意向に従って荷物と手紙を宛先へ届けているという点では「飛脚」とは呼ばれないものの飛脚と全く同じ機能を果たしている。飛脚とは呼ばれないが、多くの生活場面で飛脚的な存在が立ち働いて、荷物や手紙を運んでいたことは間違いない。

荷物は馬琴らしく借覧・貸出の書籍類が多い。手紙は状箱入り風呂敷包みの手紙である。時折「手簡」とも表記される。一例を挙げると、文政十二年二月十三日、小網町の岩佐屋与右衛門方に殿村佐五平（伊勢国松坂の商人）から借りていた書籍を返却させている。

岩佐屋は同じく伊勢松坂の商人、小津新蔵と関わりのある店であり、ここに届けて幸便（岩佐屋が発送する飛脚便）で伊勢松坂へ書籍を届けることができる。書籍を岩佐屋へ届けた太兵衛は、さらに赤坂の土岐村元立方、さらに芝神明前の岡田屋嘉七方へ回っている。

同年五月二十五日には、芝神明前泉屋市兵衛方へ金毘羅船合巻稿本四冊を手簡と共に届けさせている。この時の日雇賃は百五十文と記されている。

馬琴だけでなく、息子の宗伯が人足太兵衛を利用する場合もある。天保二年正月元日から四日には例のごとく、宗伯は太兵衛を供として、地主や親戚方などに年始回りをしている。同年三月十三日、松前藩の藩医を務めていた宗伯が藩主の国許への参勤交代の折に千住宿まで見送るのに太兵衛を供としている。

天保三年十一月十二日には祝い事の配り物にも使われている。馬琴の孫の太郎の袴着、お次の髪置きの内祝いとして、赤飯と鰹節を娘婿の清右衛門、久右衛門、山田吉兵衛、田口久吾、渥見覚重らに配った。この時、太兵衛が山田、土岐村家（宗伯妻路の実家）に届け、この時の滝沢家の下男である多見蔵が飯田町と四谷へと手分けして届けている。

人足の雇い賃（表記は脚賃、日雇賃など）は、関連記述に全て記されているわけではないが、若干触れられているため、ある程度の額が知り得る。先ほど百五十文と記したが、大概がこの金額である。馬琴の自宅は神田同朋町（千代田区外神田二丁目）にあるが、芝神明前（港区芝大門一丁目）まで直線距離で約五・三キロである。ちなみに本所猿江の山名頼母宛てに書籍を返却させているが、こちらは直線距離約四・五キロである。街路の角を考慮して片道約六キロ程度の距離で百五十文支払っていることがわかる。

天保二年三月十一日の「日よう賃」五百文の場合もある。五百文を要した届けとは、馬琴の孫の太郎の疱瘡酒湯祝儀として、飯田町中村屋から「剛飯」二桶を購入して配った際である。「剛飯」とはおそらく「強飯（こわめし）」のこと、即ち赤飯のことと思われる。太兵衛は、油町、小伝馬町、小石川、白山、昌平、飯田町、麹町十三丁目、麻布六本木に一重ねずつ配達した。朝五つ半時（午前九時頃）から配って暮六つ（午後六時頃）に馬琴宅に戻った。江戸城外堀を一周する形であり、距離にして約二〇キロである。日雇賃が距離と届け先の軒数に大方応じていることがわかる。

諸宗御經類　芝神明前
唐本　和本　佛書
石刻　和漢法帖
岡書物問屋
尚古堂　岡田屋嘉七

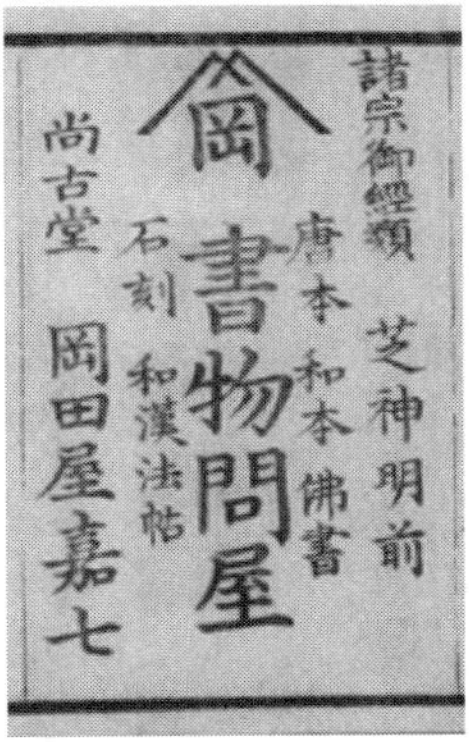

人足太兵衛が馬琴の依頼で荷物を届けた書物問屋の岡田屋嘉七（『江戸買物独案内』より、早稲田大学図書館蔵）

この太兵衛であるが、どういう立場の人物なのであろうか。手がかりとなるのが文政十二年十一月十四日の「金沢町番人日雇太兵衛」の記述である。金沢町に住む「番人」であることがわかる。その上で同年二月十四日を見ると「伴太郎事、太兵衛」ともある。馬琴は「伴」を「番」の当て字で用いている。つまり太兵衛の本業は「番太郎」である。番太郎とは木戸番小屋に住んで定刻に門の開閉をする傍ら、番小屋で菓子や雑貨を売った者のことである。金沢町の木戸番小屋の番太郎が副業で飛脚をしていたのである。

文政十二年十二月二十四日、馬琴は土岐村元立の妻（路の母）を麻布へ帰すに当たって、その供として太兵衛を雇おうとしたが、太兵衛は急用ができて応ずることができなかった。そのため、太兵衛以外の代わりの者が来た。おそらく太兵衛が個人として対処したものと思われ、知り合いの者に依頼したのであろう。

太兵衛の人間臭さを示す事例を紹介しよう。同年十一月十四日夕七ツ時前（午後四時前頃）、馬琴は太兵衛を雇い、泉屋市兵衛へ状箱入り風呂敷包みで書状を届けさせている。この時はついでに泉屋に貸した傘と提灯を持ち帰るように指示している。日雇賃百五十文である。但し、馬琴は日雇賃をその日の夕方に支払わず、十一月十六日に太兵衛に取りに来させようとした。しかし、太兵衛はこの日「酔臥」（酔って寝ていた）のため、その翌日に下女かねに百五十文を持たせて太兵衛のところに届けさせた。

これという仕事を入れていない日の夕刻には太兵衛が酒を飲み、好きなだけ寝ていたことが想像される。そうした太兵衛を、下女トラブルの絶えない滝沢家では便利に使っていたが、太兵衛側でも支払いに応じて卒なく仕事をこなしていることがわかる。渡世の甘いも酸い知った賢い人物だったのであろう。酔臥とは江戸らしい一コマである。

†御用松茸献上の人足

飛脚に関連して二〇一七年にテレビ番組制作会社から照会を受けたことがある。「時代劇の脚本を執筆中です。館林藩が幕府に（上州金山の）松茸を上納するため、飛脚が運ぶ途中で襲撃されて松茸を奪われますが、そうした設定はあり得ますか」というものであった。

結論として、私は御用松茸を運んだのは各宿場の問屋場に待機する宿継人足である、飛脚は運んでいないと回答した。一見、飛脚のようではあるが、その当時、飛脚とは呼ばれない飛脚のような存在もいた。御用松茸献上を事例にみてみたい。

まず享保年間の一七一七―三六年に館林藩が松茸を献上したという設定であるが、館林藩は全く関わっていない。この時期、松茸が自生する太田金山（群馬県太田市）の南に位置する太田宿（日光例幣使街道の宿場）は幕府領であった。幕府代官が手代を太田宿に派遣して現地の御林守と協力して松茸献上の準備に当たった。

松茸上納と飛脚問屋との関わりであるが、十七屋を含め、飛脚問屋は松茸輸送に一切関わっていない。まず秋の彼岸（年によって変動するが、八月）に太田金山で松茸が自生すると、御林守（幕末の御林守は太田宿の橋本金左衛門〈本陣〉と中村佐次右衛門）が幕府代官に知らせ、代官が要請に応じて手代（代官役人）を派遣する。その旨を記した御用状が宿継人足で届けられる。

宝暦七年（一七五七）の入用帳によると、十七屋が御用状（松茸上納の御用を命ずる書状）を江戸から太田宿まで運んだケースがあった。十七屋は江戸日本橋室町二丁目の十七屋孫兵衛のことである。幕府領を管轄する代官と言っても現地で行政を差配した代官と、江戸在府の代官とがいた。宝暦七年のケースでは、江戸在府の代官から御林守宛てに松茸献上の御用を命令した。この御用状を運んだ十七屋の飛脚賃が百五十文（一文＝二十五円で計算すると、三千七百五十円ぐらい）である。これは他の入用（必要経費）と一括された上で、各村に高割（村の石高に基づく応分負担）された。飛脚問屋が松茸輸送を請け負ったということではない。

では具体的な松茸輸送について触れたい。松茸は秋の彼岸ごろから三十日ほどの期間（旧暦八、九月）、六、七度に亘って献上した。太田金山に自生した松茸を採取し、御林守が代官手代立ち合いのもとで立籠（太い円筒形の竹籠）に入れた。江戸城御台所に納めるべく、手代名義で輸送ルートに当たる妻沼道と中山道の各宿場（古戸―妻沼―熊谷―桶川―上尾―大宮―浦和―蕨―板橋）に「先触（さきぶれ）」を出した。先触とは、何日に到着するので人足を何人用意しておくようにとリレー形式で先行して出す手紙である。

出立当日、松茸は証文一封、写し一通、御用状一封と共に、各宿場で人足を交代しながら、江戸まで陸路を運ばれた。これを宿次（宿継）という。その際の人足の人数は松茸の籠数によって変動した。例えば、幕末の事例であるが、二籠だと人足三人、八籠だと十二人、十籠だと十五人、二十四籠だと三十九人である。一籠に人足一人の計算で、ほかは交代要員ということであろう。この人足たちは宿場周辺の村の者たち（いわゆる助郷〈助ける郷＝村〉）が役目を担った。人足たちが発着点の間、自動的にリレー輸送されたわけではなく、輸送責任者である「才」「立」「当」が一人ずつ付き添っている。これは略称であろう。「才」は「才領」（または宰領）であろう。「立」「当」は不明である。「立合」「立役」とか「当番」とかいくつか文字が考えられるが、現段階ではわからない。

輸送途中での窃盗の可能性についてであるが、まずそのような間はないであろう。松茸輸送の時間は、幕末の事例だと巳上刻（午前九時四十分）から翌日卯上刻（未明の午前五時四十分）に江戸城御台所に到着した。宿場には人足が待機して、昼夜限らず継ぎ立てた。太田―江戸の距離が約一〇〇キロとして、二十時間で届いたから、人足たちが時速五キロを間断なく進んだ計算になる。先触によって人足交代も手間取らなかったはずである。それに荷物に絵符（「御用」を示す荷札）を付けていたので、道中の進行、川越し（渡しでの渡河）も比較的スムーズに進んだものと思われる。次から次へとリレー輸送されるので事故の可能性がないとは言えないが、襲撃される可能性は低かったのではないだろうか。

御用松茸を運ぶ人足は、幕府継飛脚の方法と酷似している。運ぶ対象が〝御用物〟と〝御用状〟の違いというだけである。二〇〇八年九月十三日に放送されたＮＨＫ総合「タイムスクープハンター」第一回「お氷様はかくして運ばれた」では、山本一力の小説『ひむろ飛脚』(新潮社、二〇二三年)が取り上げた金沢藩の献上氷を運ぶ人足たちを「飛脚」として紹介した。将軍家に献納する御用物を運ぶが、加賀藩の御用を請け負う飛脚問屋が差し立てた人足たち(但し、宿継人足ではない)を飛脚と呼び、御用松茸をリレー輸送で運ぶ宿継人足たちを飛脚とは呼ばなかった。

「飛脚」と呼ぶか呼ばないかの差は制度形態の違いではなく地域(習慣)の違いや、飛脚を発する者と周囲で見る者が人足と見るか飛脚と見るかの認識の差でしかない。例えば、身分にかかわらず、ある者が急ぎで使いを出して何かを届けさせた場合、その者(荷主)が「飛脚を遣わした」と記録すれば、それは史料上「飛脚」と表記される。三度飛脚のようにビジネス化された飛脚問屋が差し立てた人足は完全に飛脚であるが、それ以外は、飛脚か人足か使(つかい)かなど表現は恣意的であり、それぞれの線引きは曖昧なのである。

5 「使」担う奉公人

†滝沢家の「むら」という女性

この節では「飛脚」とは呼ばれないものの、諸史料に見える飛脚的な機能を担った存在を取り上げる。まずは「使」として奉公先に命ぜられて、手紙を届け、また口上で相手に意思を伝達する役割を担った「使」の事例を紹介する。

馬琴の家では下女の出入が激しいが、その中から「むら」と呼ばれる奉公人女性に登場いただこう。滝沢家では遠方に関しては飛脚を用いたが日常生活では親族、友人、板元たちとはどのようにコミュニケーションを取っていたのであろう。例えば、板元の鶴屋喜右衛門本人が校合作業のため馬琴宅に直接届け、また馬琴が出向くなど互いに訪問をすることもあるが、ほとんどの場合「使」に手紙を持たせて「使札」を頻繁に往来させた。文政十年（一八二七）正月九日、馬琴日記に次のように記述される。

一、夕方、屋代二郎殿より使札を以て八犬伝二編め借りに来る、此幸便に水滸伝初へん・二へん、今日宗伯よりとり来り候分、そのわけ口上書を以て認め、これを遣わす

屋代二郎とは幕臣の国学者屋代弘賢（一七五八—一八四一）である。近所に住む屋代が「使札」によって『南総里見八犬伝』二編目を借りたいと伝えてきた。「使札」とは馬琴日記に頻繁に現れる用語である。使いに持たせた手紙を「使札」と呼んだと解される。

正月十七日には「一、関源吉より使札、来る二十日、荻生惣右衛門方にて徂徠百年忌に付き、遺物品々展覧いたし候間、参り候様申し継ぎくれ候様、惣右衛門より申し来り候」と書かれている。馬琴は疝気（腰や腹が発作的に痛む症状）のため「遠方歩行致しがたく」宗伯のみを出席させた。翌十九日には惣右衛門方から宗伯宛てに使札が届き、出席を求めている。

馬琴の板元や娘の鍬、また土岐村家（宗伯妻の路の実家）からも「使札」または「使」が頻繁に訪れている。「幸便」という方法もある。ついでに手紙を持参、または伝達する。

では滝沢家から他の家に使札を出す際にはどうしたのであろうか。滝沢家には「むら」という召仕の女性が働いており、このむらが馬琴の使いをしている。文政十年閏六月三日に次のようにある。

一、昼時前、鶴やより使札、水滸伝四編一・二の巻、画写本六丁半出来、これを見させらる、此方より稿本三より七迄五冊、これを遣わす、且つ水滸伝唐本借用の為、青盧方へ手がみこれを認め、つるやより新ばし金ぱるやしきへ届けくれ候様、たのみ遣わす、画写本は預りおき、即刻、むらを以て中川金兵衛方江稿本差し添え、筆工書にこれを遣わす、尤も手紙も遣わし候へ共、返書来たらず

互いに召仕または奉公人などが「使」となり、「使札」を持参して用件を伝え、返事が必要な場合はその場で返書を認めて「使」に持たせて帰した。滝沢家では「むら」という女性がそうした役割を果たしていたことが日記から窺える。

†村と村をつなぐ定使——廻状を運ぶ

主要街道から外れた脇往還や山村などの各村々には定使が設置されることが多かった。村落間で書状を届ける役割を果たす。村専用の公用便を担った存在であった。

古くは下総国葛飾郡金野井本郷を対象とした天正十四年（一五八六）の「検地書出写」（＊1）に「代官給」と「名主免」に挟まれる形で「弐貫文　定使給（定使の手当）」と記される。天正十六年のものではないかとされる北条氏政発給の掟書（西郡酒匂本郷小代官、百姓中宛て）に「男之内当郷に残すべき者は、七十より上の極老、定使、十五より内のわらわ（童）へ、陣夫、此外者、悉可立事」とある。これだけでは定使がいかなる役割を担ったものか不明であるが、北条氏政の村に対する動員令の中で、残すべき対象として七十歳以上の老人、十五歳以下の子供と定使が並記されている。この定使は村ではなくてはならない存在である。

室町期に惣村が形成される中で、村落同士で広域的に連携することが求められた。そうした事情を背景に定使が置かれ定着したのであろう。村々の主だった者が集う寄合はおそらく定使によって触れられ、また普段の廻状のやり取りにも利用されたものと考えられる。村と村とを結びつける定使という役が定められ、定使給が村から支給されたものと推察される。後北条氏の領国における村専用の飛脚ともいうべき定使は近世に継承され、村同士を結ぶ通信としての役割を担ったものと思われる。

「定使」という呼称についてであるが、地域によって異なる。「触使(ふれづかい)」「歩行(あるき)」「定夫(じょうふ)」ともいう。上野国における事例をいくつか挙げてみる。上野国碓氷郡古屋村と同郡岩井村では「小歩」といい、勢多郡生越村(利根郡昭和村)では「状使」ともいった。

但し、利根郡栃平村では定使を置かなかったようであるが、廻状を回す役銭を「御廻状飛脚賃」(*)と称しており、天保十年の村入用帳は九回の差し立てが確認できる。また吾妻郡狩宿村でも同様に「是は御廻状飛脚賃」とあり、どうも定使ではなく、臨時に差し立てる場合だと「飛脚賃」の語で記載される。差し立てられた者は臨時の飛脚人足であったのであろう。山田郡桐原村(みどり市大間々町)でも延享二年(一七四五)段階では特に定使を置かず、宗門人別改帳と五人組帳と村入用帳を領主へ運ばせるのに「飛脚」の語を用いている。

＊ 利根郡柿平区有文書P9800―91「天保十年/去戌年中村入用帳/亥ノ三月日/上州利根郡栃平村」(群馬県立文書館蔵)

定使は村から村へとリレー輸送する。運んだ御用状の種別は、①御用状、②廻状、③先触の三種類である。御用状とは関東取締出役など幕府役人や藩役人が送った公文書のこと。届けられた町村が御用状の宛て先でない場合、未見のまま御用状を次の村へ継ぎ立て、それ以降も同様に宛て先まで順次継ぎ送った。江戸後期の治安維持役人の関東取締出役(八州廻り)が発した御用状は、文字通り御用内容を記したものと、私的な内容を含んだ場合のものとがある。山田郡桐生新町（群馬県桐生市）に届いた御用状の中には表向きは包に「御用」としながらも中身は織物注文状である事例も見られた。

廻状は主に二種あり、村継の対象となるものと、町行政（宗門人別改帳作成、年貢納入、堰、道普請など）に関わる協力依頼を町内で回覧するものである。藩行政（触、役人廻村の周知など）に関わる周知と協力依頼（八州廻りの廻村、寄合の告知など）を領内の村々へ村継によって回覧した廻状は、桐生新町・他の村に届くと、町・村役人が写しを取り、「慥に請け取り候」と認めた請取書を定使に渡して帰す一方、内容を筆写した上で、今度は自身の村専属の定使に廻状を託して次の村へと継ぎ立てた。

先触は、主に公用の旅行者が次の宿場または町村で人馬継立を滞りなく調達するため、次の宿場へ通達して人馬の用意をしてもらい、本人が到着すると、問屋場（ない場合、名主が代行）で人足・馬を有償で利用した。先触の利用は、武家、僧侶、貴族が多い。

以上、整理すると、公文書を受け取った町（村、町、宿場町）や村の対応は二つに分けられる。廻状と先触の場合は中身を確認して（写しを取って）継ぎ立て、御用状は宛て先でないと未見のまま次の町・村へと継ぎ立てた。廻状は留村から触頭（発信元）に戻した。

定使はどのくらいの頻度で用いられたのであろうか。山田松雄家文書（群馬県立文書館蔵）

に安永七年（一七七八）の「御用歩行帳」が保管されている。御用歩行帳を調べると、他村の定使の御用と相似しており、「御用歩行」の意味するところが定使のそれと同義であることがわかる。「御用歩行帳」は一年のみの記録だが、これを「巻末資料　上野国甘楽郡譲原村「歩行役」使用数（安永4年〈1775〉）」にした。

左欄から右蘭へかけて歩行役の名前、支払われた賃銭、継立先、継立目的が記されている。安永四年は計二十七回使われたことがわかり、その内三日間は一日に二度継ぎ立てられたことがわかるが、ほとんどが一日に一度の継立である。歩行役の名前が頻繁に変わっている。定使は村によっては特定の一人であることが多いが、譲原村の場合は複数の臨時役だとわかる。

賃銭であるが、三十二文の記述が十六回と三分の二を占めている。これは継立先とも関連するが、「保美ノ山村（保美野山村）」（藤岡市）への継立が十八回と目立って多いことと連動する。同じ保美ノ山村まででも№24は六十四文と倍額であるが、これは津嶋御師の荷物を運ぶための馬一疋を継ぎ立てたからである。宿場や問屋場でなくとも、村・町で人馬継立をした。

継立の目的であるが、№1は鉄炮打始の廻状を回すためとある。狩猟に関わるものであり、山村らしい特色を持った廻状である。№6と№9、13～15は村方三役の仕事に関連している。宗教関係では№22は榛名山御師、№24は津嶋御師、№25は戸隠神社御師が来村したことが窺える。寺社や日光社参に関係する記述も散見される。その多くが公用と宗教に関連している。

小歩も「小歩給」が手当されるが、古屋村では「新下畑一反歩　先規より下し置かれ候」とあり、新規開拓の下畑一反が当てられた。これは下畑一反からの収穫がそのまま小歩給とされたものと思われる。桐生新町の場合、基本的には村内の者が定使役を担い、昼夜にかかわらず次の村まで継ぎ送る（おそらく走る）のが仕事である。手当は「定使給（じょうづかいきゅう）」といった。定使給の税源は村の百姓身分（屋敷・田畑を所有し、年貢負担義務を負う）による高割によって捻出される。

†処罰としての定使

定使給は年俸として支給された。支払い方法は三つあり、一つは現金支給、二つ目は穀物支給（米、大豆など）、三つ目は田畑支給（村内の一角の田畑を宛がう）である。桐生新町は現金支給であるが、これは織物生産地帯を後背地に控えた桐生新町では好都合だからであろう。穀物支給と田畑は山村に比較的多かったのではないだろうか。

文化二年（一八〇五）の段階で上野国山田郡桐生新町の場合は名主の金二両二分より高い給金三両（組頭と同額、時期によって金額が異なる）を支給された。

定使給は村内百姓身分による高割（所持石高に基づき負担）で支出された。甘楽郡譲原村（藤岡市）の「諸貫取集帳」（山田松雄家文書、群馬県立文書館）によると、村入用、夫銭、名主給などを高割で一括徴収した帳簿に「定使給」と記される。また邑楽郡大佐貫村（明和町大佐貫）の明治七年（一八七四）の「定使給金割合取立帳」（群馬県立文書館蔵）によると、村内農民十九人が高割によって応分の負担金を出して賄っている。

明治以降、引き続いて定使が戸長制度のもとで継承された。明治七年の勢多郡上大屋村では戸長、副戸長、立会人が列記され、「給料」として戸長が金七円七十五銭、副戸長が金三円九十四銭、立会人が金五円八十八銭とあり、「外ニ」として「一　金四円也　定使給料」と記される。明治七年の邑楽郡大佐貫村の定使給の高割を示す史料が残されるが、地域住民の拠金によって定使を維持していることがわかる。

また明治二十七年の南勢多郡南橘村龍蔵寺では「村費諸役取立差引帳」によると、「定使給四ヶ月」として「金壱円六十六銭八厘」の支給が記される。

軽犯罪の処罰方法として近世では入寺慣行などが知られるが、定使を務めさせるという科刑の存在したことが勢多郡関根村（前橋市関根町）の明治三年三月付の歎願書の中に記される。

入置申歎一札之事

一　私共三人義村中の取り極めを相破り、博奕携わり、右相定めの通り定使七日仰せ付けられ、御定めの場に御座候得者相違無く相勤めべく筈には御座候得共、二日究め相勤め候処、何を申すも右三人夫喰に差し支え、誠に困窮仕り、是悲無く喜代作様え一向取り縋り、右御同人より

御歎き申し上げ候処、早速御聞き済み相成り、来る十一月中迄御日延下され、有り難く存じ奉り候、然る上は限月に至り定使残り五日の分急度相勤め申すべく候、その節歎日延等決して申し上げ間敷く候、後日の為依て一札件の如し

関根村

当人　房吉（印）

〃　多十（爪印）

〃　常吉（爪印）

伍長　一郎（印）

〃　源次郎（印）

〃　品吉（印）

明治三庚午年

三月

村御役人中

博奕に興じたとして七日間の〝定使の刑〟を受けたのは房吉、多十、常吉の男三人である。七日間の内、二日間はおとなしく定使を務めたが、食料に事欠き、あまりの空腹のために定使を務められなくなった。三人は定使の日延を願い出て、期限の月までには必ず残り五日間の定使を務めると約束している。その折は再日延をしない旨を誓っている。

ユニークな事例を紹介しよう。科刑として〝定使の刑〟が科されることがあった。群馬県南勢多郡龍蔵寺村（前橋市龍蔵寺町）の明治十六年一月付「議定書」の条文にも刑罰としての定使が記される。「今般当村一同協議の上議定候事左の通」として第一条に「租税幷（ならびに）諸入費集徴期日無断に延滞するものは罪として定使五日間申し付け候事、但し本人上納致し兼ね候節は伍長頭より集徴する事」とある。また第二条に「臨時集会の節、無断不参するものは罪として定使三日間、申し付け候事、但し時間はホラカイ相都（※あいず、合図）に出頭の事」とあり、第三条は「山林幷野荒し等致候者は戸長役場え申し出、指揮を受け候事」とある。第一条と第二条が定使と関係する。

右は極論すると、アウトローが公用便を運ぶ構図である。幕府継飛脚の担い手の人足、飛脚問屋が使う走り飛脚として使う人足であることと共通する。これらは飛脚業界への賤視という一点で通底しており、逆に日本人の貴賤観が透けて見えるようでもある。

第９章

飛脚は何を、どうやって運んだか

図中の文は「糸荷奥州より京へのぼるに宰領一人に七駄ツヽニかざり支配する也」とある。絵の中ほどに歩く宰領の姿（『蚕飼絹篩大成』文化11年〈1814〉）

1　大名の生活資金を運ぶ

†紀伊徳川家の御用送金――伊勢松坂、山城屋市右衛門

先述のように大名飛脚を自前で維持した大名家もいたが、中には民間の飛脚問屋に御用を命じて、委託させる事例も出てくる。本節で紹介する紀伊徳川家の山城屋市右衛門（伊勢国松坂）、尾張徳川家の井野口屋半左衛門（尾張国名古屋）である。両飛脚問屋共に大名家の江戸での生活、また京都での買い物を下支えする送金面で大きな役割を果たした。

江戸時代の平和はどのように保たれたのであろうか。江戸幕府一強による他の大名家のバランスオブパワーであると考える。重要なカギを握るのが参勤交代制度であろう。国許と江戸で定期的に二重生活を送らせることで、大名家の財政負担（道中費用、江戸での生活費）を増やし、徳川家への忠誠の証（江戸詰めとする）とした。

中でも江戸藩邸の賄いは大変な出費であり、「武士は食わねど高楊枝」とは言うものの、実際には食わなければ干上がってしまう。純消費地の江戸では現金がなければ、食料も生活必需品も買うことができない。飛脚問屋の重要な仕事の一つに年貢の〝送金〟があった。

江戸時代中後期に伊勢国飯高郡松坂本町（三重県松阪市本町）で飛脚問屋を営んだ「山城屋

市右衛門（江戸後期から明治中期は久右衛門を襲名）」は、江戸の定飛脚仲間の一、京屋弥兵衛と契約を結んで江戸定飛脚仲間の取次所を兼業する一方、地域の飛脚問屋として紀伊徳川家（紀州藩）の御用送金を請け負い、また松坂木綿商人の輸送・通信機能を果たした。送金の宛先は主に江戸藩邸である。

水谷家文書（国文学資料館蔵）に所収される江戸中期の二十三年間の手形と受取帳を互いに補完することで連年的に数値を示すことができる。松坂代官所から山城屋を経由して発せられた送金回数は合計三百七十二回である（「巻末資料　山城屋、御用送金回数と合計額」表参照）。その内訳は江戸行き二百七十四回、京都行き九回、大坂行き八十回、和歌山行き九回。平均回数は年十六回である。

江戸行きは、その全てが紀州藩中屋敷（現在、東京都港区の赤坂御用地、紀尾井坂の西）宛てである。江戸藩邸のほか、京都には京都屋敷、大坂には大坂屋敷があり、そちらへも送金されている。江戸への送金が圧倒的に多く、江戸藩邸の運営にそれだけ莫大な経費を要した。

享保二十一年（四月二十八日付で元文に改元）の送金額を合計すると、金二万三千四百八十九両三分と銀一貫百六十四匁となる。江戸藩邸は純消費施設である。紀州藩の場合、国許の生産高（米穀、果樹、木材、木綿織物）と、それを現金に換えて遠隔地へ送金できる通信網があってはじめて江戸藩邸の運営を下支えできたと言えよう。

また水谷家文書に収められる請取手形と飛脚賃受取帳からは江戸時代中期に山城屋が紀州藩の送金を担ったことが判明すると同時に松坂御為替組の御用輸送であることも判明した。同組の送金方法は為替手形と正金輸送の二種類あり、山城屋の手形は後者を示している。

山城屋と関連付けて表記し直すと、松坂御為替組の本来の業務は、紀州藩伊勢三領の年貢米金を預かって仲間で分けて、江戸店へ為替で送って江戸店より藩の御中屋敷へ上納するか、または松坂代官所役人が山城屋市右衛門に依頼し、三つ葉葵紋入りの絵符と提灯を松坂御為替組から山城屋に貸し渡し、江戸中屋敷へ正金を直接送ることであった。近世大名の多くが国許と江戸での二重生活をしていた以上、江戸藩邸の運営費を国許あるいは江戸近くの飛び地領などから納税（送金）させる必要がある。そうした点からも飛脚問屋の果たす役割は小さからぬものがあったことが指摘できよう。

尾張・紀州両藩は自前で敷設した七里飛脚を使ったことでよく知られるが、江戸中後期以降は民間の飛脚問屋に委託する傾向にあったことも併せて指摘しておきたい。山城屋は紀州藩御用を請け負うことで、徳川御三家の権威（絵符、紋付提灯）を背景にして業務（得意客からの信用、宿場での人馬継立優先）を円滑化させた面があったものと思われる。江戸の定飛脚仲間の事例からすでに明らかにされているが、飛脚問屋の大名御用は町人荷物も含む公私混載の側面が強かったことは紛れもない事実である。江戸幕府が瓦解し、明治維新を迎え、東京では京屋弥兵衛ら定飛脚仲間が会社化（陸走会社、定飛脚会社）して生き残りを模索する中で、松坂でも山城屋が飛脚問屋として新たな局面に対応することが求められた。山城屋は明治八年（一八七五）に内国通運松阪分社として存続する一方で、明治六年には駅逓寮から三等郵便取扱所の請負を認可され、〝物流と郵便の二足のわらじ〟を履くことになる。

†尾張徳川家の京都・大坂輸送――井野口屋半左衛門

紀伊徳川家と同じ徳川御三家の一つである尾張徳川家も江戸時代後期になると、民間の飛脚問屋を用いている。両家共に自前の七里飛脚の使用が知られているが、自前の制度をつくるのにコストをかけるよりも既成の民間業者に飛脚を使う時だけ払う方が効率がいいということであろう。今でいうアウトソーシング（業務の外部委託）である。

尾張徳川家は名古屋―京都間での現金輸送に関しては専ら井野口屋半左衛門に依頼した。井野口屋の由緒を記す「井野口屋濫觴之事」によると、先祖は武家であり、豊臣秀次に仕えたが、秀次の自刃の後に致仕して浪人したとされる。姓は山田氏である。屋号の「井野口屋」は、先祖半左衛門が妻子を居住させた近江国高島郡井ノ口村に由来するものとされる。京都に在住した先祖が茶屋新四郎（尾張徳川家御用達商人）方に出入りするようになった。寛永十一年（一六三四）の将軍徳川家光の上洛の折、尾張藩主徳川義直も上京し、半左衛門が御用日雇方（人足手配と荷物輸送）を務めた。これを機に尾張徳川家の御用物輸送に関わるようになったという。

享保八年（一七二三）、五代目半左衛門が正式に尾張徳川家の上方輸送の御用を任命された。ところが、延享元年（一七四四）八月、共に輸送を担った伊勢屋が経営不振に陥ると、「五斎（月五回の発送）株」を井野口屋に永代譲渡した。経営不振の原因は銭相場の下落、受注荷物の減少とされる。十斎を務めた井野口屋は伊勢屋の没落により一カ月十五斎を担当することになった。このことは井野口屋が実質的に上方御用輸送を独占することを意味した。

ところが、井野口屋の経営が破綻する。明和八年（一七七一）九月、伏見屋九郎治が井野口屋の飛脚株を十カ年限りで引き受け、井野口屋を経営し、借財を肩代わりした。この時、宰領飛脚も井野口屋の借財返済に協力し、井野口屋の当主山田氏に生活費を宛がうなど援助した。寛政四年（一七九二）、山田氏は関係者と宰領から融資を得て飛脚問屋を取り戻した。

店舗は三カ所に設置されていた。名古屋店、京都店、大坂店である。まず名古屋店についてはは享保八年に本町一丁目東側中程の御革屋市左衛門扣家（ひかえや）を借りて飛脚所を営業した。主人半左衛門は家族と共に京都に居住していたが、享保十一年に名古屋へ移住した。文化四年（一八〇七）に長者町二丁目へ移転した。

京都店の所在地は当初は新町通蛸薬師下ル町であった。安永二年（一七七三）六月三日、井野口屋半左衛門は、新町通四条下ル南四条町茶屋嘉右衛門借家から烏丸三条上ル東側中程袋屋作兵衛借家へ転宅した旨を尾張藩京都藩邸へ届け出ている。

京都店は延着の断りや災害情報の報知など頻繁に「錦小路御役所」（錦小路通新町東江入ル町）へ届けた。「錦小路御役所」とは尾張徳川家の京都屋敷である。延享二年（一七四五）の段階で留守居は平野弥三右衛門と小島又六の両名が確認される。御用達商人は西洞院坊薬師角の茶屋新四郎である。大坂店は本町橋東詰「井ノ口屋佐兵衛」である。

†井野口屋の輸送路

井野口屋の輸送では、宿場は以下の箇所が使用されている。

①東海道＝宮―〈七里の渡し〉桑名―四日市―石薬師―庄野―亀山―関―坂下―土山―水口―石部―草津―大津―京都

②中山道＝（美濃路の宮―名古屋―大垣を経て）垂井―関ヶ原―今須―柏原―醒ヶ井―番場―鳥居本―高宮―愛知川―武佐―守山―草津

名古屋と京都を結ぶ関係上、使われた街道は東海道と中山道である。東海道は宮―桑名を航行する難所の七里の渡し（二十八キロ）を避けるため、佐屋路（宮―岩塚―佐屋―桑名）を取る場合もあった。

尾張藩御用荷物の内容については巻末に「巻末資料　井野口屋が無賃で請け負った主な尾張

徳川家御用荷物」をまとめた。宝暦六年（一七五六）から文化十四年（一八一七）までの六十二年間に亘る「京都上下御金幷御荷物御為無代御用帳」に基づいて整理したものである。荷物は主に書状と金銀銭の二種類に大別される。書状は、御状箱・御紙包・風呂敷包・御革籠御ぬり（塗り）通箱と、さらにサイズ別に大中小の長封状がある。三日限御仕立飛脚は緊急を要する場合のみ使用したものとみられる。御苞之類は現在でいう小包の類かと思われるが、内容に関しては不明である。

宝暦六年の金銀銭は、上り金が一万七百七十二両一分、下り金は百八十八両と上り金が下りの五十七倍と圧倒的に多い。銀も同様であり、上り銀一貫七百八十七匁六分二厘に対し、下り銀が五十三匁九分四厘六毛と上り銀が下りの三十三倍と圧倒する。これらの金銀の使用目的は史料に記されていないが、尾張藩の京都での買い物に使われたものと見られる。

御用荷物の中から御荷物、大中小長封等之御状、御用金、御用銀、三日限仕立飛脚、無代飛脚賃をピックアップして傾向をみていく。まず荷物の貫目をみると、時代が下ると共に漸増傾向にある。天明七年（一七八七）には千三十八貫九百二十目に至り、寛政三年（一七九一）まで千貫台が続く。寛政四年から六百—七百貫台となり、文化五、七、八年のように千貫台が散見される。上り、下りにさほど差異がないのが特徴である。御用荷物の中には「御このわた（海鼠腸、ナマコの塩辛）壺入類、御粕漬桶入類、御鮎鮓桶入類、かさ高物、割れ物、こほれ物など」を含んでいる。但し、馬荷では不可能なので、歩行荷で輸送した。

大中小長封状に関しては、概して京都から名古屋への下りが多い傾向がある。これは京都の出先である尾張藩邸（錦小路役所）から名古屋の本藩へ宛てた報告や指示を仰ぐ内容である可能性が高い。しかし、時代と共に上りと下りの間の差が減少する傾向にある。相互の通信が密に取れていることが窺われる。

次に御用金であるが、こちらは上り金が圧倒的に多いのが大きな特徴である。波はあるものの五千〜八千両の多額な金が京都へ輸送されている。これだけの御用金の使用先は明記されていないが、①京都における買い物、②朝廷・貴族関係上の儀礼・交際ではないかと考えられる。御用銀に関しては当初は上り銀が多いが、安永年間以降は下り銀が明らかに増え始めている。これは名古屋での流通のために輸送したものではないだろうか。

三日限仕立飛脚であるが、こちらも上りの方が下りよりも多い傾向にある。時代が下ると共に使用人数も漸増しており、安永三年（一七七四）の上りは最多の九十九人を数える。但し、人数に波があり、人数が多い場合の翌年は引き締めようとするのか減少する。

最右欄の上下御無代賃とは、井野口屋による尾張藩の御用荷の輸送を換算した場合の金額であり、これだけ無償で輸送していることを示している。三百貫から六百貫で上下しており、平均すると大体銭五百貫前後というところであろう。

†商人荷物

史料の性格上、尾張藩御用荷物に関する記述が多いが、多年に亘る記述の中には下記のように商人荷物を扱ったことを窺わせる箇所もある。

宝暦六年（一七五六）正月晦日、名古屋店廻り方の平吉が門前町亀屋忠右衛門から預かった金荷五両入り状一通、物入り状一通を風呂敷に入れたが、その夜に失念して金子帳場へ差し出さなかった。ところが、翌日に思い出し、金子を取り落としたことがわかった。

上記の商人荷物は、武家荷物と区別されて輸送されるのが建前であったはずだが、実際のところ商人荷物は武家荷物と混載されることがままあったようである。享和二年（一八〇二）十二月十一日付で「尾張様御会符荷物に商人荷物差し交ぜ候一件に付き、手錠仰せ付けられ候間、右は咎中、尾張様御用荷物等差し立ての儀、宿持ち手代等へ申し付け、差し支えこれ無き様取り計らい申すべく」とあり、当主の半左衛門が処罰された。

混載の原因は、「御用」という看板を背負った方が街道では何かと便宜が図られたからであろう。例えば、問屋場での馬の継立及び川明けの際の渡河の優先権などである。これらの便宜は上方と江戸を往来する三度飛脚にも当てはまることであった。

名古屋から京都へ向かう上り荷物の場合、宰領の監督する馬荷は通常二、三駄とされる。但し、四月と九月は商用荷物の仕入れがあるため、五、六駄に増えた。九、十駄は一年のうち一、二度あるぐらいであったという。十駄以上ある場合は次の定日に発送した。京都から名古屋へ向かう下り荷物は平常五、六駄であり、また四月と九月の商用荷物のある時は八―十駄になる。下り荷物も十二駄になることは稀であったという。

2 特産物の輸送

†奥州福島の生糸輸送

江戸後期に白河藩保原陣屋（伊達市）の支配下にあった伊達郡大石村（伊達市）の大橋儀左衛門は生糸買次商を営んだ。信達地方は有数の生糸産地である。儀左衛門の飛脚利用は、①生糸商品の輸送、②為替手形による生糸代金決済、③飛脚問屋への預かり金などである。

大橋家の取引先は七十店、八十五人を数え、地域別では近江商人（二十七店、三十四人）がトップであり、さらに京都、大坂、丹州、飛弾、越前、越後、信州、江戸、上州、武州など全国の養蚕製糸業地帯に及んだという。

大橋健佑家文書「飛脚通帳」七冊を分析すると取引量がわかる。嘉永七年（一八五四）＝百十二箇、安政二年（一八五五）＝百十八箇、安政三年＝百二十四箇、安政四年＝百二箇である。安政四年を境に通帳が一時期なく、四年後の万延二（一八六一）年に通帳が現れるが、扱い量は極端に少ない。荷物の宛先は、京都中心。大黒屋庄次郎（京都の飛脚問屋）、井筒屋善右衛門（京都、糸商）、美濃屋忠右衛門（同）、越後屋喜右衛門（同）、日野屋吉右衛門（同）である（「巻末資料　大橋儀左衛門、生糸商大橋家依頼荷物一覧表〈嶋屋福島出店請負〉」参照）。これらの取引の決済は、為替手形によって行われた。

養蚕の手引書として書かれた成田重兵衛の養蚕書『蚕飼絹篩大成』（文化十年〈一八一三〉序）によると、福島には京屋と嶋屋と八幡屋の三軒の飛脚問屋が営業し、この三軒が京都へ向けて糸荷物を運んだとある。八幡屋とは近江国の飛脚問屋であり、仙台、福島、山形に輸送網を持っていた。糸代金が「何十万両」であっても、糸問屋へ為替手形を振り出して京都への到着が速い遅いにかかわらず、為替利足金百両当たり約二両を荷主から徴収したとある。

重さ九貫目（三五・五五キロ）入りの糸荷を一箇として、計四箇（三六貫目＝一四二・二キロ）を馬一頭で輸送すると、京都までの駄賃（一頭）金五両を荷主から徴収した。荷作り作業の一箇当たり料金が金二朱と小二朱（文政南鐐二朱銀の俗称）だったとされる。また荷作りの際に用いる渋紙や雨紙、縄の代金として別に金三分を荷主に請求したとある。

出羽最上地方、紅花取引での利用例

次に特産地における京屋弥兵衛と嶋屋佐右衛門の利用例を見ていく。有数の紅花産地として知られる最上地方を控えた京屋と嶋屋の山形店の事例である。紅花産地と上方商人との取引において、飛脚問屋が決済の場面で頻繁に用いられた。

堀米四郎兵衛家は現在の河北町にあった豪農（現在は紅花資料館）である。近世末期には幕府領の松橋村の名主を務めながら、紅花生産に携わり、上方に出荷した。

上方との紅花取引の際、取引相手が盛んに飛脚問屋を使ったことが同家史料の「万指引帳」（文政五年〜）からわかる（「巻末資料　堀米四郎兵衛宛て送金状況〈文政5年─天保6年〉」参照）。そして、「万指引帳」には、飛脚問屋を使った上方から堀米家への下し金の事例が頻出する。

堀米四郎兵衛家では京都に出荷した紅花の相場状況を嶋屋便で入手していた。文政五年（一八二二）四月十七日付の柴崎宗右衛門書状には、紅花が他産地からも入荷したためダブついて、相場が安値となり、加えて最近の不景気で、在庫が六百駄もあると嘆いている。

紅花の最上産が上々の品で三十両ほど、悪もの十三両ほど、また南仙の上々が三十七、八両、悪ものが二十八、九両、奥仙の上々が二十六、七両、悪ものが十八、九両くらい、早場の上々が四十両前後、悪ものが三十両前後、水戸の上々が四十二、四十三両、悪ものが三十二、三十三両ほどと苦境を報せてきている。

堀米家から紅花が輸送される際、最上川による河川輸送が用いられ、大石田河岸から最上川を下り、酒田港で北前船に積荷し、敦賀で陸揚げし、近江国塩津で再び船に積まれて琵琶湖を航行し、大津で陸揚げされ、京都へ陸送された。改めて商品決済まで視野を広げると、紅花取引において、決済に関わった飛脚問屋の重要性が見えてくる。

嶋屋福島店は仙台と山形の分岐点とも言うべき場所に位置しており、奥羽のターミナル駅とも言うべき役割を果たしている。おそらく堀米家が飛脚を利用する場合、福島の宰領に依頼したか、山形店の京屋か嶋屋に依頼したのではないだろうか。

出羽国山形にも定飛脚問屋の京屋と嶋屋の出店が営業し、紅花生産者と紅花商人との間を決済や通信の側面で取り結ぶ重要な役割を担った。出店の山形進出は紅花生産と上方との活発な取引を背景としたものであった。

3　特殊な飛脚利用

†「播磨の飛脚はまだか?」——新選組

本節では少し毛色の変わった飛脚利用を紹介しよう。新選組の飛脚利用例は史料で見る限りでは少ない。わずかながら河合耆三郎と稗田利八の事例を紹介したい。以下は子母澤寛『新選組始末記』に基づいている。まずは河合の事例から見ていく。

慶応二年（一八六六）二月十二日、新選組の会計方を務めていた隊士、河合耆三郎（一八三八―六六）が「断首」（斬首）によって死去した。河合は播磨国高砂の米問屋、河合信兵衛（儀兵衛）の長男として生れた。商用で大坂に出て来ていた時にたまたま新選組の隊士募集を知り、応募して採用された。

とは言え、商家の出身だけあって、算盤の勘定、帳簿付けも正確であるため、河合は近藤勇に信用された。隊内での評判もよかった。金銭に困っている隊士には、播磨国の実家から送金してもらい、河合が個人的に胴巻きから金を工面して融通した。父親が新選組を訪ね、武士姿の息子を見て感泣した。近藤勇には「くれぐれも」と頼んで帰って行った。

そんな慶応二年二月二日の朝、河合は新選組の公金五十両が舟簞笥から紛失していることに気付いた。河合は、この時点で現金紛失を上部の者に届け出て、しかるべく対処を仰ぐべきであったが、盗人が判明すれば切腹ものであると、黙っていたのである。

河合は播磨国に早飛脚を送った。五十両を送金してもらい、穴埋めしようとした。飛脚が播磨の実家に届き、すぐさま父親が五十両を用立て、京都の河合のもとへ届ければ、何の問題もなかった。夕方になって手紙を書き、明日の早出の飛脚が出立した。

ところが、そんな時に限りタイミング悪く副長の土方歳三から呼ばれたのである。新選組には現金が今いくらあるのかと照会があった。新選組御用達八軒組の京屋忠兵衛が来ていた。河合は「五百両余りです」としどろもどろに答えた。土方は「五百両あればよろしかろう。隊長が帰るまでにきっぱりと片を付けてくれ」と京屋に言い含めた。この五百両の使用目的は、後々の新井忠雄（監察）の談話によると、近藤勇なじみの島原（遊郭）の深雪太夫を身請けするためであったという。

河合は進退窮まった。土方は河合が隊の金を私的に流用したとして、河合を一室に閉じ込め、重謹慎を命じた。河合は涙を流し泣くばかりであった。同志が声をかけると、河合が内から「別にありませんが、古郷の播磨に飛脚を出した。これが戻るまで処分を猶予していただきたい」と返答した。さらに、河合は「十日間だけ私の生命を延ばしてください。故郷からその金が届きますから」と涙ながらに訴えた。河合の生命は二月十二日まで延びた。しかし、飛脚はとうとう来なかった。

ついに処刑の時を迎える。切腹ではなく、斬首であった。処刑人の沼尻小文吾が刀を抜いて後ろへ立った。「まだ播磨からの飛脚は来ないでしょうか」と尋ねた。この小文吾は明治三十五年、六十歳まで生きたが、河合の悲痛な哀れな声が記憶に刻まれたという。三日後の十五日に播磨からの飛脚が到着した。飛脚が遅れた理由は、父親が商用で出かけていたため、河合の送金要求の手紙がすぐに父親の手元に届かなかったためであるという。

河合の斬首の報を受けて河合の父親と親類たちが京都の新選組屯営にやって来た。しかし、近藤、土方は父親に会わなかった。それでも屯営の周りを去らなかったため、隊士が父親たちを脅した。それきり姿を見せなくなった。

河合耆三郎の事例は飛脚の延着を示すものではなく、播磨の国許で父親信兵衛が河合の手紙を受け取るのが遅れたため不幸な最期につながった。

次に稗田利八（新選組当時の名前は池田七三郎）の事例を挙げよう。子母澤寛が昭和四年（一九二九）十月、八十歳の稗田翁に直接聞き書きをして記録した。稗田は上総国東金の商人の息子として生まれ、十七歳で「武士になりたい」と江戸へ出てきた。牛込飯田町仲坂下で一刀流の剣術を教えていた天野静一郎（後に新徴組の小頭）の内弟子となった。

稗田は天野の推挙で飯田町二合半坂の旗本永見貞之丞の家来となった。この永見家に出入りしていた毛内有之助監物と知遇を得た。この毛内が新選組に入ったので、稗田も入隊の希望を抱いた。慶応三年（一八六七）、稗田は天野から新選組の隊士募集を聞き、京都で一旗挙げようと応募した。この時期の新選組は池田屋事件（元治元年〈一八六四〉）で名を挙げ、剣術使いの間では新選組に入ることが男児の本懐と考える者が多かったという。牛込廿騎町の近藤勇邸で若い侍たちの面会を受け、二、三日後に再び屋敷に赴くと、二十人ほどの新入りの者が集まっていた。

「いや、御苦労でした。私が土方歳三です」と挨拶があった。その時、仕度金が支給され、稗田は金一両を受け取った。十月二十一日に近藤邸に集まり、そこから一同で京都へ出立した。荷物はあらかじめ「荷物は一切取纏めて、そのころ瀬戸物町にあった飛脚屋へ預け、一同着の身着のままに、脚絆草鞋の身軽、元気なものでした」と振り返っている。この飛脚屋こそが嶋屋佐右衛門である。嶋屋の輸送はおそらく並便を使ったものと推察される。この荷物の行方について稗田は特に触れていないので、半月か一カ月で無事に到着したものと思われる。稗田の事例は、飛脚問屋をうまく使った好例と言えるであろう。

その後の道中は「御直参の格式の土方先生がいるので、旅先はすべて宿役人の先触れで、その宿へ入ればちゃんと食事をするところ、泊まるところと定まっていて、旅宿にまごつくようなことはないのです。御目見得以上の格式ある侍の通行はすべてこれでした」と天下国家を論じながら京都へ無事到着した。

その後の稗田は戊辰戦争で幕府軍が敗走すると、江戸へ戻った。水戸藩の諸生派と合流し、水戸城襲撃を計画したが、果たせず、当時隊を指揮した久米部正親の案で八丈島へ渡り共和国をつくろうという話となったが、八丈島に渡ることができず、銚子で高崎藩兵に捕らえられた。

江戸送りとなり、一年の謹慎の後、江戸の父親のもとへ戻り商人となった。

✝内緒のお荷物もお届けします

ユニークな飛脚利用の事例を紹介しよう。写真は『江戸買物独案内』の下巻の半丁である。江戸で買い物をする際の案内書である。醸造関係、呉服物、書籍、漢方薬など分野別に様々な商人が広告を掲載している。

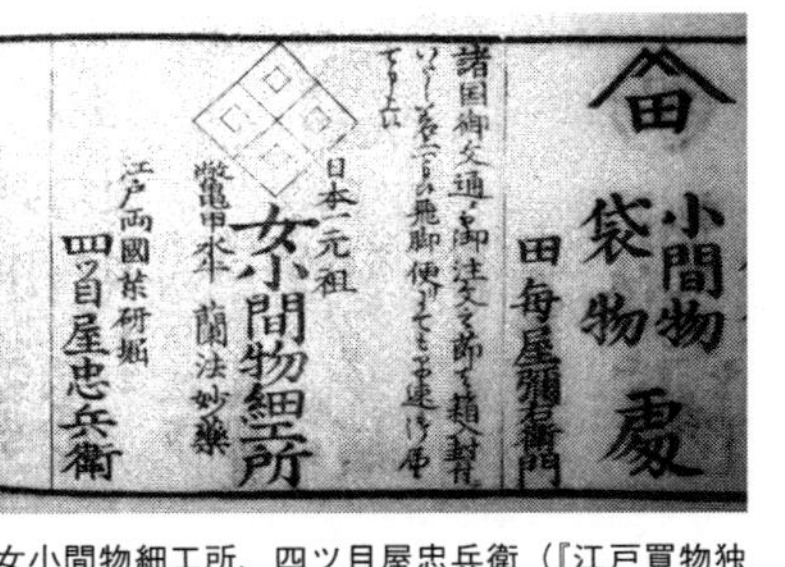

女小間物細工所、四ツ目屋忠兵衛（『江戸買物独案内』下巻より、早稲田大学図書館蔵）

飛脚と関連して注目したいのが小間物の中の江戸両国薬研堀にあった四ツ目屋忠兵衛の広告である。真ん中に白抜きの四つ菱の紋章（四目結）があり、その下に「日本一元祖　女小間物細工所　鼈甲水牛　蘭法妙薬」と書かれている。

問題はその右側の三行である。「諸国御文通にて御注文の節は、箱入封付（はこいれふうづけ）にいたし差し上げ申すべく候、飛脚便りにても早速御届け申し上げべく候」（読み下しは筆者）と書かれている。現代語訳にすると「諸国御手紙にてご注文の際は箱に入れて封をしてお届けいたします。飛脚便で早速お届けいたします」とある。四ツ目屋忠兵衛とはどんな店であろうか。

四ツ目屋忠兵衛の扱う商品である「女小間物細工」とは性具のことである。蘭法妙薬とは長命丸を指すものと思われる。つまり催淫のための薬である。

四ツ目屋の言う「飛脚」とは、江戸で営業した嶋屋佐右衛門や京屋弥兵衛をはじめとする江戸の定飛脚仲間である可能性が高い。店先で注文するだけでなく、手紙でも注文を受け付けていたことがわかる。飛脚で届ける場合は、中身が決してわからないように厳重に箱に入れて封をしたことがわかる。

秘密の買い物時に四ツ目屋は積極的に飛脚利用を勧めた。堂々と性具を買うのをはばかられる、そうした気持ちを持つ客への配慮がなされている。まさに〝通信販売の元祖〟と言えよう。性具と飛脚の取り合わせに人間存在というものを改めて考えさせられる。

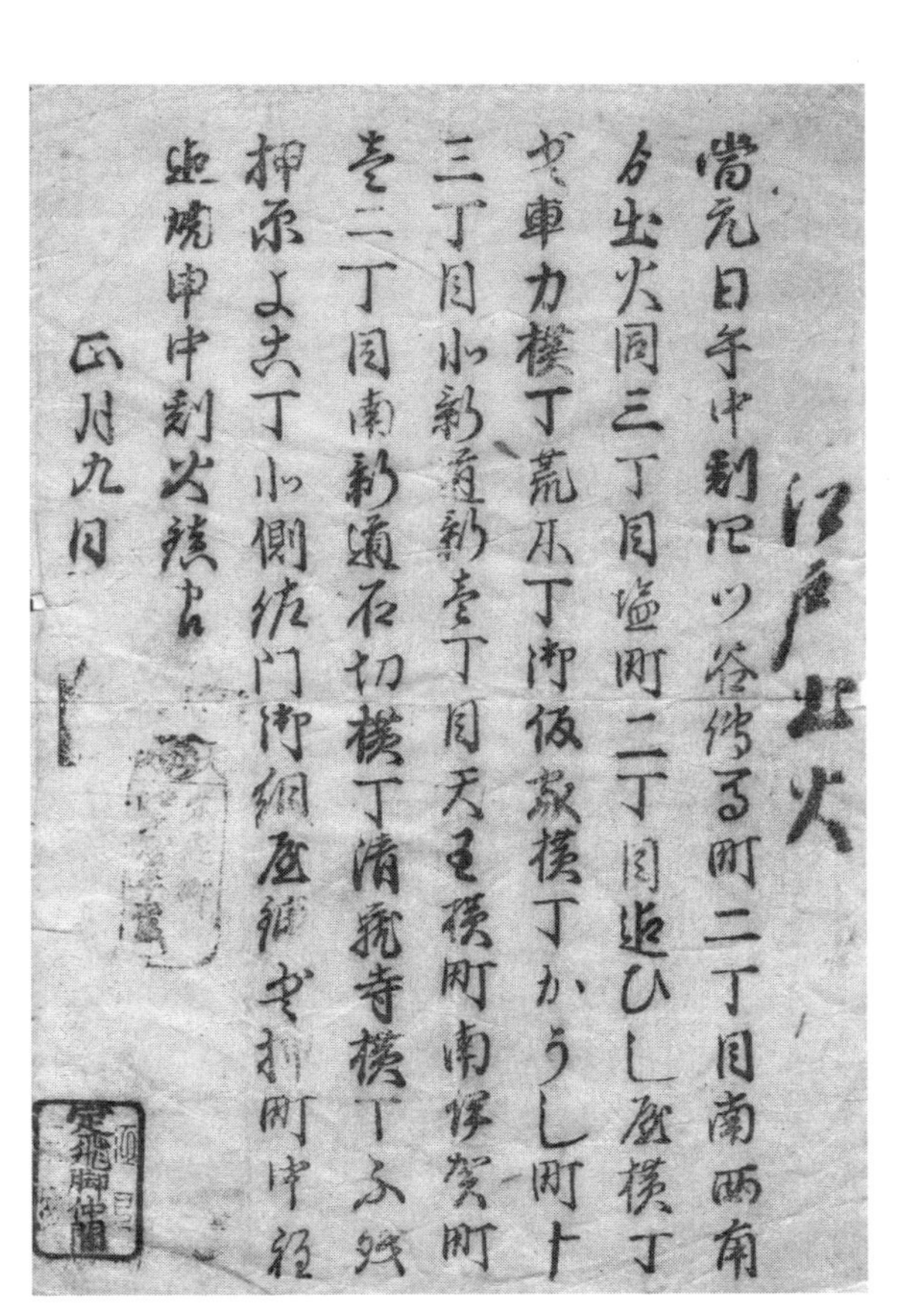

第 10 章

災害情報の発信

大坂の飛脚問屋江戸屋平右衛門、江戸出火の刷り物（筆者蔵、慶応2年〈1866〉）

1　火災情報

†刷り物で配布

飛脚と情報の密接な関係は石井寛治によって情報媒体としての意義がすでに評価され（石井寛治『情報・通信の社会史』）、その認識は広がり、定着しつつあるが、本章では飛脚問屋自らが発信した情報について扱いたい。飛脚問屋が発信した主な情報は、経済情報と災害情報である。そのほか口頭では顧客に様々な情報を伝えているが、その口コミという性質から史料としては余り残っていない。

経済情報は相場情報が中心であり、大坂堂島米市場の先物取引の関係で、米相場を報知した米飛脚は、米相場に特化して専業化したものである。米飛脚は単独の業者もあったが、嶋屋のように大手飛脚問屋が兼業した場合もあった（高槻泰郎『近世米市場の形成と展開』）。飛脚問屋が発信した相場情報は史料的には少ないが、断片的な史料からは盛んな発信力が垣間見える。本章では比較的史料の数も多く、また輸送や市況への影響から重要度の高かった災害情報に絞って火災、地震、洪水、そして戦争情報を取り上げる。

章扉に使った史料「江戸出火」は次のように記される。

江戸出火

当元日午中刻、四ツ谷伝馬町二丁目南西角より出火、同三丁目、塩町二丁目沾ひし屋横丁少々、車力横丁、荒木丁、御仮家横丁、かうし町十三丁目北新道、新一丁目、天王横町、南伊賀町壱、二丁目、南進道、石切横丁、清（※法）蔵寺横丁不残、押（※忍）原よこ丁北側、佐門御組屋鋪少々、押（※忍）町中程沾焼、申中刻火鎮申候

正月九日　　　　印（定飛脚／江戸屋平右衛門）

印（江戸／定飛脚仲間／三度）

元旦の午中刻（午前十一時四十分―午後零時二十分）、四谷伝馬町二丁目南西の角から出火し、甲州街道沿いに西へと燃え広がった。麹町十三丁目へ広がり、さらに塩町二丁目まで被災した。塩町二丁目の西にある大木戸を通過すると内藤新宿である。そのほか街路の脇へ入った「横丁」と名の付く街区にも延焼した。清蔵寺横丁は法蔵寺横丁の誤記である。右は木版印刷であるが、元の手書きのくずしの形が紛らわしかったのであろう。

この刷り物の発行元は、角印の中に「定飛脚／江戸屋平右衛門」とあり、もう一つの角印は「江戸／定飛脚仲間／三度」と確認できる。江戸屋平右衛門は大坂で営業した飛脚問屋である。大坂の三度飛脚仲間に属するが、「定飛脚」を名乗るのは幕府公認の定飛脚問屋でもあったからである。屋号の江戸屋は江戸へ向けて発送するから屋号として江戸を採用している。

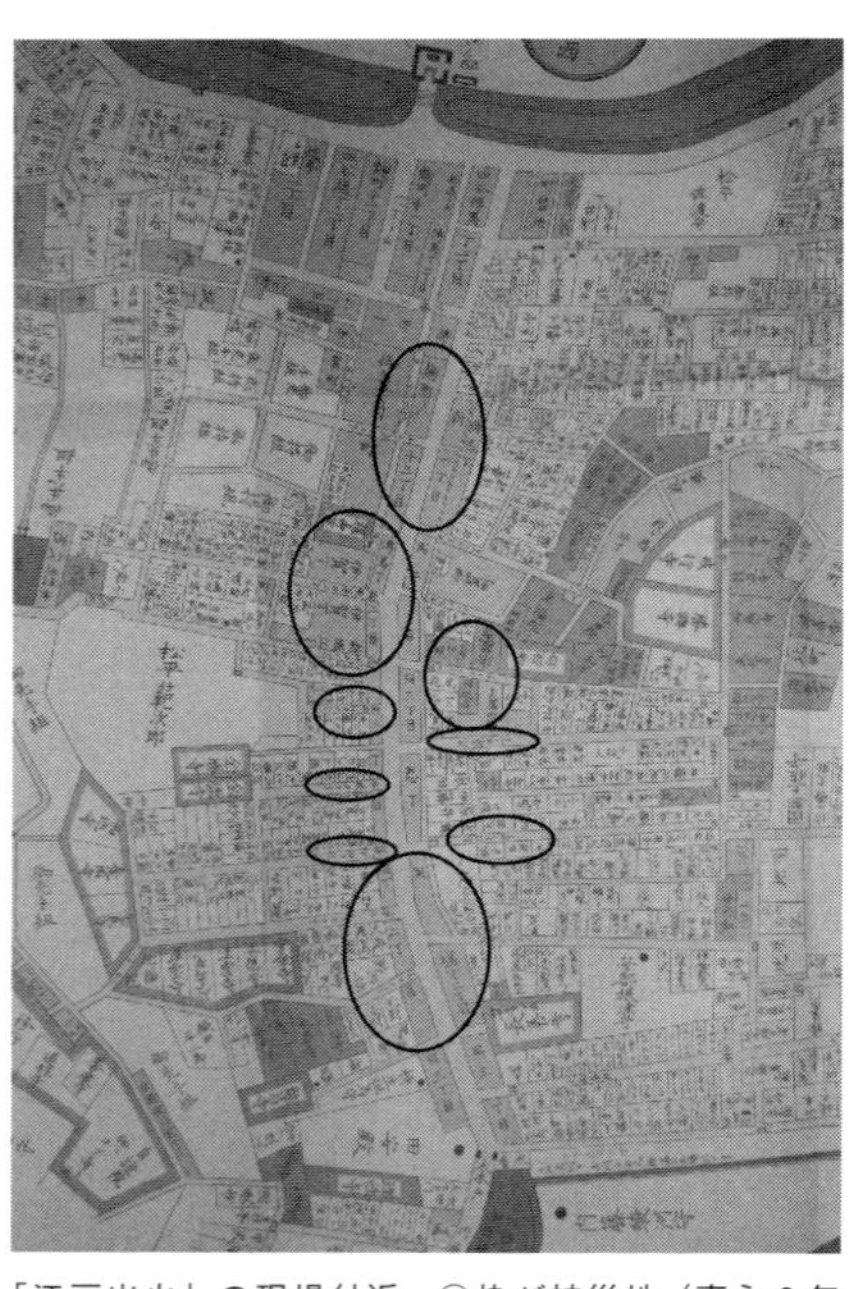

「江戸出火」の現場付近。○枠が被災地（嘉永3年〈1850〉「江戸切絵図」より）

火災は年不記載であるが、『武江年表』で確認すると、慶応二年（一八六六）元旦の記述が合致する。「正月元日、晴天、昼九時頃、四谷伝馬町二丁目より出火して、風もあらざりしが延焼に及び、四谷通り三町余幅一丁ほど組屋敷へも焼込みたり」とある。江戸屋平右衛門の「江戸出火」には通常記載される「折節○○（※方角が入る）之風烈敷」という表記が見当たらない。風がなかったので書かれなかったのである。

†日記に写された火災情報

次に文政三年（一八六三）十一月二十三日に起きた江戸の大火の報知史料を紹介する。上野国山田郡桐生新町六丁目（群馬県桐生市本町六丁目）の年寄（名主の補佐役）、新居喜左衛門の「文久三年四番日記」（群馬県立歴史博物館蔵）に写されたものである。

江戸出火　　嶋屋店より来状写

一　今二十三日巳上刻三ツ井本店台所より出火致し、折節北風烈敷（はげし）く、室町二丁目西側、一丁目、品川町、魚河岸、本舟（※船）町河岸、安灯（※針）町、長浜町辺迠残らず焼失仕り候、しり火は駿河丁木戸辺まで、室町通り三ツ井計り、三丁目別条なし、未た大炎は慎（※鎮）り申さず候得共あらまし慎り申すべくと存じ候間、御しらせ申し上げ候、早々以上

十一月二十四日　　嶋屋店

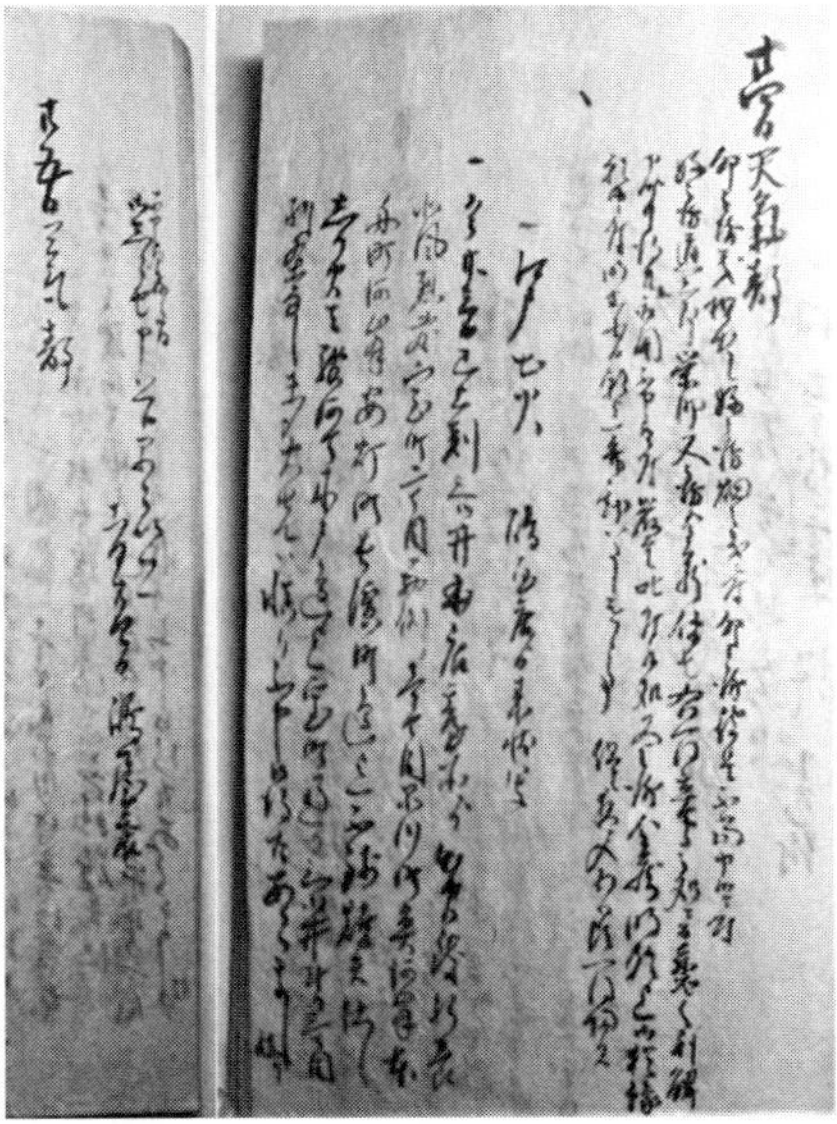

新居喜左衛門「文久三年四番日記」に写された嶋屋佐右衛門の江戸出火情報（群馬県立歴史博物館蔵）

被災地は日本橋の北一帯であり、江戸一番の繁華街が全焼したことになる。

『武江年表』によると、「同二十三日、昼四ツ時前、駿河町の三井呉服店より失火して、駿河町、室町二丁目、同三丁目、本両替町、北鞘町、品川町、同裏河岸、本船町、小田原町、長浜町一丁目、同二丁目、安針等焼亡」とある。巳上刻は午前九時～同四十分、四ツ前は午前十時前だから発生時間はほぼ一致する。被災地域も大体同じ内容である。嶋屋による災害情報の確度の高さがわかる。室町二丁目にある京屋江戸店は焼失した可能性がある。瀬戸物町にある嶋屋は北風が幸いしてかろうじて被災を免れたようである。

桐生新町名主の日記（御用留を兼ねる）には、右のように京屋、嶋屋の江戸火災情報が写されたくだりが散見される。桐生市には先に紹介した飛脚問屋の刷り物史料が残されていない。おそらく出店から手書きされた情報が回覧されたのであろう。

†京都で伝達された江戸大火

江戸の大火を知らせる事例をもう一例紹介する。京都に伝わったものである。

江戸出火

六月二日子刻、飯倉五丁目より出火、折節西南風烈鋪く、同所四丁目より一丁目迄不残、長井丁馬場様少々焼け、牧野様裏通西窪広小路、神谷丁天徳寺門前浜田様、川越様、新下谷丁、車坂丁能勢様、奥田様、御勘定御奉行御役所、京ごく様裏門通、夫より飛火西御丸御炎上漸く

翌三日未中刻火鎮まり申し候　　和泉屋甚三郎

右の史料は三井文庫所収だが、年不記載である。これも『武江年表』から文久三年（一八六三）六月三日の江戸大火であるとわかる。この情報を伝えた和泉屋甚三郎は京都の飛脚問屋である。京都順番仲間の一つである。江戸の飛脚問屋和泉屋甚兵衛の京都における相仕（提携業者）である。

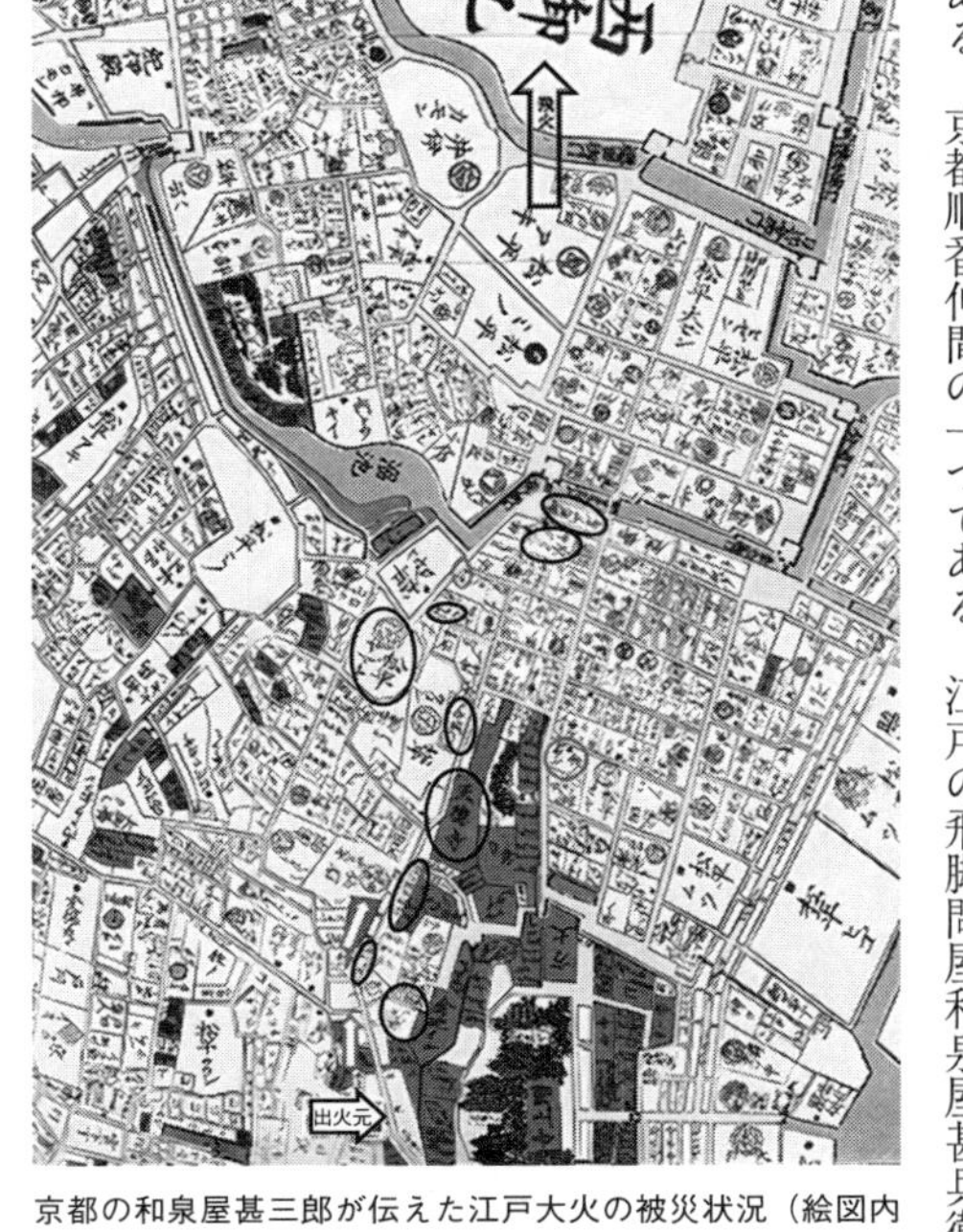

京都の和泉屋甚三郎が伝えた江戸大火の被災状況（絵図内の○枠と矢印は大江戸図に筆者が加工）

以上、江戸大火に関して三例を挙げたが、こうした事例は特筆すべき珍しいものではない。やや強調した書き方になるかもしれないが、江戸時代の飛脚問屋の情報サービスの一環として通常業務の中で普通に得意先に伝達されたものである。

2　天災情報

飛脚問屋が発信した情報は、火災情報にとどまらない。次の史料は嘉永七年（一八五四）十一月四日に発生した東海道大地震の情報である。伊能光雄家文書（群馬県吾妻町岩井）に伝わる京屋弥兵衛の災害情報である。

†大地震を伝える

大坂表大地震

一　当月四日辰ノ中刻、大地震にて市中に大損大潰れ家凡二百軒余、其外神社仏閣大損しこれ有由、又候翌五日夕刻より大地震、諸人驚恐て家居者一人もなし、皆外江逃出、或は船に乗るなど致し居り、然る処高津浪にて天保山、木津川、安治川口江大船小船を打ち上げ候、其辺住居の者、皆上町え逃上る、扨又船に乗候者は皆破船して死人数知れず、其辺処々橋五六ヶ所落ち申し候

一　泉州堺、西ノ宮、尼ヶ崎　　何れも大損潰、津浪打候所之有り候
佐野貝塚、岸ノ和田

一　京都、奈良、伏見辺は大地震に候へ共、別条なし

一　紀州浦々大荒れの由
一　伊勢、松坂、山田、津、神戸、白子何れも大損し、少し潰家これ有る由
一　志州鳥羽、大津浪にて御城内迄大荒の由
一　東海道筋は小田原より庄野迄宿々大損し潰れ
亀山より大津浪別条なし
右之通申来候

京屋弥兵衛

十一月十七日

一　掛川城下人潰れ焼失
一　日坂宿、普請新敷く故無難
一　佐世中山阿めの餅皆潰れ
一　金谷宿本町より河原町迄皆潰
一　大井川水中ゆりわれ（揺り割れ）水溢れ、川幅壱盃、満水越立これ無し
一　嶋田宿潰家過半これ有り
一　江尻宿大半焼失、尤棒鼻少し残る
一　興津宿同断、但し波荒れ

一　由比宿同断
一　岩渕皆潰れ山崩れ人馬怪我人死人多く、三十軒余焼失
　　立場
一　蒲原宿皆潰倒幷焼失、一町程残る
一　吉原宿皆倒る
一　原宿同断
一　沼津城下甚敷、御城大破の由
一　三嶋宿皆倒れ、明神前より山際迠皆焼失
　　立場
一　山中辺甚敷震動いたし候由
一　箱根宿本陣潰れ、其外一、二軒程も破損所出来
一　夫より東の方軽く、西は山中を限り、上方筋之方へ倒れ、或は山崩れ、橋々欠け落ち、川筋はゆりはれ（揺り割れ）、船渡場等差し支え、右に付当分通路これ無き由に御座候
一　駿府、御城御多門の向大破幷御多門詰籾御堀えゆり落ち候由、市中江川町より巳の刻出火いたし、府中三分一焼失、紺屋町陣屋役所潰れ、長屋向大半潰れ、皆々野宿の由、彼地急飛脚のもの申し聞き候にて承り及び候事

右の嘉永七年十一月の東海道大地震の情報史料は各地で残されている。飛脚問屋が伝えた史料も含まれており、京屋の出店には全て伝わったものと考えていいだろう。

安政二年（一八五五）十月二日に起きた江戸大地震の情報の伝わり方について検討した災害史家の北原糸子は、日本列島の東西六十七カ所を一覧表にまとめ、誰が、どのくらいの日数で伝えたのか詳細に分析した。北原は東北地方への伝播に関しては藩飛脚（大名飛脚のこと）が圧倒的に多いとし、また東海地方については大名飛脚と飛脚問屋による伝達がなされているのが特徴である。

これは東海道筋については民間の飛脚問屋の輸送網が発達していたことが反映している。大坂以西に関しては民間の飛脚問屋が多い傾向にある。北原によると、災害情報に接した藩では江戸藩邸に人足を派遣して復旧に向けて処置している。大名家では領内に御用金を課して復旧費用を捻出した。遠く離れた藩の領民にとっても経済負担という意味において江戸の災害は他人事ではなかった。

†洪水情報

天明六年（一七八六）七月十二日に発生した関東洪水を取り上げる。江戸から福島に届いた「江戸大満水」（大橋健佑家文書641、福島県歴史資料館蔵）の史料である。

江戸大満水

一　当七月十二日夜中より十七日夜まで雨降り、計らくも大雷鳴渡り、十四日より所々大道え出水にて、おとわ町五丁目、九丁目まて大道江水抜け、夫より新屋敷、水井戸町、目白台辺、関口、牛込辺、皆々舟にて往来いたし申し候

一　右之水先き小石川より神田川へおし出し、御茶之水通り、筋違見付、下屋、おかち町、三味線堀、広徳寺前後、浅草、新堀辺、鳥越、別して大満水にて人のせも相立ち申さず、御蔵前天王木戸ぎわより黒舟町入口より舟にて往来いたし申し候、浅草観音内御地内辺別条無く、竹もん内町手際の橋川、吉原へ水入り申し、三各より今戸橋場辺、別して大満水に御座候

一　千住小塚原辺の儀はおたれ（※尾垂れ、軒先の木口を隠す鼻隠しのこと）に弁（「財」か）舟漕ぎ申し候、夫より先きの様子は一向に相しれ申さず候

一　大川筋永代橋、新大橋落ち申し候、両国橋の杭所々流れ、中程にてはうねり申し候、深カ川本庄（※所カ）辺の儀は一向に通行の儀相成り申さず候

一　柳橋往来留り申し候、浅草見附より柳原辺は一面に水関（「開」の誤りか）き、中津浜町辺、同朋町、屋けん堀、久松町辺腰切にて通行いたし申し候、泉殿橋落に申し候、芝青松寺山崩れ、大木抜け切り通しえおし出し、往来相留り申し候、愛宕山崩れ、寺三ケ所は損じ仕り申し候

一　両国橋詰め番所え両御奉行所様諸役人中様御詰め遊ばされ、御助け舟数舟御出し、江戸中の舟皆々御用舟に相成り申し候

一　両国広小路、馬喰町の原両所へ三軒ニ十五間之仮り小屋を建て、追々助け来たり候者共溜め置かれ食物御まかなひを下し置かれ、伊奈様御焚出し遊ばされ候得共、人数多き故、舟方の弁当十八日より堺町両芝居え焚き出し仰せ付けられ、飯米の儀は米問屋中より差し出し申し候様仰せ付けられ候、隣町より人足にて両国え持ち出し申し候所之儀、火事装束高張は多を立たし申し候て持ち行き候、目覚敷申す事四十年已来之大満水、誠に誠に水火の程おそろしき次第に御座候、

以上

午七月廿五日出　江戸嶋屋　佐右衛門

大橋儀左衛門様

大正3年（1914）9月1日、「東京大洪水」絵はがき。天明6年（1786）の江戸の大満水も千住方面では人の腰高まで水位が上がった

日付は「午七月廿五日出」。発生から十三日後に飛脚を差し立てた。江戸を襲った洪水は、『武江年表』によると、丙午の天明六年七月十二日に発生した関東洪水のこととわかる。「大川千住出水」とあり、南千住の小塚原で「水五尺」、なわ

ち一五〇センチのおとなの胸まで水嵩があったとある。十九日に晴天となり、二十日から少しずつ水が引き始めた。「関八州近在近国の洪水はことに甚だしく」と記される。

3 戦争情報

†江戸薩摩藩邸焼き討ち

火災の項で登場した新居喜左衛門の「慶応三丁卯年四月　役用留七番」（群馬県立歴史博物館蔵）には戊辰戦争の前哨戦に当たる庄内藩らによる江戸薩摩藩邸の焼き打ち（慶応三年〈一八六七〉十二月）についての速報が写されている。飛脚問屋京屋弥兵衛が伝えた。

江戸変事

一　当（十二月）二十三日、明六ツ時二の丸御殿残らず焼失

一　同二十五日朝明六ツ時頃、芝薩州御屋敷賊徒之者建て籠り、夫より市中酒井左衛門様、川越松平周防様、鳥居様、間部様三兵組、其外大筒組甲冑又は大筒鉄砲組にて高輪薩州儀残らず取り巻き、懸け合いに相成り、夫より大筒を打ち懸け、所々合戦これ有り、首をさけ、又は生け取り二、三百人もこれ有、殊に所々に切捨て相成り候者三四十人位つつ鉄砲きづ受け候もの

数多これ有り、高輪薩州屋敷も焼き打ちに相成り、切り殺しその外生け取りもこれ有り候趣、この上如何相成り候哉心痛仕り候、尚又橋々見付け残らず甲冑にて大筒小筒にて備へ厳重相成り、御堅めこれ有り、右は江戸本店より只今抜状到来、右取り敢えず御知らせ申し上げ候、以上

十二月二十七日　　一丁目　京屋弥兵衛

幕府軍と開戦に踏み切りたい薩摩藩の西郷隆盛は浪人を使って、江戸市中の各所を放火した。これは挑発である。不穏な空気が漂う中、幕府は庄内藩に命じて、浪人の出入りする三田と高輪の薩摩藩邸に対して焼き打ちを決行した。

†鳥羽伏見戦争の第一報

明くる慶応四年正月、京都南郊の鳥羽・伏見において本格的な軍事衝突が起こった。鳥羽伏見戦争の第一報が届いた。

京地初合戦聞取書書状写

当五日午刻、書を以て京都より申し来たり候、昨四日午刻頃、鳥羽山崎にて大砲打ち合い、伏見は凡そ四分通り焼き払い申し候、この度土州敗軍にて死人沢山車に積み、東福寺え引き取り申し候

長州死人は大仏智山え引き取り申し、関東勢には死人少く、会津様、桑名様御同勢の内少々怪我死人等も御座候様子、鳥羽山崎四日夜戌刻頃迄にて慎り、猶又五日早朝西海道又々大砲打ち合い、京地繰り出し候人数は薩州、長州、芸州、土州四藩限り、市中見廻リ者加州候、大坂方は大小名沢山、京方は今五ツ時軍列定め、尾越二藩は一向手出しなく、その儘に御旅宿にて御固めに御座候、何分四藩人数国許より繰り出し候ては京地へ入る事相成らざる段、京地手薄に相成るべくと存じ候、只今之処にては左右共戦争定らざる体に御座候

正月十日出江戸店・来候書状之写

嶋屋急飛脚入状写　十五日入

当四日八ツ時淀落城後、五ツ時公勢八幡山にて、御防ぎ十分御手当御備えに相成り候処、俄かに藤堂家裏切致し候より大敗軍と相成り、忽ち崩れ手負い死人数知れず落ち来たり、五日六日枚方宿まで敵押し寄せ、実に危うく、六日夜公方様御立ち退きに相成り、惣人数御引き上け、七日中に残らず大坂御城、御引き上け、落武者七日昼頃より紀州表え落ち行き、当城空き城同様に相成り申し候、大手京橋とも御要め一人もこれ無く、打てかへての事に御座候、誠に恐れ入り候次第、去りながら市中は少々穏やかに相成り、王なし故敵計りと申す事、一昨夜五ツ時城の場々の小屋焼失、同夜難波大橋東詰めより出火、西風強く、東は千日墓所まて北は溝口の方まで、泉州堺大火、大正寺通り東え焼け込み、大火に相成り、錦町東共未た確と分らず不審

の火の由

一　市中女子供一人も居らず、大体明け渡しの者大く誠に淋しくあわれ至極に御座候、去りながら拙店は在留致し居り候

落武者乱妨多く穏やかざる候、正月九日巳之刻、京都より徳山毛利勢大凡二百人計り着坂に相成り、然る処、毛利勢早速入城致し、夫より御本丸江火を懸け、火の手上り申し候、只今、御城中焼失最中に御座候、未た火憤り申さず候、この段御知らせ申し上げ候、以上

辰正月九日出　　　大坂
嶋屋佐右衛門

同十四日午刻江戸表着状、直様出十五日七ツ時
桐生店着状ニ相成

右の鳥羽伏見の戦い（正月三、四日）の情報は同九日に大坂の嶋屋より発送され、同十四日に江戸に到着した。十四日に江戸へ届くと、すぐに出立して十五日七ツ時（午前四時頃）には嶋屋桐生店に届いた。大坂から一週間で桐生に情報が届いた。電信・電話のない当時は人が移動しないと情報が伝わらない。一週間は早い方であろう。

†戦争直前、上野に屯集

次の史料は三月十五日に江戸無血開城となり、その後、新政府軍と旧幕府軍との間で上野戦争（五月十五日）が起こるが、その直前の緊迫感ある御触書（新居宝家文書H2—7—1近世22／1006、群馬県立文書間複製資料）である。

江戸十五日御触書

過日以来、脱走の輩、上野山内所々に屯集、屢（しばしば）官軍を殺し、或いは官軍と偽り、民財を掠奪し、益若暴を遑に驚くの条、実に国家之乱賊たり、以来、右様のもの見附け次第速やかに打ち取るべし、もし万一密々扶助致し、或いは隠し置き候ものこれ有るにおいては同罪たるべくもの也、今般、徳川慶喜恭順の実効を表す事より祖家之功労思□（一字虫食い、召カ）され、家名相続城地禄高等の儀は追って御沙汰相成り、末々の者に至る迄各々其所を得ざるのものこれ無き様遊されたくとの思し召し在らせられ候処、豈図らん哉旗下末々の者心得違いの輩、慈仁の御趣意を奉戴奉らさる而已（のみ）ならす、主人慶喜之素志ニ戻り、謹慎中之身を以て恣に小脱走に及ひ所々屯集、官軍ニ相抗し、無辜の民財を掠奪荒暴至らざる処なし、万民塗炭の苦に陥らんとす、故に今般止むを得ざる事、誅伐せしむ、素より其害を除き天下を泰山の安住に置き、億兆の民をして早く安穏の思ひをなさしめ、一為なれは猥りに離散する事有るべからず等とその

趣意を体認し奉り、末々の者に至る迠聊か心得違これ無き様急度いたし、各業を営み、その身分に応し安住すへきもの也

明十五日より三日の間、隠れて海浜出船の儀差し留められ候事

明十五日より三日の間、宿駅人馬人夫継立之儀差し留められ候事

嶋屋佐右衛門

戊辰戦争期の上野戦争直前の状況を伝えている。上野戦争は、上野山に立てこもった彰義隊と新政府軍が戦った。新政府は、彰義隊をかくまえば同罪だから、それぞれ仕事に励むようにと人心の安定に努めている。

4　飛脚問屋はどう伝えたのか

†情報伝達は顧客サービス

飛脚問屋の災害情報発信は、享和三年（一八〇三）に定められた仲間仕法帳（全五十四カ条）に「一　諸国より変事知らせ来たり候節の事」として次のように定められた。

但し、水火の変事、遠国より銘々え申し来たり候は、早速月行司え申し遣わすべく候、その

上行司より下書き相認め、この趣きに申し触れべく候間、その上にて諸得意え相知らせ申すべく候、敢えて差し構いに相成らず候場処は、行司の取り計らいにて差し留め申すべく間、銘々存知寄り次第に得意方え申し遣わし間敷候、都て行司に相任せ申すべく候事

遠国から洪水・火事のことを伝えてきた場合、すぐに定飛脚仲間年行事・月行事へ情報を届け、年行事は江戸の町年寄へ報告し、月行事は下書きを認めて、その趣旨で仲間の各業者へ下ろされ、さらに得意先へと知らせた。さして重要ではない場所に関しては月行事の判断で知らせることを取りやめるので、各業者で勝手に得意先へ知らせてはならないとし、全て月行事に任せるとした。

もう一つ、幕府に提出した「仲間定法帳」(近交七)の第十四番「一　諸国出火・高水その外何に寄らず諸得意方え変事知らせの事」にも次のように記される。

但し、仲間内銘々え上方筋より知らせ来たり次第、これまで銘々存じ寄り次第、即刻触れ出し候得共、折には少々の儀は相仕の取引より申し来たらざる事などにて、仲間一同に相成らざる節は銘々得意え対し不都合もこれ有るに付き、自今知らせ事はその趣意・文言等、当行司よりこの趣と仲間に知らせ申すべく積もり、その書き付けを本書として書き取り、何方えも触れ出し申すべく相定め候、尤もその変事の国所にも寄り候事ゆへ、自今或いは片鄙の所一軒位にて、敢えて諸得意先々構いも相成らざる場所は知らせ申さず相定め候事

飛脚問屋の災害情報発信

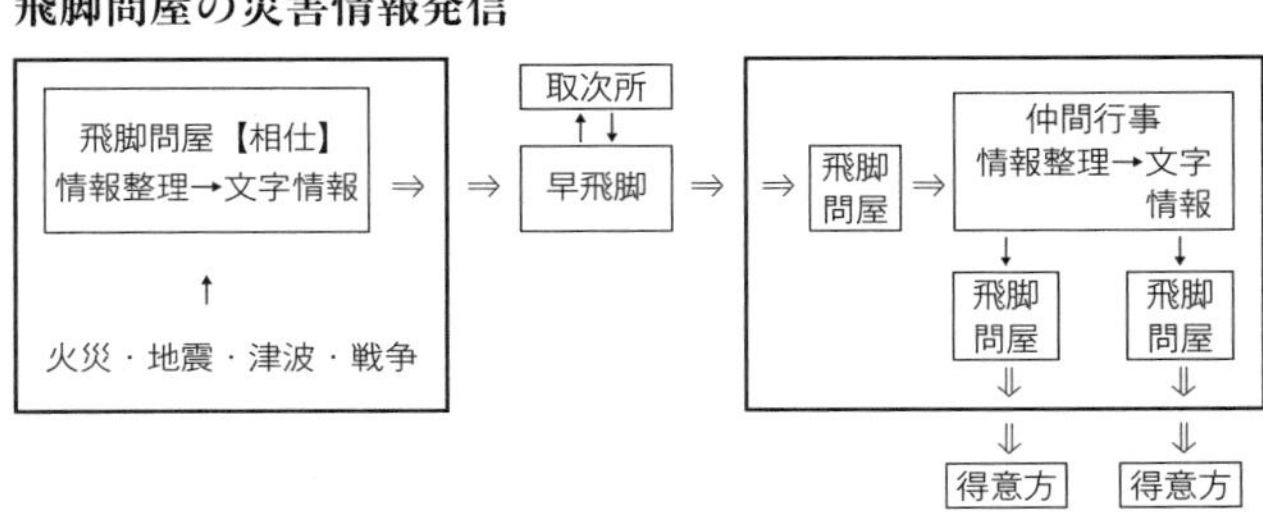

右は仲間内のそれぞれへ上方筋から知らせてきた場合、これまではわかり次第銘々ですぐに触れ出したが、時々些細な件に関しては相仕の取引から知らせてこないことがあり、仲間一同に伝わらない折は得意客に不都合ともなるので、これより以後は趣意・文言などは当行事から仲間に趣旨を知らせ、その書付を本書として書き取り、いずれにも触れ出すことと決めた。その変事の国や所にもよるので、これよりは辺鄙な場所の一軒くらい焼けたような得意先に関係ない場所のことは知らせないことと定めた。

右を整理すると「飛脚問屋の災害情報発信」図のようになる。情報を発信する箇所は、各業者（相仕）が銘々に出したが、情報を受けた江戸の各業者では一旦仲間の行事に上げる。行事は情報を整理して改めて文言にし、統一した情報を各業者に下ろし、各業者からそれぞれの得意先へと情報発信した流れになる。

†江戸のメディア

飛脚問屋が積極的に発信した情報の意味を考えてみたい。情報行動の観点に立つと三つの意味が考えられる。

一つ目は、災害情報を受け取った得意先は、まず産地であれば、被災した消費地への出荷を見送るという判断につながる。京都で火災があれば、奥州や上州の生糸の上方移出を控えることになる。大名家であれば、国許から江戸屋敷へ人足を送り、復旧作業にかかる。

二つ目は、得意先が被災した場合は火災見舞いを行う。火災見舞いは現代社会でも行われる習慣だが、江戸時代も得意先の火災見舞いを行った。具体的な事例を挙げると、上野国山田郡桐生新町の名主の日記を読むと、織物買次商（仲買）が続々と江戸へ出掛けたことが記されるが、その前に江戸大火の情報が写されている。江戸へ出る行動が江戸の大火情報を受けての火災見舞いであることがわかる。もちろん市況の視察も兼ねている。

三つ目は輸送への影響である。輸送路が被災した場合、輸送障害となり、延着の最大要因となる。例えば、天明三年（一七八三）の浅間山の大噴火の折、中山道の通行が不可能となったため、江戸の飛脚問屋は甲州道中経由で諏訪まで送り、そこから中山道で上方まで輸送している。また東海道地震で東海道が被災すれば、中山道経由となろう。

江戸時代の人々が情報を把握する手段に関しては、現代のようにメディアが発達していない当時、様々な方法を講じて入手していた。例えば、上野国那波郡連取村の名主森村新蔵は、風説留「享和以来新聞記」（全二十二冊）という文化元年（一八〇三）から慶応四年（一八六八）

にかけて膨大な政治・社会情報を記録した（落合延孝『幕末民衆の情報世界』）。また紀伊国日高郡北塩屋浦の在村医羽山大学もペリー来航を機に風説留「彗星夢雑誌」（全百九冊）を書き残した（宮地正人『幕末維新変革史』上巻）。そのことに象徴されるように、都市部からかけ離れた地方の名主・名望家であっても「名主情報入手先」図のような入手ルートがあった。但し、名主などの村役人クラスに限るが、領主、他村の村役人、商売上の得意先から、また自身が江戸に出た折の見聞などが想定し得る。飛脚問屋も有力な情報源であった。名主が自分のところに情報をとどめると、広がりがないが、おそらくはある程度の情報の広がりが想定し得る。

明治六年（一八七三）に『東京日日新聞』に右の投書が掲載された。

昔ハ東京ニ大火アレハ、夜中ト雖モ直ニ急飛脚ヲ立テ、火元ナラビニ現在焼ケテ居ル処ヲ報知シテ、得意サキノ店々へ知ラセ、又紙ニ大書シテ門前ニ張リ出シ、大ニ人々ノ心ヲ安ンゼシニ、今ハ飛脚屋御廃シニナリシ故ハナハダ不便利ナリト苦情ヲ云ヘリ。便利ナル物モ其ツカヒテガ心ナシナレハ格別ノ便利ヲ為サヌ事多シ」（郵政省編『郵政百年史資料』第二十一巻〈吉川弘文館、一九七一年〉より）

名主情報入手先

右の段階では明治政府の意向で「飛脚」名義が廃止され、前年に陸運元会社に移行した。飛脚があった頃は火災の概要を報知し

て得意先の店々へ知らせ、紙に大書して門前に張り出したというのである。災害情報は名主など村役人にとどまらず、地域によっては面的に情報が広がったことを示す史料である。店がない場合でも口頭で組頭、百姓代には伝わり、百姓代から五人組の判頭、さらに他の四人、家族へと伝わったものと推測される。

飛脚問屋の災害情報は、いつ、どこで、何が起きたのか、被災範囲、被災程度などの情報が盛り込まれ、地域によっては情報共有されていた。即ち現在で言う5W1H（いつ、どこで、誰が、何を、どうして、どのように）を備え、不特定の情報享受者がいたとするならば、物流業者でありながら飛脚問屋は〝江戸のメディア〟を兼ねていたと言えよう。

第11章

飛脚の遭難

天保8年(1837)、宰領飛脚が遭難した戸田の渡し(「根本山参詣路飛渡里案内」)

†延着の原因

飛脚の輸送手段は人か馬であるが、人力・畜力依存の輸送は時に不慮の事故に巻き込まれ、延着や荷物損害を伴った。延着の原因は宿駅の馬不足「馬支（うまづかえ）」、河川増水で川留となる「川支（かわづかえ）」であり、明治維新まで飛脚を悩ませたが、それにトラブルが加わった。すなわち火災で荷物を焼失する「火難」、河川へ落として荷物を濡らす「水難」、強盗などに荷物を奪われる「盗難」である。これら〝二支三難〟が飛脚の悩みの種であると同時に克服すべき関門であった。

宮川家文書に収められる運送上の事故に関係した史料三十七件を「巻末資料　宮川家文書所収の飛脚問屋運送事故関連史料一覧」表に整理した。左欄からナンバー、文書番号、荷物被害、文書の発給年月日、差出人、宛て先、事件・事故概要となっている。

一覧表から窺える特色を示すと、史料の多くは飛脚が荷主に宛て、また宿場・馬士が飛脚問屋に宛てた詫一札である。被害は水難が十八件と半数を占め、盗難の九件が続く。水難は河川への落下事故、渡船場での落下事故である。事故現場は熊谷宿と妻沼村の間が目立っている。盗難は定宿で寝込みを襲われた強盗、荷物から密かに奪われる窃盗事例がみられる。火難は見当たらない。

まず〝三難〟を扱う前に延着の原因から押さえておきたい。最初に掲げる史料は、弘化三年

（一八四六）十一月、京屋桐生店が大丸に宛てた荷物延着の詫び状である。延着の原因が全てこの中に込められている。

憚りながら書附を以て御詫び申し上げ候

一、御店中様益御機嫌克遊ばさるべく候に付、恐悦至極存じ奉り候、数年来御用向仰せ付けられ、御蔭を以て相続仕り冥加至極有難き仕合存じ奉り候、然る処、当秋中より仰せ付けられ候為登御荷物、近頃稀成る延着に相成り、京都御店様にても御不都合の段、御察当に預り恐れ入り奉り候、夏中より打ち続く雨天勝にて中山道筋川々満水、その上、横川御関所辺道崩れ、その所御地頭様より御手当之有り、修覆出来まで十五日余も之相掛り馬足相立ち申さず、余儀無くにも継飛脚差立方暫く見合せ在られ候内、追々荷物相嵩み往来筋道普請出来趣に付、一時に差し立て申し候処、道中大混雑仕御武家様方御通行も之有り、木曽路の儀は隘路の場所、殊に人馬少く無く継立方然るべく間延引に及び申し訳け御座無く、前文の次第駅々継立方相滞り、延着仕り候、已来早着仕候様出来相勤め申すべく候間、何卒この度の儀は格別の御憐愍御聞き済み成し下され置き、相替わらず御用向仰せ付けられ候様偏えに願い上げ奉り候、以上

弘化三丙午年霜月　桐生

京屋弥兵衛

忠右衛門

庄助

大丸御店様

御買役　弥九郎様（「巻末資料　宮川家文書所収の飛脚問屋運送事故関連史料一覧」№13）

右の史料は江戸の呉服商、大丸本店買役の弥九郎に宛てられた京屋桐生店の忠右衛門と庄助の連名詫び状である。右の史料には飛脚問屋の延着原因が大方含まれるという点でもユニークな史料である。延着理由を整理すると次の六つとなる。

①夏以来の雨天で中山道沿いの河川が増水、②碓氷峠関所近辺で道崩れ、③差立を見合わせたため荷物がたまった、④街道筋で普請（工事）、⑤武家の通行が重なった、⑥木曽路での継立に必要人馬が足りずに滞った。以上の条件が重なったところへ一時に荷物を差し立てたため宿場の人馬継立が大混雑して延着した。たとえると河川が増水し、様々な枝葉やゴミでダムができて滞留したようなものである。鉄砲水ならば築堤を越えて洪水となるが、街道の場合は随所で滞ったわけである。

延着の要因となる川支は①であり、馬支は⑥である。②は雨の長続きで地盤が緩み、至る所で道崩れが発生したが、原状復旧にそれなりの日数を要した。海岸線に近い平野部の東海道と異なり、往還のほとんどが山間部という中山道ならではの延着理由である。突発的ではあるが、①⑥より慢性的ではない。後にも触れるが、実は馬支と川支は、水難・盗難などの荷物被害の誘因にもなりかねなかった。

†水難事故

具体的に事故の事例を挙げよう。水難事故の例である。

天保五年（一八三四）九月二十五日、武蔵国幡羅郡下奈良村地内（埼玉県熊谷市）で宰領飛脚の馬が転倒し、荷物が用水堀へ転落した。熊谷宿で宰領飛脚が馬荷を付け替えて馬士（馬方）とともに妻沼村へ向けて出立した。手前の下奈良村で石橋を渡ろうとしたが、馬がつまずいて下の用水堀へ荷物と共に転落した。妻沼村の馬士善吉及び同村名主・証人の勝右衛門と代人太郎右衛の一札によると、馬に問題があったようであり、今後はどんなに頼まれても「老馬・弱馬」には荷物を付けないと約している（「巻末資料　宮川家文書所収の飛脚問屋運送事故関連資料一覧」のNo.3）。

ここで注目されるのが「老馬・弱馬」という表記の箇所である。問屋場の馬がほぼ出払っている馬支の状況下で残っている馬は「余り馬」と言って老馬・弱馬の可能性がある。右の事故は、定飛脚の権威を背景に人馬継立を速やかに催促する宰領飛脚に対し、やむなく問屋場が余り馬を手配して起こるべくして起こった事故だとも考えられる。

右の事故に関連して熊谷宿の馬持の平五郎と問屋場の石川藤四郎が差し出した一札が残され

ている。

馬が倒れて荷物が用水堀へ落下したことにより高価な織物類に濡れ被害が出たため、弁金を申し出ている。一札の中にも「悪馬・弱馬」の表記が見えており、事故の要因と明確に認識されていることがわかる。注目されるのが荷物被害を受けた高級織物の損害賠償である。馬持平五郎は「貧窮之身分」を理由に格別の勘弁により賠償額を軽くしてくれと京屋宰領清兵衛に願っている。類似の事例である同一覧の№26でも「馬士共の身上にてとても弁金相成り難く」として負担軽減でなく、賠償免除を暗に求めている。

右の事実は、宰領飛脚が桐生を出立して江戸へ向けて織物輸送に従事したことをも示している。桐生産の織物が一体どのように江戸へ運ばれたのか、足利の猿田河岸から船で江戸へ下す河川輸送と陸送と二つのルートがあり、おそらく荷主の意向によって、どちらかをとった。右は飛脚が織物を陸送した事実を明確に裏付けるものとしても貴重である。

天保八年（一八三七）十二月二十一日に京屋宰領清兵衛が戸田の渡しで遭難した（表№5）。江戸を出立した宰領清兵衛が輸送した荷物のうち、板橋宿から蕨宿への途中で馬士宇平治を雇って戸田の渡しで渡河したが、船から上がろうとした際に「船開キ」のため荷物と馬が諸共に水中へ落下した。

差出人は、そのときの「水主」が若かったため「船開キ」と詫びた上で今後は「相当之水主」を出すと述べ、さらに賠償金はどれほどになっても当人、渡船場役人から支払う旨を述べている。右は京屋江戸店が渡船場関係者から受け取った詫一札である。

宰領は先の史料の清兵衛と同一人物であろう。若い船頭が未熟だったために「船開キ」、すなわち船から艀（はしけ）に上がろうとした馬と荷物が船と艀の隙間に諸共に転落した事故である。文中からは荷物の受取人が怒りを露わにしている様子が窺える。損害賠償を新曽村（にいぞ）（戸田市）の馬持宇平治と渡船場関係者に負担させると述べている。書き方から宿場関係者が一札を認めたことがわかる。

署名の中の板橋宿「名左衛門」は吉川名左衛門のことである。「御宿」とあるように旅籠を営業した。蕨宿の「五郎右衛門」とは岡田五郎右衛門のことである。問屋年寄も務め、飛脚の「定宿」も兼ねた。両人は京屋と荷物取次の契約もしている飛脚取次所でもあった。

同一覧のNo.18の事例は、飛脚が関わった海上輸送事故の史料として珍しい。

嘉永五年（一八五二）、江戸麴町の呉服商岩城屋が桐生新町の買宿玉上甚左衛門を通して品物（おそらく織物）を購入した。商品は京都店へ送るべく、同年十一月二十四日に京屋桐生店が荷物を江戸へ陸送し、京屋江戸店から「江戸日本橋利倉屋金三郎」を経て、江戸小網町の小松屋喜八（水揚所）から柴田弥八船へ積み入れられた。江戸を出航したが、伊豆大島沖で難破した。このことを京屋が買宿の玉上甚左衛門へ伝え、玉上から町役人に届け出た。京屋、小松屋喜八、利倉屋金三郎は品物代の弁金を岩城屋に支払った。

「利倉屋金三郎」とは、日本橋北鞘町河岸で営業した菱垣廻船問屋である。鹿島萬兵衛の『江戸の夕栄』に「今日郵船会社の荷捌所には及ばざるも、江戸輸入の百貨輻輳して大八車または艀下に積み移り搬出するはこれも江戸名所の一なり」と回顧されており、同所の銭屋卯兵衛とともにかなり栄えた廻船問屋だったようである。

この難破の場合、おそらく船が全て破損し、荷物が揚がらなかったため、荷主が全面的にかぶることになる。だから京屋桐生店と利倉屋、小松屋が荷物代金を荷主に弁償しているが、これは例外に属する。支払った理由は荷物が不着のまま七カ月が経過し、荷物を受け取れなかった京都店が商売できなかった損失への賠償と推測される。

盗賊の標的

どうも街道を往来する飛脚は、盗賊の標的にされた節がある。ここでは拙著『江戸の飛脚』『上州の飛脚』と重複しないように事例を紹介したい。

盗賊の襲撃は列島全域の飛脚に通ずる悩みであったが、大体どこで襲撃されるかは検討がついた。宿場はずれの人気のない街道・峠・堤防などである。例えば武蔵国熊谷堤、駿河国薩埵峠、摂津国守口の文禄堤などが警戒区域であった。

天保二年（一八三一）十一月二十九日に京屋桐生店で請け負った荷物に宰領忠助が付添って出立したが、十二月一日に中山道浦和宿の旅籠で止宿していたところ、夜八つ時ごろ湯殿雨戸を押し外して盗賊が押し入った（№2）。忠助の枕元に置いてあった金約十五両などが盗まれた。飛脚を差し立てて奉行所へ届け出た。

嘉永五年（一八五二）六月四日、定飛脚宰領が太田宿に宿泊の際、荷数十八箇、小附三つを宿に預けたところ、その夜に盗賊が押し入った（№17）。荷物のうち一箇が盗まれた。宿方役人、太田宿役人まで訴え出たところ、役人が来宿して手配をした。六日目に盗賊が大久手宿（岐阜県瑞浪町）辺で捕縛され、吟味の結果、荷物を盗んだ件を白状した。品物は宰領に戻った。

右の盗難事例のほかにも、同一覧の№24と№25の事例もユニークである。慶応四年（一八六八）正月、京屋桐生店から仙台行きの荷物五駄に宰領彦兵衛が付き添って出立した。同年一月六日夕方、下野国の佐久山宿（栃木県大田原市）から大田原宿まで馬士伝吉が六箇を附け送った。翌日に鍋掛宿へ向かう前に荷物を改めたところ、一箇の中の反物八反（木綿縞七反、紺鉄色一反）が盗み取られた。馬士伝吉の家を改めると二反が見つかり、伝吉の仕業と判明した。伝吉は同二十五日に手錠（手鎖）を言い渡された。この場合の損害賠償については大田原宿の弥五郎、馬士伝吉、伝吉の保証人が金六両での弁済を願い出ている。

№37は年不明であるが、京屋桐生店の抱え宰領政吉が江戸店からの荷物筵包二十箇を五駄にして十一月二十七日に出立した。十二月八日に洗馬(せば)宿に至り、同宿定宿・問屋勘之丞宅で止宿したが、同夜に盗賊が押し入り、桐生店よりの織物六十反入り六箇を盗み取られた。十一日夜、松本街道郷原という場所で風呂敷を背負う怪しい人物を咎めたところ、風呂敷を棄てて逃げ去った。品物を改めたところ二十反が出てきた。しかし、犯人の行方はわからず、宰領政吉と定宿勘之丞から詳しい話を伝えてきた。勘之丞とは脇本陣の志村勘之丞のことである。

自動販売機は「屋外の金庫」と呼ばれるが、飛脚は「屋外を歩く金庫」なのである。飛脚＝現金という発想は江戸時代当時の人々も持っていたようである。

天保十一年（一八四〇）十月二十日、宛て先の記載がないが、京屋と嶋屋連名による中山道道中の取り締まり強化の願い書きが出された（No.9）。

近頃、馬荷のうち、途中で抜き取られ、到着すると不足のあることが数度に及んだ。宰領に厳しい注意喚起がなされたが、長距離で数カ宿での継立となると盗難被害が出た。京屋高崎店支配人市右衛門から望月宿・芦田宿辺りの者の仕業という噂も出たところで、洗馬宿で宰領政吉が五駄のうち一箇を盗まれた。荷物のうちには御用の品もあるので宿場に早々に継ぎ送るよう触れ流してほしいと願い出た。

史料によると、中山道を管轄した道中奉行所に宛てた願い書きの下書きか控えと思われる。一覧表に事故概要を記したので詳細を省くが、興味深いのが長距離間の数カ宿での人馬継立と、また継立の遅れが盗難を招くと述べている飛脚の認識である。飛脚は人馬継立の遅れが延着要因となるだけでなく、盗難に遭いやすい条件とも考えていた。

†荷物の賠償問題

宮川家文書には「火難」の事例がないので、石井孝家文書(栃木県立文書館蔵)を参照する。次は、安政元年(一八五四)十一月に発生した東海大地震の火災による焼失荷物の賠償問題に絡むものである。

嶋屋の訴え出たことによると、嘉永七年(一八五四)十一月四日、東海道地震が発生し、倒壊・津波被害が出た。飛脚問屋方では調査役として定飛脚仲間の者を派遣した。遠江国掛川、袋井の両宿で金銀・荷物が焼失し、また同国新井宿で駿州富士川津浪のため荷物に多大の濡れ損が生じた。宰領飛脚と旅籠の者たちが潰れ家の下から荷物を取り出したが、地震のため所々出火し、怪我人・死者が出た。掛川、袋井の両宿、見附、日坂宿役人が立ち合って調べた結果、金銀約百四十両、荷物約百五十箇が焼失し、また濡れ損となった。

損害の出た荷物は東海道を輸送途中の上下荷物、さらに途中で請け負った荷物もあった。嶋屋は「元来道中筋で飛脚荷物が紛失した場合、弁済するのは仲間規定で決められているが、今回は稀成る天災のため金銀はもちろん荷物も賠償ができない」と主張した。

嶋屋は「正徳度先例もあるから調べるよう願います」と訴えた。正徳度とは、正徳四年（一七一四）に小田原宿で起きた三度飛脚金銀逓送荷物類焼事件のことを指している。金一万三千百三十三両三分二朱と銀二百九十二貫八百六十匁が溶け流れて金銀塊になった。賠償に関して先例を考慮して免除の旨を主張している。

焼け金銀に関しては金銀座役人の調べによると、百四十三両一分一朱のうち、二朱金百四両がある中で「贋金二朱」を差し引き、残る百三両三分二朱の内、荷主からそれぞれ荷物として依頼した金銀高に応じて、減高割合の分を嶋屋が賠償するものとした。但し、焼不足金三両三歩二朱は荷主側の損失とした。そして荷物に関しては何品によらず荷主の損失とした。但し、焼け残り、または濡れ荷物の分は荷主たちへそれぞれ渡すものとした。宰領卯兵衛が輸送していた生糸十八箇のうち焼け残った二箱は荷主不明のため、その売り払い代金を十八箱に均等に割り振り、荷主へ支払うこととした。

東海道・畿内の宿場と城下町に多大な被害が出たが、飛脚が輸送した荷物も津波や火災に遭って流失・焼失し、江戸定飛脚問屋仲間が現地に赴き、荷物を探索した。掛川・袋井・見附・日坂の四カ宿役人が立ち合って調べた結果、金銀約百四十両余、荷物約百五十両余りが焼失または濡れ被害をこうむったことがわかった。

焼けた金銀荷物に関しては金銀高に応じて嶋屋側が賠償し、焼失による不足分に関しては荷主の損とした。また、そのほかの焼け荷物・濡れ荷物については荷主の損とした。但し、宰領卯兵衛が輸送していた生糸十八箇の内、焼け残った二箇の生糸については換金した上で、十八箇の荷主に高に応じて支払われた。

史料の最後に桐生新町の買次商の石井五右衛門が、嶋屋佐右衛門に宛てた「証札之事」が付されている。石井五右衛門は富岡屋太郎兵衛行きの荷物を、伊勢国四日市の黒川彦左衛門（飛脚取次所）まで嶋屋に輸送を依頼した。しかし、宰領飛脚が地震に被災したため、荷物が掛川・袋井両宿で焼失した。嶋屋が賠償免除を訴え、幕府出先機関の「播磨番所」が免除を認めたため、石井が荷主丸損を承知した証札を嶋屋に提出した。

†輸送当事者の弁済

現在は物流に関する保険があり、事故に応じて保険金が物流業者に支払われるが、保険のない江戸時代、平時における荷物の紛失・被害については飛脚問屋側が賠償を負担した。

次の例は信州軽井沢宿から沓掛宿の中山道での水難事故であるが、損害賠償の負担者に注目してほしい。

天保十二年（一八四一）九月二日、京屋宰領新蔵が馬で五駄荷物を運ぶ最中、軽井沢宿と沓掛宿の間の「字雑山用水路」に差し掛かった時、馬が「踊り合い」のため荷物一駄が川中へ落ちた。宿場関係者が駆け付け、確認すると落ちなかった四駄のうち二駄も濡れていた。弁金はどれほどかかってもいいので雇馬士金三郎、その組合親類の半七、軽井沢宿加判の八郎兵衛が負担すると九月三日付で詫び一札を入れている（No.12）。

馬が「踊り合い」とは何かに驚いたのであろう。用水路近くで馬が暴れたため荷物一駄が川中へ落ち、川中に落ちなかった四駄のうち二駄も濡れていた。荷物被害の賠償は、沓掛宿の雇馬士金三郎、その組合親類の半七、軽井沢宿加判の八郎兵衛、同宿問屋の市右衛門らが負担したことがわかる。このケースは馬が暴れたという責任の所在が明確だったからであろう。

右のように責任の所在が明確で、支払い能力のある場合はよいが、馬士単独の責任となると支払い能力がないため、おそらくは飛脚側が全面負担または立て替えたものと推察される。

もう一つ水難事故を紹介するが、馬支の箇所に注目してもらいたい。

天保十二年六月二十一日、桐生新町から宰領飛脚が出立し、二之宮村（現前橋市二之宮町）で馬を継ぎ立てる際、荷物十駄の内、馬数がそろわなかったため二駄を止めて翌日に差し立てた。状況としては宰領飛脚が八駄荷物と先行し、馬士だけが二駄を監督して、後から追って来た。ところが、馬が橋を踏み抜いて荷物に濡れ被害を出したことで問題となった（No.11）。

おそらく馬士は後々のことを考え、第三者の立場の大島村太兵衛に確認してもらったものと思われる。この場合、二宮村の馬持林兵衛は馬士側の非を全面的に認めて謝罪しているが、損害賠償については触れられていない。

興味を引くのは荷物二駄の「泊」は例外ではなかった可能性である。水難事故があったからこうした詫び一札が史料として偶然残ったが、史料から受ける印象を言えば、宰領は、馬数が不足した場合、積めなかった荷物を残して馬士に追いかけさせる後追いが常態化していたように思われる。宰領飛脚には荷物の監督義務があるにもかかわらず、そうしたことをやっていた、またはやらざるを得ない状況にあった。

馬が足りない馬支の状況が引き起こした事故と言えば言える。史料がないため賠償負担は不明だが、おそらく話し合いの末に二宮村と飛脚問屋側で応分負担したのではないだろうか。

†延着でも利点

大地震で起きた荷物被害について飛脚問屋は免責を訴え、飛脚問屋と荷主が痛み分けという形で損をかぶった。平時の海上の難船に関しては飛脚問屋が賠償している。

江戸時代の交通インフラは自然状態に多少手が加わった程度の改変でしかない。馬支・川支に起因した人馬継立の渋滞対策として、飛脚問屋は天明二年（一七八二）に宿場での人馬継立輸送の優先権を幕府に認可させたが、効果は一時的なものに止まり、仲間による願いの結果、幕府は四度の御触を重ねている。

渋滞には途中で宰領が急ぎの荷物のみを抜いて仕立飛脚を先行して走らせる「抜状（ぬきじょう）」を放ち、また宰領飛脚が継立時刻を帳面に記す「刻附継送り（こくづけつぎおく）」で延着回避の意識付けを強化して対策を取ったが、それでも飛脚問屋は明治維新まで延着問題を解決できなかった。

慢性的な馬支、季節的な川支といった延着原因に加えて、不慮の事故による水難、盗難、火難の三難が飛脚と荷物に襲いかかった。延着は織り込み済みのリスクであるが、曲亭（滝沢）馬琴が書き記した荷物の延着の背景に、〝二支三難〟の事情があったからである。

延着問題を解決しようと企業努力を重ねに重ね、とうとう解決しきれずに明治維新を迎える。交通環境の劇的変化（道路・架橋の建設、鉄道、汽船、トラックの出現）と、分刻みの時間意識（鉄道の発着時刻、学校の登校時刻、規律正しい軍隊生活経験、労働時間を切り売りする会社勤務）の芽生えの中で時間観念が厳格化していった。「遅刻意識」が誕生し、延着も業者・利用者双方に是正可能な課題と認識されていった。

また慢性延着を脱却し得ない飛脚に対する荷物依頼が減らず、却って増加傾向にあったのは、飛脚問屋側による損害賠償のメリットがあったからではないだろうか。商人の場合、直接雇用もしくは契約先の荷宰領に託すこともありえたであろうが、輸送上のリスクを考えると飛脚問屋に荷物輸送を委託した方が好都合であった。飛脚輸送は〝災害保険〟の意味合いがあった。

但し、飛脚問屋自身には貨物保険がない。平常時の荷物事故に関しては輸送に関わる馬士・

馬持・渡船場などの輸送当事者が負担した。大抵の場合、馬士個人に支払い能力がなく、負担軽減か負担免除が求められた。この場合は飛脚問屋側が泣いた可能性がある。地震・津波などの天変地異による水難・火難に関しては、飛脚問屋と荷主が痛み分けの形で損をかぶっている。

盗難に関しては飛脚問屋側にセキュリティーの甘さがあることは否めない。盗賊に襲撃されたら、宰領飛脚の度胸と剣の腕に依存したのが現状であった。明治初期の郵便逓送人が拳銃を所持したことはよく知られる。昭和四十三年(一九六八)の三億円事件(定飛脚仲間の系譜を引く日本通運の現金輸送が被害)は象徴的であり、歴史ではなく、未だに課題なのである。

第 12 章

飛躍する飛脚イメージ

秋田–江戸の飛脚を6年間務め、謀殺されたという与次郎狐の石像（秋田市、筆者撮影）

1　文学・芝居の飛脚

✝史実の「冥途の飛脚」

本章では江戸時代の文芸（戯作、俳諧、川柳、狂歌）、芸能（歌舞伎、落語）に登場する飛脚問屋及び飛脚（宰領飛脚、走り飛脚）、そして狐飛脚伝説を検討することによって、江戸時代の人々に飛脚がどのように映じたのか、また意識されたのか文化的観点から探る。

まず近松門左衛門（一六五三―一七二四）作の人形浄瑠璃の名作、また悲恋の物語としてつとに知られる「冥途の飛脚」を取り上げる。これは実話に基づいている。物語の筋は「十八軒の飛脚屋の鑑」と言われた大坂の飛脚問屋「亀屋忠兵衛」である。その跡継養子である「忠兵衛」が遊女「梅川」と馴染みになり、得意先の為替銀を使い込んでしまう。忠兵衛は梅川と共に実家のある奈良へ逃避行するが追手に捕まる。史実はどうだったのであろう。

伊勢国津藩（藩主、藤堂高敏、三十二万石）伊賀上野城代を務めた藤堂采女が記した『永保記事略』の宝永七年（一七一〇）一月二十五日に次のように記される。

一　和州御領下新口（にいのくち）村小百姓四兵衛と申す者、大坂町御奉行北条安房守殿より御差留（おさしとめ）の義、古市奉行より申し越し候事／△四兵衛悴清八と申者六ヶ年以前大坂へ養子ニ遣し養父の家を継

ぎ、亀屋忠兵衛と申し候の処、金銀を盗み取り、遊女を請け出し引連候て欠落致し、和州郡山下上里村にて親類方に隠れ候所大坂より召し捕られ、入牢致し候に付而也（ついてなり）／（朱）是は世俗に曰謂、梅川忠兵衛の義也。／△右四兵衛義何事無く相済み御指し戻しこれ有り、但し齊（ひと）しく金銀は仰せ付けられ候趣也

補足しながら要約すると、大和国十市群下新口村（伊勢国久居藩領）の小百姓四兵衛が息子の「清八」を六年前に大坂へ養子に出した。清八は養父の家業を継いで「亀屋忠兵衛」と襲名した。ところが、忠兵衛は金銀を盗み、遊女を身請け（身代金を払って、その商売から身をひかせること）した上で、彼女を連れて駆け落ちした。大和郡山の下上里村の親類方に隠れていたが、大坂の捕吏に召し捕られ、入牢となった。これが史実の「梅川忠兵衛」である。

右の事実は、古市陣屋（伊賀上野城代管轄）の城和奉行（城和領五万石統治）から伊賀上野に伝えた書状の中に書かれた。久居藩（五万石）は津藩の支藩であるため、その関わりから新口村の出来事が記録された。実父四兵衛は大坂町奉行北条安房守の命令で差留（村外への外出禁止か）になったようである。その後、四兵衛はほどなく御咎めもなく釈放され、忠兵衛が使い込んだ金銀を返済せよと命ぜられた。

「冥途の飛脚」の初演は『永保記事略』の記述の翌年の宝永八年（一八一一）三月五日である。近松は実話を基に亀屋を飛脚問屋に設定して、実父の名（四兵衛→孫右衛門）を改めて書き上げた。近松は当時、大坂・大和近辺でかなり話題となった「梅川・忠兵衛」に取材し、実名を用いて劇作に仕立てた。上演はタイムリーだった。文楽があたかも今のメディアに近い役割を果たしている。

†梅川の後日譚

史実の「冥途の飛脚」には後日譚がある。梅川は生きながらえて別の男性と夫婦になったという説である。これは「島屋佐右衛門家声録」(近交七)に記載されている。元文四年(一七三九)八月、京都の飛脚問屋近江屋喜平二は大坂の飛脚問屋若狭屋久左衛門と相仕の契約を結んで営業していた。近江屋は大坂に進出して大坂店を設立した。近江屋大坂店の支配人であった平左衛門が死去し、弥兵衛が支配人となった。この弥兵衛は「気丈のもの」であったという。商売こそ繁盛したが、次第に「我ままを働き、仕立の早二本、三本ひとつに差し立て延引させ、万事おもふままなる働きとも不埒かさなり」とルーズになった。

そうした状況に我慢ならなかった江戸屋宰領平三郎(江源組所属)と嶋屋組の六右衛門とが相談し、「柳屋早飛脚」を創業しようと計画した。それまで江源組と嶋屋組は対立していた(第3章参照)が、同盟して内淡路町の北革今町会所の辺りで「柳屋嘉兵衛」という早飛脚請負所(飛脚問屋が受注した荷物の輸送を請け負う専門業者)を共同で創業した。嶋屋組は奉公人の甚兵衛を加（嘉）兵衛と改名させて差配させた。

この時の江源組のリードは津国屋宗左衛門から小松屋勘三郎に変わっていた。その後、小松屋勘三郎は江戸へ下り、大坂屋茂兵衛（後の江戸定飛脚問屋）を称した。そのため小松勘三郎の跡を亀屋善二郎が継いだ。この柳屋嘉兵衛の創業は、諸国の飛脚問屋を驚かせたという。

大坂の動きを受けて、京都の近江屋喜平二は膝を打って慨嘆し、「かくまで不仲であった津十（嶋屋組のこと）と江源組が協力して早飛脚ができたが、我が家業はついには衰え、末の世に柳屋の下に立つことになるだろう」と悔しがったという。家声録は「実に（近江屋）喜平二は先見の明がある器量人である」と評している。

「津十」とは「津国屋十右衛門」のことである。嶋屋組が株を所有した大坂の飛脚問屋であり、嶋屋佐右衛門の相仕である。続けて家声録は記す。近江屋喜平二が「かのかめや忠兵衛と噂にあひし、つちや梅川といへる女を女房にもちし活達のおとこ也」という。あの亀屋忠兵衛と噂になった梅川という遊女を女房に持った闊達の男であると記しているのである。

京都の飛脚問屋近江屋喜平二と梅川が夫婦になったことが史実だとすると、「冥途の飛脚」の見方もまた変わってくる。忠兵衛はともかく梅川は冥途に行っていないのではないかという疑念である。

右の記述は元文四年のことと記している。事件のあったのが宝永七年だから二十九年が経過している。梅川が当時二十歳としてすでに四十九歳である。どういった経緯で梅川が、近江屋喜平二の妻となったのかはわからないが、事件からほどなくして、梅川は近江屋の支援で暮らすようになり、夫婦になったのであろう。曰く因縁の女であるからこそ、誰も引き取り手がなかったところを「気丈な」近江屋が声をかけた可能性もある。亀屋忠兵衛の家業が果たして飛脚問屋だったのかどうかわからないが、近江屋喜平二と結ばれたことで、正真正銘の飛脚問屋の妻女になったことになる。家声録の行間からは恐らく幸せに暮らした梅川の姿が仄見える。忠兵衛が入牢後にどうなったのかは不明であるが、死罪一等を免れ、刑に服した後、改名して別の人生を生きたものと願いたいところである。

✝歌舞伎「恋飛脚大和往来」

近松門左衛門の「冥途の飛脚」の影響は歌舞伎に及んだ。「封印切(ふういんぎり)」「新口村」の段は「恋飛脚大和往来(こいのたよりやまとおうらい)」「傾城恋飛脚」の代名詞のように浸透した。後述する戯作絵本『奇事中洲話』にもパロディとして描かれるなど広がりを見せた。作品ごとに紹介する。

歌舞伎「恋飛脚大和往来」は、近松門左衛門の文楽「冥途の飛脚」が原作である。その後、正徳三年(一七一三)、紀海音によって「傾城三度笠」として改作された。さらに安永二年(一七七三)、「傾城恋飛脚」として豊竹座で上演された。これが歌舞伎では「恋飛脚大和往来」として上演された。

「恋飛脚大和往来」は「封印切」とも呼ばれる「新町揚屋の場」と「新口村」から構成される。「新町揚屋の場」は原作の「冥途の飛脚」と異なる。為替銀の受け取りを催促する丹波屋八右衛門が「恋飛脚……」では梅川を巡って恋敵となり、三百領で身請けしようとする。忠兵衛は、客の為替金三百両に手を付けてしまい、封印を切って小判をばらまく。なじみの遊女梅川を身請けするどころか、客の金に手を付けてしまい、斬首は免れまいと郷里大和国への道行となる。「新町揚屋の場」で丹波屋八右衛門が興味深いセリフを吐くシーンがある。飛脚問屋の特徴をよくつかんでいるので引用する。

ムム何だ、人に頼まれたとは何の事だ。大方意気地なしの忠兵衛が頼んだか。治右衛門、そりや悪い合点だ。尤も千両と二千両の金は取扱ふやうなれど、ありやァみんな人の物だ。金に一夜の宿を貸す飛脚屋商売、おのれが物といふたら家屋敷に家財ばかりで、ようよう二三十両に足らぬ身代、それで二百五十両才覚せうとは盗人をするより外はねえ、逆さにしても鼻血は出ようが、三文でも出る気遣ひなし、手附に打つた五十両の金も、どこから出たと思やァ、おれが所へ来る江戸の為替のその金を、途中でくすねた盗人同然、その尻が割れて催促すりやァ、とこぼえ（常吠え＝声を立て泣き続ける）廻つて手を合し、仏のやうなおれを欺して請取を書かせた大騙(かた)り、どうで仕舞は親の勘当、追付(おつつけ)菰を冠(かむ)つてのたれ死、みぢめなざまを見るやうだ。

飛脚問屋と金の関係の本質を突いた言葉である。現代の銀行業も客から預かった現金を企業に貸し付け、その利息で収益を上げている。送金・預り金を請け負う飛脚問屋は、銀行と共通する点が多い。商品を売って稼いで持参した丹波屋八右衛門の金二百五十両と、手渡さねばならぬ封印小判を懐に持つ忠兵衛の三百両とは全く質の違う現金である。

「新口村」は、雪降る中を亀屋忠兵衛と梅川が手に手を取って忠兵衛の郷里である大和国の新口村へと落ち延びる場面を描く。死ぬならば故郷の村でと考える忠兵衛が実父孫右衛門に仕えていた忠三郎を頼る。だが、村にはすでに手配が回っており、寄合から帰宅途中に転倒した孫右衛門を介抱する梅川。それとなく察した孫右衛門だったが、養い親妙閑に遠慮して会おうとしない。戸口の裏で様子を見守る忠兵衛。父の義理堅さと親子の情愛が見る者に切々と訴える場面である。

亀屋忠兵衛は手を付けてはいけない客の金に断腸の思いで封を切ってしまう。個人的事情から商い客の金を横領するのだから、本来は情状酌量の余地もない。舞台上では情と法の板挟みに苦しむ忠兵衛と梅川の逃避行の先に待つものは幸福ではない。

†歌舞伎「御存鈴ヶ森」

歌舞伎「御存鈴ヶ森（ごぞんじすずがもり）」にも飛脚が登場する。舞台は仕置場の鈴ヶ森刑場である。供養の石塔が立ち並ぶ中、夜間は雲助が集まる。雲助とは街道を職場とする住所不定の人足である。そこへ御状箱を担いだ飛脚が一人でやってくる。雲助たちに襲われ、身ぐるみはがされた飛脚は、「仲間にしてくれ」と御状箱を雲助たちに差し出してしまう。

ところが、その御状箱には白井権八（実在の鳥取藩士、平井権八に仮託）を差し出した者には褒美を出すという手配書が入っていた。それを読んだ雲助の一人が思い当たることがあるので、待ち伏せすることに。そこへ駕籠がやってくる。雲助たちは、乗っている若衆が白井権八だと襲撃するが、通りかかった本当の白井権八に斬られてしまう。駕籠かき人足は逃げてしまい、駕籠だけが残される。権八が立ち去ろうとしたところ、駕籠の中の権八と間違われた人物が声をかける。実は男は有名な侠客幡随院長兵衛であった。権八の身の上話を聞いた長兵衛は、江戸で仕官を望む権八に協力を約する。二人は再会を約束して別れる。

鈴ヶ森は東海道沿いにある処刑場であるが、御状箱を担いだ飛脚が雲助たちに身ぐるみはがされてしまうという設定は、飛脚が盗人たちに目を付けられやすかった事実を反映している。飛脚舞台を鑑賞する観客にとっても「さもありなん」と納得の行く場面であったのであろう。飛脚は元々が人足である。雲助と飛脚は同根なのである。

襲われた飛脚が御状箱を差し出し、雲助たちの仲間にしてくれるように請う姿は、滑稽であり、ユーモラスである。川柳に出てきそうな場面である。歌舞伎に登場する飛脚たちの姿は極めて人間臭い。だからこそ観衆の心を引き付けたものと思われる。

2　黄表紙の中の飛脚

✝山東京伝『奇事中洲話』

「冥途の飛脚」は山東京伝（一七六一―一八一六）にも影響を与えた。寛政元年（一七八九）刊行の山東京伝作・北尾政美画の黄表紙『飛脚屋忠兵衛　仮住居梅川　奇事中洲話（きじもなかずわ）』である。「雉も鳴かずば撃たれまい」をもじった。「冥途の飛脚」をパロディ化し、幕府勘定組頭の土山宗次郎と定飛脚問屋十七屋孫兵衛の越後米・仙台米の不正買い入れの十七屋一件を風刺した。

物語の筋立は、最初の三丁は近松の「冥途の飛脚」の絵（遊女屋で忠兵衛と梅川が遊ぶ場面、飛脚問屋亀屋忠兵衛に捕り手が踏み込む場面、図版参照）、忠兵衛と梅川の道行の場面が掲載され、それを読者がセリフを述べる趣向で展開される。四丁で場面が変わり、地獄の主閻魔大王が出てくる。閻魔に会いに来たという女が登場し、私娼窟だった中洲も吉原の火災で遊女たちが中洲に仮宅を設けたことで地獄が極楽になってしまったからと、地獄に来たのだと述べる。三浦の高尾大夫、役者の荻野八重桐も登場する。高尾と八重桐は地獄で夫婦として暮らしていたが、閻魔大王の寵愛が浅くなったため、「日済の鬼には毎日責められ、大屋の鬼には店立てをくい」という目に遭う。しかし「死んでしまいたく思えども、元が幽霊のことゆえ、死ぬこともならず」と娑婆へ向かう。

忠兵衛と梅川の話に変わる。忠兵衛は、恋の意趣返しを目的に中の嶋の八右衛門の奸計（忠兵衛の紙入れの印判を盗んで証文を偽造し、忠兵衛出入りの御屋敷役人から用米金四万両をだまし取る）で身の難儀となり、梅川と共に江戸へ。新宿に落ち着き、梅川は吉原の三文字屋七兵衛へ「花袖」の名で奉公に出る。忠兵衛は「飛脚屋の縁を引いて」文使い（吉原遊女の手紙を客に届けることを生業とする者）を始め、屋号を「瀬戸屋忠兵衛」（飛脚問屋のあった瀬戸物町をもじる）とした。

山東京伝『奇事中洲話』の場面。飛脚問屋亀屋（東京大学デジタルアーカイブポータルより）

一方、地獄から娑婆へ出てきた八重桐と高尾大夫は、瀬戸屋忠兵衛の隣で引手茶屋（客を遊女屋へ案内する）を出すことに。ほどなく八重桐改め「八重蔵」は三文字屋へ通ううちに花袖と親しくなり、忠兵衛が仲を疑うように。花袖は忠兵衛と高尾が隣同士のため疑い、互いに忠兵衛は八重蔵を、花袖は高尾を憎むように。そのため忠兵衛と花袖の生霊が、本来は死霊であるはずの八重蔵と高尾に取りつく。

大坂から中の嶋八右衛門が中の嶋の役人を引き連れて江戸で忠兵衛と梅川を捜索する。水茶屋の障子の内で、忠兵衛と梅川の声（実は八重蔵と高尾）を聞きつける。役人の渋井顔右衛門が踏み込み、二人を捕縛するが、顔が違うために不思議に思う。ここへ土手の道鉄が勧化のため通りかかり、金子を二人に与え「これにて、地獄へ立ち返れ」と生霊を済度した。忠兵衛と梅川の生霊は立ち去り、また八重蔵と高尾の死霊も消えて縄が残る。後に忠兵衛と梅川は詮議に遭うが、八右衛門の悪事が露見し、二人は御赦免に。両国柳橋の角へ料理茶屋「梅川忠兵衛」を開業し、「夫婦、行く末栄えける」とラストを迎える。

この『奇事中洲話』は、実際にあった天明六年（一七八六）の幕府役人の米不正買付事件を風刺した作品である。事件とは、同年二月と六月に幕府勘定組頭の土山宗次郎孝之が、指定業者である飛脚問屋十七屋孫兵衛に越後米と仙台米を不当に買い付けさせ、その差額を横領したとされる。土山は断罪され、他にも関係者が処罰された。十七屋も手代が処刑され、店は闕所（家財没収）となり、地方の出店が混乱に陥った。

掲げている飛脚問屋「亀屋忠兵衛」に捕り手役人が踏み込む図は、右側に米俵が山積みされていることから、十七屋になぞらえている。作中では「冥途の飛脚」の亀屋忠兵衛に仮託されており、幕府から難詰されても巧みに言い訳できるように工夫されている。描かれる亀屋忠兵衛の姿は、江戸で文使い「瀬戸屋忠兵衛」として生活し、梅川に一途であり、梅川となじみ客の仲を疑って嫉妬に狂って生霊となるというものである。

黄表紙という性格もあるが、忠兵衛＝飛脚はひたむきさと滑稽味を帯びて描かれる。この作品は観客側に「冥途の飛脚」「恋飛脚大和往来」「傾城恋飛脚」を熟知していることが期待されている。だからこそパロディを楽しめた。また上方・江戸庶民は飛脚問屋の仕事がどのような業務内容（為替手形）であるかについても、認識を共有していたと言えよう。

†山東京伝『早道節用守』

山東京伝の黄表紙『早道節用守』は寛政元年（一七八九）の作品である。「早道」とは飛脚の別称である。先述したように剣豪宮本武蔵の『五輪書』に「人にはや道といひて、四十里五十里行くものもあり」（風の巻）とあり、飛脚のことを意味している。

この作品の主な登場人物は、吉原の遊女「花萩」と、彼女と言い交わした主人公の「幸二郎」、そして二人の仲を横恋慕する「悪二郎」の三人。悪二郎は花萩をさらって女房にしたいと思うところに「早道の守り」の存在を知る。

守りを所持する大谷徳二は、韋駄天（「事は金光明経に見ゆ」）から蜚廉（「善走る殷の紂王につかゆ」）、さらに戴宗（「唐土梁山泊の義士、又神行太保と号す、一日に千里を走る事は水滸伝に見ゆ」）を経て駒谷三郎平（「早道の名人なり、宇治の常悦にしたがふ、事は白石噺に見ゆ」）へと相伝された。大谷徳二は「先年中村座にて将門冠初雪という名題狂言の時、桜田左交より此守を授かる」と述べる。この早道の守り（「韋駄天の守り」とも）は誰でも首にかけると、たちまち駆け出して「幾万里も行かるゝ」という守りである。

ところが、悪二郎が盗みに入って守りを盗んだところ、徳二に声をかけられてしまい、とっさに徳二の下男「損三（そんざ）」の首に守りをかけてしまう。寝ていた損三はそのまま駆け出し、天竺まで駆けてしまう。そこへ羅漢が現れ、損三を見つけ、釈迦如来へ報告しようとするが、ちょうど釈迦如来の現れたところで損三は「守りの徳を見せん」と象の鼻に守りを掛けたところ、象が走り出す。象は秦の始皇帝の阿房宮に辿り着く。門番の官人は守りを始皇帝へ差し出した。後宮に美女三千人を抱える始皇帝は「テレメンテイコ」（日本の言葉を解する家臣）に命じて、江戸の吉原へ赴き、美女を連れてくるように命ずる。早道の守りを首に掛けたテレメンテイコは「唐人矢の如しだ」と浅草の山門へ。長崎屋を旅宿とし、吉原で客の振りをして品定めをし、花魁の花萩を始皇帝に差し出そうと決める。

心ならずも身請けされた花萩はテレメンテイコに背負われて、早道の守りで秦へ赴き、始皇帝の寵愛を受けることに。始皇帝が酒宴を催した折、花萩は盃の「合」（酒杯のやり取りの際に二人の間で他の者が杯を受けて、酒席の興を助ける）を他の後宮の三千人に頼もうとするが、誰一人として引き受けない。そこで花萩はテレメンテイコを召し出し、吉原の全盛の女郎「鳰（にお）照（てる）」に合をさせようとする。テレメンテイコは道中で「先達て日本へ行し時、道にて銭を落としたるに懲りて、今度は両口の袋を拵へて、その中へ銭を入れ腰に挟んで走る。是にて至極利方よきゆへ、今にこれを早道と名付け、日本人も用ゆる事になりぬ」と早道＝飛脚の由来が記される。

　テレメンテイコは鳰照に合をさせて戻ろうとするが、日本堤で悪二郎の待ち伏せに遭い、手傷を負わされて早道の守りを奪われてしまう。悪二郎は守りを首に提げて、秦の阿房宮へ忍び入る。花萩に騒がれまいと猿轡を嚙ませ、棒縛りにして盗み出そうとする。ところが、宮中の唐人に発見されてしまい、悪二郎は捕らえられ、守りを首に掛けていた花萩だけが走り出してしまう。「ウンウンウン」と言いながらも日本に戻った花萩は幸二郎と再会する。花萩は一部始終を幸二郎に打ち明ける。幸二郎は早道の守りを商売道具にして早飛脚屋を始め、天竺（インド）、唐（中国）、オランダへも手紙や荷物を届けて成功を収める。かくして物語はハッピーエンドで締めくくられる。以下に物語の締めくくりを引用しておく。

**　幸二郎、思ひがけなく再び花萩に逢ひ、かの守りの徳、悪二郎が訳も委しく聞き、大に喜び、かの守りをもつて大千世界早飛脚屋の見世を出し、大きに流行り大金を儲けける。されば幸二郎は、物入もせずに花萩を女房にし、悪二郎は、おのが邪なる心より、千万里を隔てし唐土に**

「早道の守り（韋駄天の守り）」を商売道具に、幸二郎は唐・天竺・和蘭へと通ずる早飛脚屋を開業し、大儲けをする。かくして遊女花萩と結ばれる。後ろの懸看板に「万国通路／飛切無頼早飛脚屋／いたてんや／幸二郎」とある（山東京伝『早道節用守』）

て身を果したるゆへ、諺に幸二ものを入れず、悪二千里を走るとは、今の世までも言ひ残しける。

「わしは浪人者じゃが、天竺へ手紙を一ツ本届けたい」

「昨日、和蘭へ福輪糖を買いにやりましたが、賃銭が二十四文さ。これから見れば、柳橋から堀へ、百は高いものだ」

「万国　通路　飛切無類早飛脚屋　いだてんや　幸二郎」（傍点筆者）

『早道節用守』は、恋仲の男女と横恋慕を軸に「早道の守り」という突飛な要素を加えて成立させた荒唐無稽の物語だが、ここには飛脚に対する期待・願望が潜むように思われる。大千世界早飛脚屋の店を始めたところ、大いに流行って大金を稼いだ。「大千世界」のどこへでも行けるから（国際郵便に相当）、非常に利益を上げることができたのだという。

「天竺へ手紙を一ツ本届けたい」「和蘭へ福輪糖を買いにやりましたが、賃銭が二十四文さ」のフレーズは江戸の人々の唐・天竺・和蘭の三国を中心とした世界観を示している。江戸の読者は、遠い海外に即座に手紙を届け、格安料金で海外産物を入手できればという所に共感と憧憬を抱いたことであろう。こうした神業また神速こそが江戸の人々の欲望であったとも言える。この〝江戸の欲望〟を、現代日本は実現させたのだと言える。

†竹の塚の翁『雲飛脚二代羽衣』

『雲飛脚二代羽衣』（＊1）は序文末尾に「竹の塚の農夫　竹翁なる者乎」の署名・印があり、作品の末尾に「竹の塚の翁作」とある。早稲田大学図書館データには「竹塚東子」（?—一八一五）とあり、作画は北尾重政（一七三九—一八二〇）とある。序文末尾に「辛酉上春」とあり、この干支は享和元年（一八〇一）を指している。以下に物語の筋立を紹介する。

＊1　竹の塚の翁作・北尾重政画『雲飛脚二代羽衣』は早稲田大学図書館古典籍総合データベース、国立国会図書館デジタルコレクションにて閲覧可能。

三保の松原で天女が羽衣を松にかけて下着姿でいたところ、空を飛ぶ「きまぐれてんぐ」がその姿を見て「へへいひにほひだ、はながひくひくする」という。気まぐれ天狗は天女を女房にしようと抱えて飛んでいく。あたかも久米仙人を思わせるシーンである。ちょうど釣りに来ていた伯蔵が羽衣を見つけて、「とんだものがてにいつた」と家に持ち帰る。人々に始終を話し聞かせると、近所の評判となり、見物に来る者も現れた。

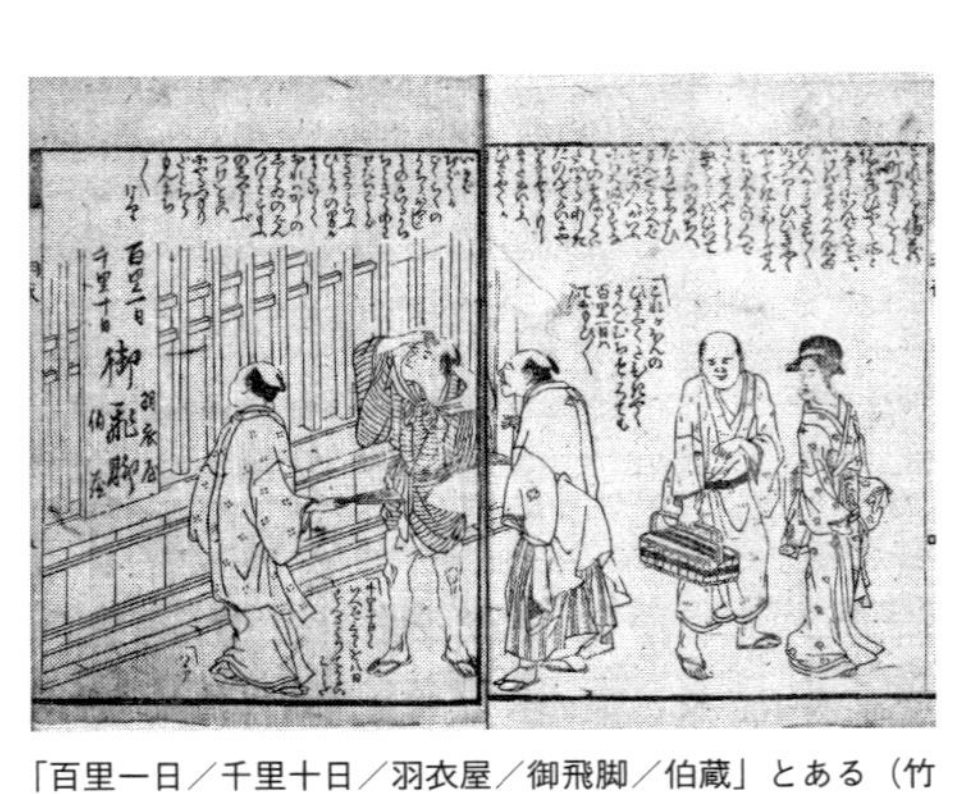

「百里一日／千里十日／羽衣屋／御飛脚／伯蔵」とある（竹の塚の翁『雲飛脚二代羽衣』、早稲田大学図書館古典籍総合データベースから）

それより伯蔵は町へ出て、「諸国御ひ（き）やく所」と大きく看板を出しておいた。通りすがりの人が看板を見て「これかほんの飛脚た飛脚、さんど（三度）むち（鞭）をうつても百里一日はて（果て）おもひおもひ（思い思い）」と別の人と談笑している。

ある金持ちの隠居が不老不死の薬を求めていたところ、「こんろん」（崑崙）の辰巳の方角に仙人の住む所があり、仙人の名を安毛羅紺という。隠居は羽衣屋を呼んで、「その方は不思議の衣を飛行自在の由、何卒長命の薬を取りて得させる、さあらばその方ののぞみにまかすべしとずいぶんいそげいそげとろ（路）金二百両御内わたしなり」と告げる。

伯蔵は二百両を受け取り、そのうち二割を親分に預け、路銀を少々持って飛び立ち、二千里来たところで休んでいたところ、この国の餌差（鷹狩の餌を捕まえる者）が通りかかり、伯蔵を渡り鳥と間違えて捕まえてしまう。鳥かごに入れられ、大王に献上される。伯蔵は理由を説明するが、言葉が通じない。しかし、大王はさえずりを気に入り、珍しい鳥を手に入れたと餌差らに褒美を与えた。

伯蔵は大王に半年ほど飼われていたが、大王は自分だけで楽しむものではないと、出入りの町人に与えて「諸人に見すべし」と仰せになったので、町人たちは盛り場へ行き、伯蔵を見世物にした。伯蔵は舞拍子が合わないので、唐人に日本の唄を教え、いろいろ所作事をしたため、大繁盛となった。「人間の行方もいろいろな目にあふものなり」との感慨が挿入される。町人も大金を得て、大王の計らいで伯蔵は暇を申し渡された。町人は伯蔵を海岸に見送る際、「はごろものきつつなるれば天津さへおとめ申すもなみだなりけり」と狂歌を贈った。

伯蔵は飛び続け、山の中で猿取の鷲蔵、賜なの鶴八、蛇食いの鴻助といった悪玉に捕まり、なぐられた上に羽衣の毛をさんざんにむしり取られてしまう。飛ぶことができなくなった伯蔵は山中をさまようが、一軒の家を見つけ、宿を頼む。その家には天女をさらって女房にした気まぐれ天狗がおり、学問に精を出していた。戸をたたく音に出てみると、破れた羽衣をまとった男。いぶかしみながら伯蔵に尋ねる。伯蔵は一部始終を説明した上で（羽衣を）「おかへしもうす。何とぞ私を国へおかへし下され、そして長命のくすりがあらバおしへ下され」と泣いて頼んだ。

天狗は伯蔵に「これすなはち長命長寿のやくほう（薬方）書なり、これをそのたのしゅ（他の衆）にさし上げ御用あらば長じゅ（寿）うたがい（疑い）なし。一刻もはやくかへり給へ」と伯蔵を促す。伯蔵は「これはこれはありかたふござります。わたくしも今日にも出立いたしとうござれど、はごろもをおかへし申ましたゆへとぶことがなりませぬ。何とぞぬしさまのおはりき（御羽力）をねがひ上ます」と頼む。天狗は伯蔵を背に乗せて日本へ飛び立つ。ここで「いんじやてんぐ（隠者天狗）は仁者ニして伯蔵をいたはりわがはね（羽）にのせて日本へたつとのま（間）にかかりつれる此てんぐもひきやく（飛脚）をすれば大金をもふけるだろうがよくしん（欲心）はなきものとみへる」と記される。

帰国した伯蔵はまず親分の所へ行って顚末を話し、その上で金持ちの隠居のもとへ赴いて事の次第を報告した。隠居は喜んで書物を開いてみると、そこには「夫命は不定なり、されど其鳥もち方に伝あり、此書にいわゆるきんもつ（禁物）の品をさけて仁慈礼義信の五米を持参すべし。大酒、淫乱、悪喰、短気、癇癪、不実、不仁、不義、非道、非義、此おもむきをよくよくつつしミあらバ長寿長命富貴心のままなるべし、わけていんとく（陰徳）をつねに用ゆべしとみへたり、たちまちはつめい（発明）あそバされ御長命はつるかめ（鶴亀）にてごねんしに上ル、くらひなるべし」と記される。伯蔵は太守（隠居）より金三千両を賜り、多数の巻物を頂戴してにわかに大富貴の身となった。

この作品はまだ活字化されていないので、長々と物語のあらすじを示したが、羽衣を纏うことで飛行可能な飛脚が描かれている。江戸時代の人々の夢であったのであろう。飛脚問屋を営業して大金を経た伯蔵は、『早道節用守』の「早道の守り」を道具に大利を得た幸二郎とも重なる。アメリカンドリームならぬ〝エドドリーム〟であったとも形容できよう。

3 俳諧・川柳の飛脚

†俳諧に点描される

好んで飛脚を題材に詠んだ与謝蕪村には「飛のりのもどり飛脚や雲の峰」など、知り得る範囲で四作品が確認できる。しかし、俳諧作品で飛脚が詠まれることは少ない。飛脚に余り抒情性を感じなかったのであろうか。あるいは飛脚が季語にないことが大きいのかもしれない。けれど、五七五の十七文字の中に「飛脚」の二字を盛り込んでいる作品は、ほんの瞬間を切り取った読み手と、飛脚との距離が窺われるように思われる。飛脚を詠んだ作品を、いくつか紹介したい。

あづけ置く比(ころ)は霜夜のかね飛脚

預け置くのは何か。下の句に答えがある。金飛脚だから現金である。いつの頃なのか。霜夜から極月と推察される。「かね」は金と除夜の「鐘」を掛ける。類似作品に蕪村の「ゆく年の瀬田を廻るや金飛脚」がある。盆暮れ勘定で現金払いを預け置いた、その頃（ころ銭を掛ける）は極月晦日であり、凍てつく霜夜の中を金飛脚が走る、江戸情緒の滲む情景である。

状箱を駿河の飛脚請取りて

状箱は手紙を入れる荷箱である。飛脚が駿河国で状箱を受け取ったのではなく、江戸を出立する駿河行きの飛脚が受け取ったという意味であろう。駿河と言えば、駿河城を拠点に駿河定番役が駐在している。旗本たちも駐留する。江戸の家族の手紙を届けるのであろう。すでに見たように京屋弥兵衛の引札には駿河行きの日限便が設定された。

待宵の月に床しや定飛脚

待宵とは訪れるはずの人を待つ宵のこと。また旧暦八月十四日の夜を指す。ただあの人の訪れを待つ宵の月（着き、に掛ける）が懐かしく見える、そんな夜にあの人の文を運ぶ定飛脚が到着する。

木陰見て心を涼む早飛脚

先を急ぐ早飛脚は走り飛脚であろう。暑い最中にふと街道脇を見ると、涼しそうな木陰が見える。あの木陰に入って涼みたい。しかし、それは時間的に許さない。だから木陰を目に映じるだけでも何とも涼しい気分になるではないか。そんな心の一瞬を切り取った。

更けわたり眼の冴へて来る銀子飛脚

夜更けに入り、銀子を運ぶ飛脚はますます眼が冴えて来る。類似の作品に「数百両紐しめて行く三度笠」がある。警察は自動販売機を〝屋外の金庫〟と言うが、金飛脚は〝歩く(走る)金庫〟のようなものである。緊張で目が冴える、三度笠の紐を締めたくなる。

御飛脚の堀河出てなづな哉

黒柳召波(一七二七—七一)の作品である。召波は通称を清兵衛、京都の人であり、蕪村の高弟でもある。御飛脚は御用を務める飛脚のため「御」を付ける。御飛脚が京都の堀河(川)を出たところで丁度薺(なずな)の花が一面に咲いている。薺は春の季語。和種のこぢんまりとした薺が咲く向こうに御飛脚の急ぐ姿が垣間見える。日本らしい春である。

†ユーモラスな川柳の飛脚

川柳も十七文字からなる短詩文学であるが、人情・風俗・世相などを滑稽に、機知に富んで詠ずることから、飛脚が描かれることがある。江戸中期の柄井川柳(一七一八—九〇)が編集・公刊した『誹風柳多留』を含めて、『武玉川』『江戸砂子』などに飛脚の文字や様子を詠み込んだ作品が散見される。

あさつてはそばで見ますと島屋いひ

島屋は嶋屋佐右衛門のこと。「明後日には傍で見るから」と嶋屋の宰領がそう言ったのだという。何を見るのだろうか。富士山のことを指すのか。「傍で見る」とわざわざ言うということは、前提として今は言った方も言われた方も傍で見ていないのである。江戸の西には上半身の富士山を拝むことができるが、東海道を西へ行けば、明後日にはもっと傍で裾野を持つ富士山の姿を見ることができる。

足を空雲駆走る御状箱

御状箱だから幕府専用の継飛脚を指すのであろうか。宿場から宿場へと問屋場人足が駆ける様子は、足が空に浮くようにして雲の上を駆け走るようであるという。御状箱を担ぐ継飛脚が街道を走ってくると、道中の旅人たちは脇へ避けなければならない。人々は立ったまま継飛脚を迎えて、そのまま見送る。あっという間に通り過ぎ去る。

一生を旅でくらすのに三度とは

その一生涯を旅で生活するのに三度飛脚とは何てことだろうか。一と三の数字にこだわった川柳である。それと関連して「一日に十七人もたび（旅）へたち」とは同じ場所から一日に十七人も旅に出立している不思議さをユーモラスに詠んでいる。この十七人は十七屋にもじり、十七人の宰領飛脚と走り飛脚に懸けている。

川留にかまはぬ蘇武が早飛脚

長雨で河川が増水して川留になっても蘇武の早飛脚は知った事ではないという。これは雁の使いの故事に基づく。前漢の蘇武（紀元前一四〇頃―紀元前六〇年）は匈奴へ使者として赴くも逆に囚われの身となる。前漢の使者が蘇武の帰国を匈奴と交渉した際、蘇武からの手紙が雁の脚に結ばれていたという。蘇武は十九年間抑留されて帰国を果たした。転じて雁の使いは便りや手紙を指すようになった。同系列の作品に「百合若（※鷹を飛脚に用いた）と蘇武の飛脚は羽根て行（ゆき）」「鷹と雁和漢飛脚を相勤メ」がある。

三度飛脚は馬上にて舟をこぎ

教員経験のある方はわかると思うが、特に昼下がりの午後の教室で教壇から生徒たちを見ると、幾人かがこっくりこっくりと頭を上下にして船を漕いでいる。この動作と同じく、馬に乗る三度飛脚、即ち宰領飛脚が日限を気にしながら昼夜兼行で進む。しかし、ついつい睡魔に襲われて船を漕ぐ。類似の作品に「日限りの三度早馬て船をこぎ」「知章（※平家の武将平知盛の息子知章、謡曲「知章」）程三度飛脚は馬で漕」がある。

十七屋とてんはいかにわたるまし

著名な十七屋孫兵衛を詠んだ作品。「とてん」とは「渡天（竺）」のことを指す。あの十七屋だって天竺に渡ることはどうにもならないだろうという。「十七屋日本の内はあいといふ」に対抗して捻られたように思われる。十七屋の作品は「はやり風十七屋からひきはじめ」「吉原へてんねき（※てんねきは時折の意）配る十七屋」など十一作品が確認できるが、拙著『江戸の飛脚』で扱ったので他は割愛する。

早飛脚品川までは帯をしめ

早飛脚とは走り飛脚のことを指している。飛脚問屋を出立した当初は帯を締めて、着衣しているのであろうが、その限界も品川宿までということであろう。汗が噴き出して体が熱くなると、もう帯など締めていられない。褌一丁締めてという状態になるのか。

†狂歌に詠まれる飛脚

狂歌は五七五七七の三十一文字の短歌形式をとる。元々ある短歌作品を本歌取りしながら滑稽・洒落・風刺を利かせる遊戯的な和歌である。つまり著名な短歌作品のパロディとも言える。特に天明年間（一七八一―八九）は天明の狂歌ブームと言われるように、流行の火付け役となった大田蜀山人（一七四九―一八二三）、四方赤良、朱楽菅江などの狂歌師が活躍した。

こくちには縄も千鳥にかよはせて淡路嶋やのなみの送り荷

本歌は「淡路島かよふ千鳥の鳴く声にいく夜寝覚めぬ須磨の関守」である。「こくちには縄」は小口縄（手綱の一種）を意味し、「淡路嶋や」は嶋屋を掛けている。嶋屋の宰領飛脚が馬の背にゆられ手綱を持つ様子は、あたかも淡路島を往復する千鳥のようであり、波のように揺られる馬の荷物であることよ。

のほせ荷の改め判もおし小路京やか出す請とり手形

「のほせ」とは京へ送る為登のこと。「おし小路」は京都の押小路のこと。「京や」は京屋弥兵衛のこと。押小路のある京（京屋と京都を掛けている）の発給する請取手形には為登荷の改め印もしっかり押してある。掛詞が多用してあり、技巧が利いた作品である。

呉服店仕立飛脚のあつらへも布の嶋やそのひちゝみなき

呉服店が仕立てる誂え物と、仕立飛脚の誂え荷物、また布の縞やと嶋屋、さらにはその日は縮（縮緬）がないのと、その日（限）の縮み（短縮）がないのとが掛けてある。通すと、呉服店の仕立てる飛脚の誂え物にその日は縞柄の縮緬がない。もう一つは呉服店が発送した仕立飛脚の誂え荷物に嶋屋の日限が（延着はあっても）短くなることはないという二重の意味が込められている。

すけ笠の月に三度の京やからいそき飛脚も出る十日限り

三度笠にもなぞらえている菅笠の月は満ち欠けが半月に似ている。菅笠をかぶる三度飛脚の京屋弥兵衛から十日限りの急ぎ飛脚が出る。菅笠は三度笠にもなぞらえている。

京やより出る飛脚もいそくほとあしも多かるあしにまかせん

京屋弥兵衛から出る早飛脚であるが、八日限、六日限、四日限と急げば急ぐほど「あし（現金の意）」も多いので、「あし（私）」に任せてくれないか。この「あし」が葦の意味も含むならば、海を渡る雁が休むために葦を銜えることも意味する。蘇武の故事に習うならば、飛脚の役目を果たした雁が葦に身を任すという意になる。

早状の印にもみちの色みせて時雨ふる日もめくるひきやくや

早状の包の上部左は早状の印として赤色の紙が張られ、もみち（紅葉）の色と表現されている。早状だからこそ秋の時雨の降る日であっても季節が〝巡る〟ように走り〝廻る〟飛脚屋であることよ。

むらさきのゆかりの花の大江戸へくもてにものを配る飛脚屋

「江戸紫に京鹿子」。紫と言えば青みがかった江戸紫。京都の紅染めに対応して「江戸紫」と呼称される。江戸紫の染料は武蔵野に生える紫草から抽出する。江戸紫に代表される大江戸の四方八方に「くもて（蜘蛛手）」のように放射状に荷物を配る飛脚屋を詠む。

川柳作品の数に劣らぬほど、狂歌作品にも飛脚を詠んだ作品が登場する。おそらくは走ることの少ない江戸期の人々にとって飛脚は姿態・動作が極めて目立つ存在であった。川柳同様に格好の題材であったのであろう。江戸っ子にとって飛脚及び飛脚問屋の認識の高さが窺われる。狂歌の飛脚は風刺の中にやや風雅さも微かに匂わせて技巧が利いている。

4 話芸の中の飛脚

†明石飛脚

古典落語に「明石飛脚」「堺飛脚」がある。特に「明石飛脚」は「明石飛脚」「雪隠(せっちん)飛脚」「うわばみ飛脚」の小話三つが連なるオムニバス形式となっている。

「明石飛脚」は、大坂の飛脚が明石まで手紙を届け、その帰り道も含めての筋立てである。得意客に「明石まで手紙を届けたいと思うて、飛脚宿へ頼みに赴いたところが、出払ろうて誰も手がないのや、おまはんは足が自慢やさかい」と明石までの飛脚を依頼される。男は手甲・脚絆・草鞋ばきと姿を整えると明石へ向けて走り出す。

大坂から明石までは道のり十五里。飛脚の「や、どっこいさのさ」の掛け声と同時に囃子が入る。飛脚が途中で場所を尋ねると、「西宮」の答えに、さらに「大坂から明石までなんぼおますやろ」と聞く。すると「大坂から明石まで十五里といいまんな」との返事。さらに掛け声、囃子が入り、また場所を尋ねる。今度は三宮であるが、大坂から明石までの距離を尋ねると、やはり十五里の答え。

さらに兵庫、須磨、舞子まで同じ問答を繰り返して話が進行する。夕方前に飛脚が明石の町に入ると、「人丸さん」（柿本人麻呂を祀った人丸神社のこと）の境内に飛び込む。そこの茶店の床几（しょうぎ）（腰掛）へどっと横になると、飛脚は寝てしまう。しばらくして茶店の主人から店じまいを告げられる。飛脚が場所を聞くと主人は「人丸さんも知らんのかいな。明石の人丸さんでっせ」との由。飛脚は「明石、ここは明石だったか、ああ、走るより寝てるほうが早かった」とオチが付く。

　話は連続して「雪隠飛脚」の話に移る。明石まで手紙を届けた飛脚が今度は帰り道を急ごうと、近道、近回りをしようとする。畦道や境内を通る度に囃子がかかる。飛脚は急に厠へ行きたくなった。「昔から小便一町、糞八町という言葉があるが」と言いつつ、田んぼのそばの野雪隠に駆け込んだ。飛脚がしゃがみ込むと懐から握り飯の包みが下へストーンと落ちる。飛脚は「ああ近道をしよった」とオチを一言もらす。

　さらに続けて「うわばみ飛脚」に移行する。厠で用を足した飛脚だが、近道を選ぶあまりにとうとう山の中へ迷い込んでしまう。その姿を見つけたのが山に古くから棲むというわばみ。「おう、向こうから飛脚がやって来たな、有難い、久しぶりに人間が喰えるぞ、ようし」と大きな口を開けて道で待ち構えていると、飛脚はお構いなしに口に飛び込む。さすがに飛脚も「うわっ、こりゃどうじゃ、一ぺんに日が暮れた」となるが、構わずに走り続ける。すると「向こうのほうにあかりがチラチラ見えて来たぞ」とズボッとうわばみの肛門を抜けて走り去った。その後ろ姿を見送るうわばみは「しもた、褌をしとけばよかった」とオチを語る。

†堺飛脚

「堺飛脚」はユーモラスな怪談となっている。近郷に手紙を届ける専門の町飛脚が夜中に得意先に、大坂船場から堺大浜まで手紙を届けるように依頼される。堺筋を南へと走ったり、歩いたりしながら飛脚が森へ差し掛かると、狸（たぬき）の化けた一つ目小僧に遭遇する。さらに唐傘、高入道、のっぺらぼうと出会う。その度に飛脚が「ド狸」とどやしつけ、「古い古い」となじると、いずれも姿を消してしまう。ようやく夜明けに飛脚が海岸へ出ると、波が寄せては引く中に一尺の鯛が砂浜に打ち上げられているのを見つけた。飛脚は「いい土産ができた」と喜ぶが、その鯛がグワッと目をむいて「これでも古いかい？」と言うオチが付く。

落語の中の飛脚は、至って滑稽でユーモラスな存在である。落語の題材に取られるぐらいだから、それだけ話す方も聴く方にも、いかに飛脚という存在が身近であったか。「明石飛脚」「堺飛脚」は走り飛脚のみ登場する。走る姿は江戸時代の人々にとっても飛脚そのものを象徴した姿であったのであろう。宰領飛脚を扱った落語についてはいまだに聞かない。

もう一つ興味深い点は明石飛脚を担った男の存在である。飛脚宿では全ての脚夫が出払っていて、商人は得意客に依頼した。このように専業の飛脚でない者が頼まれて臨時に飛脚を務める場面がままあったことを示唆する。現代に喩えれば、企業タクシーではなく、白タクのようなものであろうか。

5 狐飛脚伝説

狐の使い

狐と人の関係を軸とした物語は古くからある。狐が人を化かす、狐の嫁入り、狐女房などの異類婚姻譚、かと思えば崇拝の対象としての稲荷神（祭神は倉稲魂神（うかのみたま）、狐は神の使い）を祭るなど、人狐関係の形は様々である。狐飛脚伝説もそうした一つであり、狐が人に急ぎの手紙の輸送を依頼されて神業的な速さで往復して飛脚を務める話が各地に伝承されている。

こうした狐の神速は中国の『聊斎志異』の「嬌娜（美女と丸薬）」にも記される。この話は異類婚姻譚でもあるのだが、孔雪笠が松娘（実は狐）を娶って故郷に戻る際、公子（孔雪笠の教え子、やはり狐）の力を借りるのだが、目をつむっている間にあっという間に郷里に戻る。狐と言えば、変化（へんげ）と神速がワンセットになっている。

人間にとって一〇〇キロ、数百キロという物理的な距離は如何ともし難い。上田秋成の『雨月物語』の「菊花の約」にも赤穴宗右衛門が重陽の節句に友人丈部左門との再会を約して果たせず、自害して幽霊となって現われて語る。「いにしへの人のいふ。「人一日に千里をゆくことあたはず。魂よく一日に千里をもゆく」と。此ことわりを思ひ出て、みづから刃に伏、今夜陰風に乗てはるばる来り菊花の約に赴」。この人間ではどうにも解決できない物理的な距離を克服するには超人的な力に頼らざるを得ない。

その神速さが話の軸にあるからこそ狐飛脚伝説も話として際立っている。伝説が形成された時代は平安時代から江戸時代にかけてである。その所在地は全国的であり、現代の県名で言えば、秋田、山形、神奈川、長野、滋賀、奈良、福井、鳥取、島根の八県、計十カ所を数える。おそらくもっとあるかもしれない。本節では可能な限り、最も古い伝説の形を参照しながら、そこに込められた伝説の意味を読み解いていこう。

最古に属する狐飛脚伝説は、『今昔物語集』巻二十六第十七の「利仁の将軍若き時、京より敦賀に五位を将て行きたる語」に登場する狐の使いであろう。

九世紀の終わり頃、摂政・関白を務めた藤原基経に仕えた藤原利仁は若い頃、「五位」という人物が暑蕷粥を飽きるほど食べたことがないというので、五位を連れ、婿入りしていた妻の実家である越前国敦賀へ馬で赴く。その途中の近江国三津浜（滋賀県大津市）まで来ると、狐が走り出て来た。利仁は「よし使いが出て来た」と言って、狐を捕まえて言い含めた。「なんじ狐、今夜の内に利仁が敦賀の家に参って「客人を連れて行くので、明日の巳の時（午前十時頃）に高島の辺の男共に迎えに馬二疋に鞍を置いて来るよう」にと。言われた通りにしないとただでは置かぬ。なんじ狐、ただ言われた通りにせよ。狐は変化ある者だから必ず今日の内に到着してそう言え」と狐を放った。

果たして翌日巳の刻に敦賀から男共二人が馬二疋と食べ物などを持って現れた。その郎党の一人が言うには昨夜戌の時（午後八時頃）、利仁の妻が胸に痛みを覚え苦しみながら「殿が京より下らせ給うのに会ったが、逃げたところを捕まってしまい、こう仰せられた」と前置きした上で利仁の言伝をそのまま話したという。利仁は微笑みながら五位の方を見た。五位は奇異と思ったという。

二人が敦賀に到着し、その夜、五位が寝所にいると、外から「明朝卯の時（午前六時頃）までに切り口三寸、長さ五尺の暑蕷を各々一筋ずつ持って参れ」という大声が聞こえた。果たして翌朝、暑蕷が建物の高さほどに山積みされていた。五位は暑蕷粥を振る舞われたが、「飽きにたり」と一言漏らした。利仁がふと見ると、使いを務めた狐が向かいの建物の軒下にいる。利仁が「御覧なさい。昨日の狐が現れたのを」と注意を促した。利仁は「彼の狐に何か食わせよ」と命じた。五位は一カ月ほど敦賀に滞在したが、楽しい思いをして、帰京に際して綾・絹・綿などの入った行李をもらい、さらに駿馬に鞍を置き、牛など付けてくれたので、富んで帰京したという。

右の話は芥川龍之介の作品「芋粥」の元になった話である。狐の使いは神速で三津浜から敦賀まで駆けて、役目を果たしたことがわかる。利仁は狐に対して「変化ある者」の能力を期待している。人間では如何ともしがたい物理的な距離を狐があっという間に乗り越えることを期待している。

神奈川県鎌倉市には鶴岡八幡宮外の西に志一稲荷神社（神奈川県鎌倉市雪ノ下二—三）がある。

志一稲荷神社（神奈川県鎌倉市、筆者撮影）

由来について貞享二年（一六八五）刊行の河井恒久友水纂述『鎌倉志』四巻（全八巻）に「志一上人石塔」の記述がある。
志一は筑紫国の人である。訴訟のため鎌倉に来たが、すでに訴えを認める書状を本国に忘れてしまった。「どうしようか」と思った時、志一に仕えていた狐が一夜のうちに本国に赴き、次の明け方までに書状をくわえて戻って来た。狐は志一に書状を差し出すと、そのまま息絶えた。志一は訴訟が聞き届けられた後、狐を稲荷の神と祭り祠を建てた。志一稲荷は関東公方の足利基氏の代に上杉家の尊崇を受けた。
右も人間に尽くす狐の姿が語られている。

秋田市の与次郎稲荷神社（上）と東根市の与次郎稲荷神社（筆者撮影）

†出羽国の与次郎狐

平戸藩主の松浦静山（一七六〇―一八四一）が執筆した随筆『甲子夜話』巻一に狐飛脚のことが記述されている。「羽州秋田に何狐とか云ありて、この狐、人に馴て且よく走る。因て秋田侯の内にて、書信ある毎には、其狐に託して書翰を首に繞ひやれば、即江戸に通ず。其捷速を以て屢此獣の力を仮る」と書いている。「秋田に何狐」とは与次郎狐、秋田侯とは初代秋田藩主の佐竹義宣（一五七〇―一六三三）のこと。佐竹氏は関ヶ原の合戦で西軍に与したため、常陸国から出羽国へと減知移封となった。当主、佐竹義宣が江戸との通信で使ったのが与次郎狐とされる。久保田城跡の与次郎稲荷神社（秋田県秋田市千秋公園一―八）と、与次郎狐が死んだとされる山形県東根市に共に同名の与次郎稲荷神社（山形県東根市四ツ家一丁目二―一）として祀られる。地元では知名度の高い伝説として親しまれている。

秋田市にはもう一つ与次郎稲荷神社があったが、こちらは残念ながら住宅街の波に呑まれ、取り壊された。取り壊された稲荷社は足軽たちが集住する一角にあり、飛脚役を務めた足軽たちが勧請したようである。

与次郎狐について考察した菊地和博「伝説と史実の対話——与次郎稲荷神社と久保田城主佐竹義宣」によると、最も古い伝承記録は文政元年（一八一八）から弘化二年（一八四五）にかけて成立した長山盛晃の「耳の垢」に紹介されたものという。文久三年（一八六三）から明治二十六年（一八九三）にかけて著した石井忠行の「伊豆園茶話」二十の巻に「耳の垢」から転載する形で伝承が紹介されている。

長山盛晃（伝左衛門、初専蔵）が『耳の垢』といふ記に、慶長九甲辰八月中御城御成就にて、天英公（佐竹義宣）土崎湊城より御移り、二、三日後御坐ノ間の御庭へ大狐出て、三百九年来此神社の社の辺に住みしが、今は住処なければとて住むべき地たまはらむ事を願ふに、御茶園にて下さる。御遷封三十年程前、水戸の御茶園守りに与次郎といふものありしを思召出されて、即ち与次郎といふ名を此狐に賜ふ。斯くて江戸御飛脚六年相勤、最上六田駅にて悪るもの間右衛門谷蔵等油鼠をかけ打殺されしは慶長十四年酉七月下旬なりと、一村三百余人狂気となり、死するもの十七人（イ／三十七人）、正気のもの只十人斗り也。御代官杉本伊兵衛江戸より八幡宮と祀りて祟り止しとぞ。今も御茶園辺に足の黒き狐あり。与次郎が子孫にて、与次郎御飛

脚勤めし時黒脚半の名残といふ。此近辺菜園の瓜茄子狐のとる時、御茶園の与次郎が手作と書きたる札を立つれば、曽て狐障る事なし云々。扨、今の北の丸御籾蔵（寛保三亥夏五月建）の地に先年金乗院ありて、其境内に与次郎稲荷の社ありて、金乗院に祭らしめたまふとぞ。御籾蔵建られし後も尚此頃まで小祠ありし也。又其近処八幡坂の上御籾蔵より行当りに御足軽番処ありて、其内に神壇を設け与次郎稲荷を祀る。是は御足軽の私に勧請せしとぞ。県になりてそれを入川橋に遷す。其時御小人の方に遷さんといふを、御足軽の由緒の古書付ありて御小人へ不譲などの噂ありし也。此の『耳の垢』にある与次郎が事おのれ『秋藩旧話』に写し置きぬ。

佐竹義宣は関ヶ原の合戦後、常陸国から出羽国秋田へ移封となったが、ある日、秋田城御座の間の庭に大狐が現われた。大狐は神社付近に住んでいたが、今は住処がないので住処を賜りたいと訴える。義宣は茶園に住むことを許し、かつて水戸の茶園守りに与次郎という者がいたことを思い出し、大狐に与次郎の名を賜った。与次郎狐が秋田―江戸の飛脚を六年間務めたが、最上六田で間右衛門と谷蔵の仕掛けた罠に謀殺されたとある。その後、六田では狂気の者が出て、十七人（または三十七人とも）が死去したという。代官杉本伊兵衛が八幡宮に祭祀し「祟り」が止んだ。秋田県と山形県とでは伝承内容に異なる点もあり、山形県では与次郎殺害の動機について、問屋旅店を経営していた間右衛門が商売の邪魔だとして謀殺したとされる。罠にかかった与次郎狐は猟師の谷蔵に命乞いをするが、許されずに殺された経緯が挿入されている。

平成二十九年（二〇一七）十月四日、筆者は与次郎稲荷神社を訪ねた。その折、同社氏子総代の結城幸男氏（当時、責任役員）と山口建策氏（当時、総代代表）の案内で近くにある与次郎狐殺害現場に赴いた。以前、殺害現場ならば骨が出てくるのではないかと掘ったところ、楕円形の石が出土したため、与次郎狐の墓だとして与次郎稲荷神社境内に移され、拝殿西北裏手に祭祀されたのだという。

与次郎狐が殺害されたとされる場所（上）と、その墓。墓石は殺害場所から出土したという（東根市の与次郎稲荷境内西北、筆者撮影）

†右近・左近の狐飛脚

山形県米沢市の米沢城跡にある上杉神社境内には福徳稲荷神社（米沢市丸の内一丁目四）が鎮座する。右近と左近の狐飛脚が祭祀されている。米沢領の長井の城代屋敷にあったという稲荷があり、城代の岩井大膳元則は飯綱の法を修して、右近と左近という二匹の狐飛脚を使っていた。石田勘四郎編『米沢古誌類纂』によると、ある時、英徳公（米沢藩主、上杉宗房）が将軍家より鶴を拝領し、鶴が米沢に到着するとすぐに受け取った旨の飛脚を差し立てた。ところが、次の日に御右筆所で請取書の浄書を見つけた。

案書（下書き）を包に入れて飛脚に渡したようだ。奉行も当惑したが、岩井大膳に相談すると、大膳は「御状箱を首に掛る様にして渡されよ」と言うと、壇を用意して修した。すると不思なことに狐が一疋出て来た。これが城内に住む右近・左近という二疋の狐のその一つである。

狐はすぐに走り出した。翌日夜に狐は状箱を首に掛けて元の庭前へ戻ると、そのまま倒れて死んだ。御状箱を開けてみると中に案書が入っている。人間の方の飛脚が米沢に戻ってから「何か不思議なことがなかったか」と尋ねられたが、「特になかった」と答えた。飛脚は状箱の間違いの始終を聞くと、しばし思案し、次のように語った。

「思い当たる事がある。古河の辺りで松原の中にて頻りに眠気を催し、我慢できなかったので、両人共に松木に寄りかかり少しの間仮眠した。何か首にがたりと当たったので、驚いて目を開けると御状箱に変わりがなかった。その時、取り替えられたのか」と話した。以来、その狐は大膳の申し立てにより、御城代屋敷の内に稲荷として祭祀された。

米沢藩の危機を救った狐飛脚神速をいかしたのだが、役目を果たすと死んでしまうところが哀れを誘う。米沢の右近・左近の狐飛脚も城内に住んでいる設定である。

右近と左近の狐飛脚を祀る福徳稲荷神社。左奥にも鳥居と奥の宮がある（上）。福徳稲荷神社奥乃宮内部。狐は一対のうちのひとつ（山形県米沢市、筆者撮影）

各地の狐飛脚伝説

・長野県松本市
長野県松本市にも狐飛脚の伝説が伝わる。柳田國男「狐飛脚の話」によると信州松本の殿様も家来に狐があって、江戸への使いに三日で間に合ったという。いつも道中の茶屋で休んでいたが、勘定を払うのを忘れるため、ある時、追いかけて勘定を払ってもらった。茶屋の者はもしや狐ではないかと疑い、罠に油揚げを片隅に置いておくと狐飛脚が食いついた。狐は打ちのめされて殺された。柳田が指摘するように松本―江戸に片道三日はさほど速いとは言えない。

・狐飛脚の源五郎

大和国宇多には源五郎（柳田「狐飛脚の話」では源九郎）狐の伝説が伝わる。延宝年間（一六七三―八一）、源五郎狐は近所の農家から頼まれては畑仕事の手伝いをしていたが、二、三人分の働きをしたという。ある時、関東の飛脚から頼まれて文箱を届けることになったが、源五郎は十日以上かかるところを往復七日で用を片付けた。源五郎は畑仕事のほか、飛脚も頼まれるようになったが、運び終えて帰る途中、遠江国の小夜の中山（静岡県掛川市）で犬にかまれて死んでしまった。首にかけていた文箱はその後まもなく大和へ届けられたという。

・八助稲荷

福井県小浜市にも狐飛脚の伝説が伝わる。小濱神社境内（小浜市城内一丁目七―五五）には八助稲荷神社がある。『小浜神社誌』によると、小浜藩主、酒井忠勝に八助という家臣が仕えていたが、江戸へ火急の書状を出す場合に彼を使っていた。

八助は小浜から江戸まで通常一週間かかるところを六日で届けた。ある時、書状が江戸に届かないので、調べると小田原城下で酒井家の家紋の入った書状をくわえたまま死んでいた白狐が見つかった。八助の正体を知っていた忠勝は嘆き悲しみ、城内に稲荷社を建立し、城の鎮守としたという。それが現在、小濱神社境内にある八助稲荷神社である。

・慶蔵坊稲荷

鳥取県にも慶（経、桂）蔵坊狐の伝説があり、二カ所に狐飛脚を祀る神社が存在する。一つは鳥取県鳥取市久松山登山道五合目にある中坂神社である。『島府誌』によると、慶蔵坊狐は鳥取―江戸を二、三日で往復する「神変不測の霊狐」であったが、因幡国で焼鼠の罠にかかって殺されてしまった。後に法印の占いによってそのことがわかった。殺された場所に崇って、一村が消滅したという。慶蔵坊は山伏の名であるが、狐と混同して誤り伝えられたという。

八助稲荷神社（福井県小浜市、小濱神社境内、筆者撮影）

・新左衛門新八狐

島根県松江市にも新左衛門新八狐の伝説が伝わる。伝説内容は鳥取の慶蔵坊狐とほぼ同じであるという。松江城内には城山稲荷神社（島根県松江市殿町四四九―二）が祭祀される。狐飛脚の伝承と関連して由緒が言い伝わっていないが、狐飛脚伝説のある場所はほぼ稲荷神社が祀られている。伝説のみ

中坂稲荷神社（上）と、同神社の石祠（鳥取県鳥取市、筆者撮影）

あるのは不自然である。おそらく以前は稲荷社があったが、何らかの事情で合祀されて忘れ去られたか、取り壊されたのであろう。

6 伝説所在地

†南北と蕪村の狐飛脚

筆者の住む前橋市の郊外は、上毛かるた「裾野は長し赤城山」と読まれる裾野の最南端に位置する田園地帯であるが、実は狐が住んでいる。夜闇の中から遠くで狐の泣く声が聞こえて来ることがある。夜間、車を運転中に三度ほどライトの光の中に姿が浮かんだ。しかし、ほとんど姿を見ることがない。

鶴屋南北（四世、一七五五―一八二九）の「東海道四谷怪談」に次のような一節がある。

直助　何だな。**かるひの重いのと、とふろふ［燈籠］仏様へ願かけをしやアしめへし。元トは小ものの下部にしろよ。運がむきやア薬うりでも□。コレ、二十や三十の元手は、是、ここ**

にでももつてゐるハ□。

トふところより金を出してみせ、

おまへがうんとさへいへば、おれも又三度びきやく［飛脚］がきつねのついた様な形（な）りをして、あるきもしねへハ。何ぞおつりきな商売をみつけて、おめへだつてこんな所へ出しちやアおかねへ。どふだへ〳〵。

トしなだれかかる。おそでたつて、（以下略）。

右は、浅草観世音境内の茶店の前で薬売りの直助がそで（お岩の妹）に対して口説き落とそうとする台詞である。直助は現金をそでに見せながら「お前がウンと言ってくれれば、三度飛脚に狐が憑いたように忙しく歩きもしない。何かほかにいい商売を見つけて、お前をこのような茶店で働かせないが、どうだい」と持ち掛ける。そでは「たとへうとく［有徳］でくらそふ共、そぐわぬ人にかた時へんし（返事）」と袖にする。筆者が最も興味を引くのが「三度飛脚が狐の憑いたなりをして、歩きもしねへは」の箇所である。江戸っ子にとって、ある常識が共通了解となっている。それが狐飛脚の伝説である。

次は江戸時代中期の俳諧師与謝蕪村の作品である。

草枯れて狐の飛脚通りけり

「草枯れて」は冬の季語である。人影も動物の気配もないもの寂しい一面の黄金色の枯れ野の中をサーと一陣の風が吹き抜けていく。枯れ草と同色の体毛の狐飛脚が人の目にも触れぬくらいの神速で通り抜けたのであろう。そんな風に解釈できる。

筆者には物悲しい風景が目に浮かぶ。蕪村は狐飛脚の伝説を念頭に詠んだ。腰高もあろう枯れ野を一陣の風が草の頭をなでるように吹き渡っていく。それがあたかも狐飛脚が草の中を移動して草が揺れているかのような錯覚を覚えたのである。

南北の作品からは狐飛脚の伝説が誰でも知る常識であること、また一方で蕪村の作品からは狐飛脚の存在に〝神秘性〟を抱いていたことが読み取れる。

†日本海側に多い狐飛脚

最後に狐飛脚伝説の所在を示した地図を御覧頂きたい。その多くが出羽、若狭、因幡、出雲といった日本海側に集中していることがわかる。その日本海側の六カ所は近世初期の大名家にまつわるものとなっている。そして狐飛脚を祀る稲荷社（六社）の多くが城跡に鎮座するという点で共通している。江戸初期の大名家は武断政治の下で改易・減封を回避したいという緊張感を伴いながら、国許と江戸との二重生活（参勤交代制度）を強いられた。江戸藩邸と国許とは互いの情報を共有する必要があった。但し、日本海側は太平洋側と違って、江戸から見ると、山々を挟んで、遥か遠い。

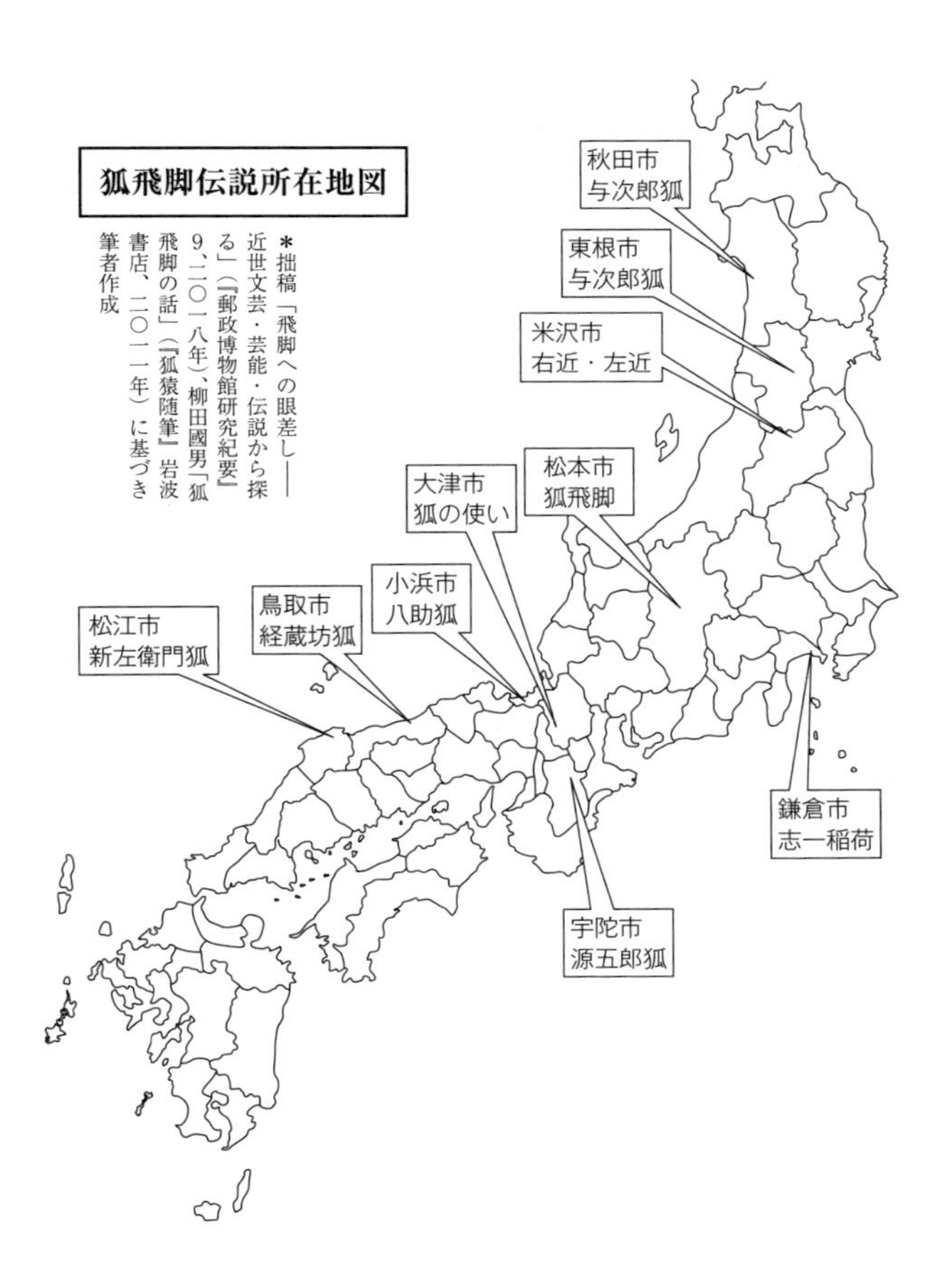
狐飛脚伝説所在地図
＊拙稿「飛脚への眼差し――近世文芸・芸能・伝説から探る」（『郵政博物館研究紀要』9、二〇一八年）、柳田國男「狐飛脚の話」（『狐猿随筆』岩波書店、二〇一一年）に基づき筆者作成
秋田市
与次郎狐
東根市
与次郎狐
米沢市
右近・左近
松本市
狐飛脚
大津市
狐の使い
小浜市
八助狐
鳥取市
経蔵坊狐
松江市
新左衛門狐
鎌倉市
志一稲荷
宇陀市
源五郎狐

遠距離は人間では物理的に克服することが不可能であったが、妖狐であれば可能であったと考えられたのであろう。まずそうした近世大名ののっぴきならない事情があり、そうした苦境を克服する手段として狐飛脚伝説が受容される素地があった。

最後にもう一つ触れておきたい。人が集まり、往来する集落や街道に伝説は存在する。狐飛脚伝説は多くが日本海側に集中している。北前船の日本海航路の寄港地、また付近にある。伝説の伝播を考えると、北前船を媒介としたことも可能性として考えられる。

†本書まとめにかえて

以上、本書で見たように江戸時代における飛脚利用は、身分的に多岐に亘っている。幕府、大名家、旗本、商人、村・町名主、文人などがよく飛脚問屋・飛脚を使った。

しかし、その日暮らしの長屋住まいの庶民が使うケースはおそらく稀であったろう。肉親の危篤や、かなりの緊急性のある場合でなければ、飛脚を使うことは滅多になかった。国家資本をバックに低廉で全国一律の料金を実現させた郵便制度と、権力の保護があったとは言え、内需型社会の列島で民間資本によって輸送網を拡張させた飛脚制度とを比較して、どちらが優れて、どちらが劣るという話ではない。その時々の条件を考慮しながら、物事を見ていかなければ（侵略やホロコーストへの歴史相対主義はダメだが）、アナログの極致である飛脚など後世の優越性で処断されるだけであり、歴史の有意義性など消し飛んでしまう。

嶋屋・京屋を頻繁に利用した曲亭（滝沢）馬琴は『南総里見八犬伝』などで庶民の心を鷲摑みにしたが、とは言え庶民の代表格ではない。だから馬琴の飛脚利用は、特殊な職業人による高い使用頻度の事例ではあるが、それでも馬琴日記の中に頻繁に出てくる嶋屋・京屋の姿は一体何を意味するのか、近代化論を棚上げしてもう一度考えてほしい。

飛脚問屋は明治維新の荒波の中で明治三年七月に政府御用を一方的に打ち切られた。明治四年三月、明治政府は飛脚を参考に東海道で新式郵便を実施した。その成功を受けて、明治五年七月に全国へと郵便路線を拡張した。もともと飛脚問屋の利用層であった地域の名望家とされる旧家によって郵便取扱所が開所され、郵便ネットワークが短時日で形成された。

御用を失った飛脚問屋は時の政府の保護を抜きに生き残りを懸けた対応を迫られた。飛脚問屋は仲間組織をベースに早飛脚を核とした協業作業の経験を踏まえながら、仲間を会社組織へと変えていく。陸走会社（同年十二月）や、その前の定飛脚会社（明治四年一月）の設立である。

東京定飛脚問屋総代の佐々木荘助が駅逓頭の前島密と協議した結果、飛脚問屋らは明治五年六月に陸運元会社を創業して郵便業務を一部委託（主に現金輸送）されることで生き残りを模索する。また明治八年二月、陸運元会社は内国通運会社に社名変更し、独自に人馬継立業務を構築し、輸送網を維持・拡大する。それは全国的郵便路線網の形成も意味した。

国内郵便の取扱数は明治六年に一千五十五万通、同十七年に一億一千二百八十六万通に達した。明治八年一月に外国郵便が、同二十七年に日清戦争開戦前に軍事郵便が設立された。前線と郷里のやり取りは兵士の士気を高めた。

昭和三年、内国通運は国際通運と社名変更した。昭和十二年に国際通運など七社が合併して国策会社日本通運株式会社が誕生した。国は国家総動員法に基づき、高度国防国家を目指し、日本通運も国の戦争を支援する戦略物流（ロジスティックス）に重点を置くことになる。日通の年度別営業取扱量指数は昭和十三年を一〇〇として、第二次世界大戦（太平洋戦争）下の昭和十九年には指数一二二八と十二倍もの伸びを見せている。

本書冒頭に戻ると、戦争が生み出した飛脚は、戦後に死語となることなく、生き残り続け、平和な江戸社会（戦後社会）ではビジネスとして発展した。情報媒体・発信、金融など平和社会らしい多様な使われ方を見せた。馬琴の飛脚利用は近世史の煌々たる一点の光であった。

飛脚の語を捨てた内国通運、日本通運は昭和三十七年に刊行された『社史』の中で自社を飛脚問屋の正統な末裔であると位置づけた。この飛脚問屋とは江戸二百六十五年間の平和社会で大きく発展した定飛脚問屋仲間を意味している。世界情勢が混沌とする令和の今日、日本通運が江戸の飛脚の末裔として自任し続けることを願わずにいられない。

戦後、飛脚という言葉は佐川急便が社是に掲げる「飛脚の精神」（誠心誠意で荷物を届ける顧客第一主義）を継承したことにより、死語とならずに生き残り続けた。人類史的な観点から眺めると、飛脚という言葉はつくづく興味深い。この一千年間で様々な相貌を見せた飛脚がこれからどんな形で、言葉として生き残り、使われ続けるのであろうか。

計画的且つ利器的に運ぶことは文明であり、その上でいかに何を運ぶかは文化である。運ぶ行為に文化を看取し得る、日本はそんな国であり続けてほしい。

あとがき

本書の刊行で飛脚をテーマとした自身の書籍が三作目を数え、いわば〝飛脚三部作〟となった。第一作の『江戸の飛脚』（教育評論社、二〇一五年）、二作目の『上州の飛脚』（みやま文庫、二〇二二年）、そして本作である。絵画に喩えるなら一作目は全体をデッサンし、二作目は部分を細密画に仕上げ、そして今作は主要箇所の本質を伝統技法で表現しようと試みた。果たして成功しているかどうかわからない。

一作目を刊行した当時よりも飛脚及び飛脚問屋への理解に対する隔靴掻痒の感は大分解消された気がするが、詳細部分でまだ具体的に説明しきれていないようにも思う。また私の知らないところで未発掘史料の未知の史実が眠っているのだろう。そう思うと、実は理解した部分が全体の氷山の一角かもしれず、まだまだ絵筆を手離せないという気もする。

かれこれ十年前、第一作を刊行した際、時代小説家の永井義男氏に北海道新聞の書評欄（二〇一五年四月二十六日付）で拙著を取り上げて頂いた。人生初めての第一冊を出した私にとって、どれだけ嬉しく、励まされたことか。改めてこの場を借りて御礼を申し上げたい。

永井氏は書評の中で、曲亭（滝沢）馬琴が大坂へ荷物を発送するのに嶋屋を使ったが、「その全貌詳細がわかる」と評価して下さった。好意的に取り上げて頂いたことに感謝したが、同時に私にとっては馬琴の飛脚利用という大きな宿題を与えられたようにも感じられた。

二〇二三年四月、筑摩書房からちくま新書執筆の話を頂き、前著二冊と事例が極力かぶらないようにしたいと考え、日々の用事にかまけているうちに、あっという間に二度目の締め切り日が迫り、藁にもすがる思いで『馬琴日記』をめくった。すると予想以上に馬琴の執筆生活の中で、京屋から荷物を受け取り、嶋屋から荷物を発送する行動が頻繁に繰り返されていることがわかった。馬琴日記を本書の導入部にしようと決め、そこから原稿執筆も加速した。

執筆する過程で、馬琴が江戸府内限りで荷物や手紙を出す場合、下女や雇い人足を使っていたことも判明した。越後の鈴木牧之に発送する際は二見屋忠兵衛を通して送っていることも書かれており、いっそ馬琴の通信世界を軸にしてしまおうと構想が発展した。

平安末期から現在まで続く「飛脚」の歴史を縦軸に、江戸時代というユニークで多様な文化社会における飛脚の「平和利用」を横軸にする全体の趣旨が固まった。馬琴が荷主として飛脚問屋で荷物輸送を発注して、それから先の輸送の世界を描くという趣向で本書を完成させた。読者にどれだけ受け入れられるかわからないが、少しでも飛脚問屋の世界に親しめるように工夫したつもりである。

本書刊行に当たり、筑摩書房の編集者の松本良次氏に世話になった。締め切りを過ぎてから発破を掛けて頂いた。また日頃、桐生文化史談会（宮﨑俊弥会長）、同会理事で畏友の大瀬祐太氏、戦没者祭祀研究の第一人者である今井昭彦氏、桐生市史古文書の会の立崎佳子代表、群馬県地域文化研究協議会（前澤和之会長）、恩師の落合延孝先生と和泉清司先生、桐生市史近世部会の佐藤孝之先生、また宮地正人先生には御支援頂いている。また郵政博物館（藤本栄助館長）及び郵政歴史文化研究会顧問の石井寛治先生と同会第1分科会の皆さん、物流博物館学芸員の玉井幹司氏には本書刊行に際し、貴重な御意見を賜った。妻恵美には本書タイトルを決める際、候補を出してもらった。この場を借りて御礼・謝辞を申し上げる。

参考文献（＊は古文書。章をまたぐ資料は初出に提示）

第1章　馬琴の通信世界

洞富雄・暉峻康隆・柴田光彦校訂『馬琴日記』全四巻（中央公論社、一九七三年）
高牧實『馬琴一家の江戸暮らし』（中央公論社、二〇〇三年）
柴田光彦『曲亭馬琴日記』別巻（中央公論新社、二〇一〇年）

第2章「飛脚」の誕生

星名定雄『情報と通信の文化史』（法政大学出版局、二〇〇六年）
本多隆成『定本　徳川家康』（吉川弘文館、二〇一〇年）
『越佐史料』巻四（名著出版、一九七一年）
深沢多市『小野寺盛衰記』上巻（彦栄堂、一九五九年）
『群馬県史　資料編7　中世3』（一九八六年）
山田邦明『戦国のコミュニケーション』（吉川弘文館、二〇〇二年）
平山優『武田氏滅亡』（KADOKAWA、二〇一七年）
ユヴァル・ノア・ハラリ、柴田裕之訳『サピエンス全史――文明の構造と人類の幸福』上・下巻（河出書房新社、二〇一六年）
新城常三『鎌倉時代の交通』（吉川弘文館、一九六七年）
九条兼実『玉葉』全三巻（黒川眞道・山田安榮校訂、名著刊行会、一九七九年）
龍肅訳注『吾妻鏡』一―五巻（岩波書店、一九三九、四〇、四〇、四一、四四年）
柴辻俊六・黒田基樹・丸島和洋編『戦国遺文　武田氏編』第一―六巻（東京堂出版、二〇〇二、〇二、〇

三、〇三、〇四、〇六年）
久保田昌希・大石泰史編『戦国遺文　今川氏編』第一―五巻（東京堂出版、二〇一〇、一一、一二、一五年）
黒田基樹・平山優・丸島和洋・山中さゆり・米澤愛編『戦国遺文　真田氏編』第一―四巻（東京堂出版、二〇一八、一九、二〇、二一年）
中宗大「鎌倉幕府の命令伝達担当者について――「使者」と「飛脚」の概念規定を試みる」（『歴史』八七輯、東北史学会、一九九六年）
宮本義己「松平元康〈徳川家康〉の早道馬献納――学説とその典拠の批判を通して」（『大日光』七三、二〇〇三年）
平野明夫「今川氏真と室町将軍」（『戦国史研究』四〇、二〇〇〇年）
平野明夫「戦国期の徳川氏と足利将軍」（『史学研究集録』二一、一九九六年）

第3章　三都の飛脚問屋の誕生と発展

拙著『上州の飛脚――輸送網、金融、情報』（みやま文庫、二〇二二年）
拙著『江戸の飛脚――人と馬による情報通信史』（教育評論社、二〇一五年）
物流博物館編『飛脚問屋嶋屋佐右衛門日記の世界』（利用運送振興会、二〇一七年）
白川部達夫『江戸地廻り経済と地域市場』（吉川弘文館、二〇〇一年）
児玉幸多『近世宿駅制度の研究』（吉川弘文館、一九五七年）
児玉幸多『宿駅』（至文堂、一九六〇年）
和泉清司『【定本】大久保石見守長安――江戸幕府創成期を支えた総代官・年寄衆の功績』（揺籃社、二〇二四年）
速水融・宮本又郎編『日本経済史1　経済社会の成立　17―18世紀』（岩波書店、一九八八年）

速水融『近世日本の経済社会』（麗澤大学出版会、二〇〇三年）
石井寛治『日本流通史』（有斐閣、二〇〇三年）
丸山雍成『日本交通史への道1　前近代日本の交通と社会』（吉川弘文館、二〇一八年）
「飛脚仲間惣まく理」（三井高陽監修『日本交通史料集成』第三輯、国際交通文化協会、一九三九年）
杉本茂十郎「顕元録」（『東京市史稿　産業篇』四九、東京都総務局、二〇〇八年）

第4章　飛脚問屋と出店、取次所

和泉清司編『近世・近代における地域社会の展開』岩田書院、二〇一〇年）
山崎好是『飛脚――飛脚と郵便』（株式会社鳴海、二〇一六年）
『函館市史　通説編第二巻』（一九九〇年）
『古事類苑　政治部』第四巻（吉川弘文館、一九九七年）
渡辺徳太郎『山形商業談』（山形市、一九七五年）
藤村潤一郎「上州における飛脚問屋――京屋藤岡店富田永世との関連において」（文部省史料館『史料館研究紀要』一、一九六八年）
藤村潤一郎「箱館における定飛脚問屋島屋」（『交通史研究』二九、一九九三年）
藤村潤一郎「甲州における飛脚問屋」（『史料館研究紀要』三、一九七〇年）
藤村潤一郎「奥州仙台における定飛脚問屋について」（児玉幸多監修、交通史研究会編『日本近世交通史論集』吉川弘文館、一九八六年）
拙稿「冨田永世と飛脚問屋京屋藤岡店――地域金融と在村文化」（『群馬県立女子大学第1期群馬学センターリサーチフェロー研究報告集』二〇一二年）
当野敏子「越後定飛脚について――研究序説」（『水原郷土資料』五、一九七三年）
拙稿「近世後期における奥州福島の飛脚問屋――嶋屋と京屋を中心に」（『日本地域政策研究』七、二〇〇

九年）
拙稿「近世後期における主要街道の飛脚取次所――定飛脚問屋「京屋」のネットワーク」（和泉清司編『近世・近代における地域社会の展開』岩田書院、二〇一〇年）

第5章　飛脚輸送と飛脚賃

二宮久『日本の飛脚便――郵便への序曲』（日本フィラテリックセンター、一九八七年）
拙稿「飛脚抜状の考察――「上方・下方抜状早遅調」にみる」（『郵便史研究会紀要』四〇、二〇一五年）
＊「上方・下方抜状早遅調」（物流博物館蔵）／「文化三年、定飛脚問屋賃銭定の議」（郵政博物館蔵）

第6章　奉公人、宰領飛脚、走り飛脚

野口雅雄『日本運送史』（交通時論社、一九二九年）
田村雄次『飛脚走り――そうか、こんな走りがあった』（リフレ出版、二〇一八年）
木戸康裕・小木曽一之「飛脚の走法とその走力」（『体育の科学』Vol.55№8、二〇〇五年）
鈴木繁「巻頭言　飛脚は石を踏まない」（『上毛俗話』第八集、上毛古文化協会発行、編集兼発行人・鈴木繁、一九五三年）
拙稿「定飛脚問屋京屋桐生店の商取引と奉公人――宮川家文書を読み解く」（『桐生史苑』五三、二〇一四年）
拙著「飛脚業務を復元する―京屋桐生店家法帳の検討―」（『桐生史苑』五〇、二〇一一年）
拙稿「江戸後期、上州桐生新町の定飛脚問屋について―京屋と嶋屋―」（『地方史研究』三〇九、二〇〇四年）
拙稿「宰領飛脚の権限とネットワーク―宰領議定と金石史料からみる―」（和泉清司編『近世・近代における歴史的諸相』創英社・三省堂書店、二〇一五年）
拙稿「近世における飛脚関係の金石史料――常夜灯、道標、墓誌を中心に」（『郵政博物館研究紀要』八、

二〇一七年）
拙稿「狂歌師、涼窓亭裏風について」（『桐生史苑』四六、二〇〇七年）

第7章　金融と金飛脚

拙稿「上州松原の渡し難船一件——飛脚問屋の人馬継立について」（『桐生史苑』四七、二〇〇八年）
拙稿「飛脚問屋京屋・嶋屋の金融機能——店卸勘定と手形の分析」（『逓信総合博物館研究紀要』四、二〇一二年）
＊宮川家文書（桐生市立図書館蔵）
＊羽鳥家文書複製資料（群馬県立文書館蔵）

第8章　さまざまな飛脚

イザベラ・バード著、高梨健吉訳『日本奥地紀行』（平凡社、二〇〇〇年）
『戦国遺文　後北条氏編』四巻（東京堂出版、一九九二年）
『安中市史　第五巻　近世資料編』（二〇〇二年）
徳川義親『七里飛脚』（国際交通文化協会発行、一九四〇年）
竹内誠『元禄人間模様——変動の時代を生きる』（吉川弘文館、二〇〇〇年）
根岸茂夫『大名行列を解剖する——江戸の人材派遣』（吉川弘文館、二〇〇九年）
市川寛明「江戸における人宿商人の家業構成について——米屋田中家を事例に」（『東京都江戸東京博物館研究報告』第八号、二〇〇二年）
市川寛明「江戸城大手門の警衛と人宿」（『東京都江戸東京博物館研究報告』第一四号、二〇〇八年）
市川寛明「人宿米屋による参勤交代の請負実態と収益メカニズム——安政6年　桑名藩参府行列を事例に」（『東京都江戸東京博物館紀要』第三号、二〇一三年）
拙稿「【史料紹介】関東取締出役の織物注文状（長沢家文書）」（『桐生史苑』四三、二〇〇四年）

拙稿「桐生新町の通信環境――幕末維新期の御用状村継と定使」(『桐生史苑』五四、二〇一五年)
拙稿「地域間を結ぶ村・町の通信手段「定使」――江戸中後期、上野国(群馬県)を事例に」(『郵政博物館研究紀要』一三、二〇二二年)
喜田川守貞『近世風俗志(守貞謾稿)』一(岩波書店、一九九六年)
鶴木亮一「継飛脚の継立方法とその問題について」(『法政史学』二三、一九七一年)
山本光正「継飛脚の財源について――東海道を中心として」(「法制私学」二三、一九七一年)
藤村潤一郎「東海道尾州七里飛脚について」(日本歴史学会編『日本歴史』四七五、一九八七年)
藤村潤一郎「紀州七里飛脚について」(『創価大学人文論集』二、一九九〇年)
成田重兵衛「蚕飼絹篩大成」(『日本農書全集三十五巻　養蚕秘録　蚕飼絹篩大成　蚕当計秘訣』農産漁村文化協会、一九八一年)
*『江戸独買物案内』中川芳山撰(文政七年[一八二四]序、早稲田大学附属図書館蔵)林成一家文書「安政六年/去未年村入用帳/二月」(群馬県立文書館蔵)/前橋市関根町自治会文書(群馬県立文書館蔵)/前橋市龍蔵寺町自治会文書(群馬県立文書館蔵)

第9章　飛脚は何を、どうやって運んだか

子母澤寛『新選組始末記』(中央公論社、一九六七年)
渡邊忠司・徳永光俊編『飛脚問屋井野口屋記録』1巻(思文閣出版、二〇〇一年)
杉山博・下山治久編『戦国遺文　後北条氏編』四巻(東京堂出版、一九九二年)
尾崎行也『書簡・廻状・風聞書:江戸の通信事情』上巻(八十二文化財団、二〇一五年)
西海賢二「定使考――歓待と忌避の境界に生きて」(同『近世のアウトローと周縁社会』臨川書店、二〇〇六年)
拙稿「名古屋の飛脚問屋　井野口屋半左衛門――尾張徳川家御用と非御用との競合」(『郵政博物館研究紀

要』十、二〇一九年）
吉村仁作「蚕糸業の流通構造（上）――信達地方生糸買継問屋経営の一分析」（『福大史学』五一、一九九一年）
拙稿「近世伊勢松坂の飛脚問屋「山城屋市右衛門」――輸送圏と紀州藩御用送金」（『郵政博物館研究紀要』第一四号、二〇二三年）
拙稿「最上紅花取引における飛脚問屋「京屋」「嶋屋」の利用――決済と情報」（『郵便史研究』三〇、二〇一〇年）
＊林成一家文書「安政六年／去未年村入用帳／二月」（群馬県立文書館蔵）／前橋市関根町自治会文書（同）／前橋市龍蔵寺町自治会文書（同）／水谷家文書（国文学研究資料館蔵）

第10章　災害情報の発信

斎藤月岑『武江年表』2（金子光晴校訂、平凡社、一九六八年）
北原糸子『近世災害情報論』（塙書房、二〇〇三年）
石井寛治『情報・通信の社会史――近代日本の情報化と市場化』（有斐閣、一九九四年）
落合延孝『幕末民衆の情報世界――風説留が語るもの』（有志舎、二〇〇六年）
高槻泰郎『近世米市場の形成と展開――幕府司法と堂島米会所の発展』（名古屋大学出版会、二〇一二年）
宮地正人『幕末維新変革史』上・下巻（岩波書店、二〇一二年）
＊大橋健佑家文書（福島県歴史資料館蔵）／新居家文書（桐生市立図書館蔵）／新居喜左衛門日記（群馬県立歴史博物館蔵）

第11章　飛脚の遭難

樋畑雪湖『江戸時代の交通文化』（刀江書院、一九三一年、臨川書店復刻版、一九七四年刊行）
拙稿「飛脚問屋の輸送事故と補償―上州桐生新町「京屋弥兵衛」を中心に―」（『桐生史苑』五二、二〇一

三年）
＊長沢家文書（群馬県桐生市立図書館蔵）／宮川家文書（同上）／大橋健佑家文書（福島県立歴史資料館蔵）／石井孝家文書（栃木県立文書館蔵）

第12章　飛躍する飛脚イメージ

近松門左衛門作・祐田善雄校注『曾根崎心中　冥途の飛脚　他五篇』（岩波書店、一九七七年）
【歌舞伎】小池正胤他編『江戸の戯作絵本（三）変革期黄表紙集』（現代教養文庫、一九八二年）／『山東京傳全集　黄表紙2』第二巻（ぺりかん社、一九九三年）／竹の塚翁作・北尾重政画「雲飛脚二代羽衣」（早稲田大学図書館古典籍総合データベース、国立国会図書館デジタルコレクション）
【黄表紙】「明石飛脚」（桂米朝『米朝上方落語選』立風書房、一九七〇年）／「堺飛脚」（一九九一年上演、CD『特選!!　米朝落語全集』第二十八集〈東芝EMI、一九九二年〉所収）
【俳諧】国際日本文化研究センターデータベース検索／鈴木勝忠編『雑俳語辞典』（東京堂出版、一九六八年）／玉城司訳注『蕪村句集』（角川書店、二〇一一年）
【狂歌】江戸狂歌本選集刊行会『江戸狂歌本選集』十二巻（東京堂出版、二〇〇二年）、同十三巻（二〇〇四年）
【川柳】岡田甫校訂『誹風柳多留』全十二巻（三省堂、一九九九年）／今井卯木『川柳江戸砂子』（西濃印刷会社岐阜出版部、一九一二年）／入江勇「飛脚屋・駕籠かき・船頭など」（『国文学――解釈と教材の研究』九、一九六四年）西原柳雨『川柳江戸名物』（春陽堂、一九二六年）／大曲駒村編『川柳大辞典』上・下巻（高橋書店、一九六二年）／山澤英雄校訂『武玉川』全四巻（岩波書店、一九八四、八五年）
【狐飛脚伝説】蒲松齢著・立間祥介編訳『聊斎志異（上）』（岩波書店、一九九七年）／上田秋成著・高田衛・稲田篤信校注『雨月物語』（筑摩書房、一九九七年）／池上洵一編『今昔物語集　本朝部　下』（岩

波書店、二〇〇一年）／柳田国男『狐猿随筆』（岩波書店、二〇一一年）／井上隆明、田口勝一郎、渡部綱次郎編『新秋田叢書』十（歴史図書社、一九七二年）／継塚実『狐ものがたり』（三一書房、一九八二年）／巻島隆「飛脚への眼差し――近世文芸・芸能・伝説から探る」（『郵政博物館研究紀要』九、二〇一八年）／菊地和博「伝説と史実の対話――与次郎稲荷神社と久保田城主佐竹義宣」（『山形県立博物館研究報告』十七、一九九五年）／梁誠允「『西鶴名残の友』「人にすぐれての早道」と狐飛脚伝承」（『國語と國文学』第九十五巻第六号〈通巻千百三十五号〉二〇一八年）

【本書まとめにかえて】増田廣實『近代移行期の交通と運輸』（岩田書院、二〇〇九年）／郵政省『郵政百年史』（吉川弘文館、一九七一年）／蓮沼利枝『明治初期の「陸送会社」の事業展開――「定飛脚会社島村吉三郎出店」から見た「陸送会社」』（慶應義塾大学通信教育部文学部第二類史学卒業論文、二〇一八年）／藪内吉彦・田原啓祐『近代日本郵便史』（明石書店、二〇一〇年）／松田裕之『佐々木荘助　近代物流の先達――飛脚から陸運の政商へ』（冨山房インターナショナル、二〇二〇年）／小原宏「明治前期における郵便局設置に関する分析――千葉県の郵便局ネットワークに着目して」（『郵政史料館研究紀要』創刊号、二〇一〇年）

34	74	盗難	2月20日	木村屋□□（仙台大町一丁目の印影）	伊勢屋五右衛門、吉蔵、御店中	No.73と類似の文章。織物荷物の抜き取り被害への弁金
35	75	紛失	6月19日	桐生三井店	京屋御店	京屋江戸店蔵にて三井の荷物を紛失。男帯地23筋紛失の代金金6両2分1朱300文の請取書
36	76	水難	12月5日	京都銭屋清兵衛	京屋弥兵衛	輸送途中に数寄谷橋で34両を川へ落とす。宰領から金3両受け取る
37	77	盗難	なし	京屋高崎店店預り人市右衛門煩ニ付代佐助	なし	京屋桐生店の抱え宰領政吉が江戸店からの荷物を筵包20箇を、5駄にして11月27日に出立。12月8日に洗馬宿に至り、同宿定宿・問屋勘之丞宅で止宿したが、同夜に盗賊が押し入り、桐生店よりの織物60反入り6箇を盗み取られた。11日夜、松本街道郷原という場所で風呂敷を背負う怪しい人物を咎めたところ、風呂敷を棄てて逃げ去った。品物を改めたところ20反が出てきた。しかし、犯人の行方はわからず、宰領政吉と定宿勘之丞から詳しい話を伝えてきた

＊宮川家文書（群馬県桐生市図書館蔵）から筆者作成。但し文書番号78は輸送上の事故と性格の違う文書なので一覧表に入れなかった

26	66	水難	子11月28日(元治元年)	醒井宿問屋役人	京屋御宰領判右衛門	11月28日、荷物を番場宿へ継ぎ立てたが、「浪人一件」のために彦根藩士が多数繰り出し、早追馬、駕籠などで「往還大混乱」のところへ、荷物を付けた馬が驚いて「刎ね返し」、馬・荷物もろともに溝川へ落ちた。濡れ荷物となり、会所と荷主へ御詫びをしてくれるよう頼む。馬士には弁金できないため、ひたすら詫びている
27	67	水難	子12月5日	つち三店	桐生京屋弥兵衛	「透屋（綾力）縮」の荷物を道中で水中に入れてしまったが、格別に勘弁される
28	68	不明	辰1月	井筒屋善右衛門代市兵衛	桐生京屋弥兵衛様庄助	金8両の弁金受け取り。4年前の亥年の「繻」の弁金
29	69	不着	辰6月28日	江戸室町京屋弥兵衛	萩野佐吉様御店衆中	6月19日の定日に笹屋四郎八から依頼された荷物を萩野佐吉宛てに差し立てたが、不着の知らせを受けて調べたところ、荷物が甲府行き荷物に紛れ込んでいたことが判明し、八王子宿から江戸店へ荷物を送り戻した。しかし、荷物は24日に必要ということであるが、勘弁を願い、延引しても受け取ってほしいと詫びると同時に願い出ている
30	70	盗難	辰7月24日	なし	なし	辰7月24日夜に藤岡店に泊りで盗み取れらた品のリスト。太織小紋胴巻き（中に金銀8両ほか）、太織財布（中に金子入り）、腰物、白羅紗銭入（金、お守り、楊枝、蒔絵の櫛、実印、小刀、書付）、すげ笠、いんでんの火打ち入、さんじゃく、御納戸染め風呂敷
31	71	紛失	申1月6日	野州足利郡助戸村長島孫吉	瀬戸物町（ママ）京屋弥兵衛殿御手代喜兵衛殿	紙包1つを前年2月中に甲府表から差し出したが、配り先にて紛失し、いまだに見当たらないため、送り荷の代金9両2分のところ、金1両2分で勘弁して引き残り金8両也を確かに受け取った旨の請取書
32	72	水難	2月11日	判右衛門	小野金助、板倉嘉助	ぬれ荷物一条についての詫び。宰領がいないため、判右衛門が登り方を命令されたので追って参上する旨を述べる。二啓（追伸）でぬれ荷物弁金と書付に詫び一札を添えて、西星井宿役人に差し上げると記す
33	73	盗難	2月20日	松岡屋富□□（仙台大町の印影と重なり判読不能）	石井五右衛門、吉蔵	抜き取られた荷物（織物）への弁金

21	61	水難	安政5年7月10日	板橋宿馬持兵五郎、同宿役人代兼御定宿友次郎	京屋弥兵衛様御宰領長八	安政5年7月10日、江戸を出立した荷物3駄のうち1駄は板橋宿馬持兵五郎、雇馬士甚蔵が蕨宿まで輸送した。途中の上戸田村地内で石橋踏み抜き穴があるため、右の穴を避けようとしたが、馬がつまずき、用水堀の中へ荷物もろとも落下した。馬士が駆け付け、引き上げたが、荷物4箇とも濡れており、宰領が切りほどいて確認したところ水がしみていた。宰領に荷主への取り成しを頼み、詫びる
22	62	処理滞り	安政6年3月	太田宿取次所穀屋利兵衛、証人扇屋林右衛門、証人十一屋三右衛門	桐生京屋弥兵衛殿	穀屋利兵衛が定飛脚金銀荷物・書状を今まで取り次いできたが、この度の不行き届きで調べに預り、一言の申し訳もない旨を述べて詫びている。これ以後は日限相違なく急度届けると述べ、もしまた滞った場合、加判の者が解決して京屋に迷惑をかけないと一札入れている
23	63	水難	文久2年8月11日	玉井村岩五郎、広瀬村熊太郎、下奈良村扱人佐右衛門	定飛脚忠助	玉井村の岩五郎が定飛脚荷物を御定賃銭で付け送らなければいけないところを間違う不行き届きをした。また熊太郎下男を柿沼村地内で引き違い、落馬して濡れ荷物になった。扱人を立てて勘弁を申したところ、聞済となり、そのお礼を述べると同時に詫びている
24	64	盗難	慶応4年1月	正法寺	町御奉行所様	京屋桐生店から仙台行きの荷物5駄、宰領彦兵衛が付き添い出立した。慶応4年1月6日夕方、佐久山宿から当宿（大田原宿か）問屋まで馬士伝吉が6箇付け送った。翌日に鍋掛宿へ向かう前に荷物を改めたところ、2箇の中の反物8反（木綿縞7反、紺鉄色1反）が盗み取られた。馬士伝吉の家を改めると2反が見つかり、伝吉の仕業とわかる。伝吉は1月25日に手錠（手鎖）を言い渡される
25	65	盗難	慶応4年1月	大田原宿三吉店弥五郎、右大家三吉代兼組合万蔵、伝吉受人金兵衛	京屋弥兵衛殿御宰領彦兵衛	No.24の事件に関連して馬士伝吉の倅藤吉も取り調べたが、他の6反の行方がわからなかった。代金と諸入用の金6両弁済の勘弁を願う

17	57	盗難	嘉永5年8月	中津川宿備前屋助右衛門、同問屋森孫右衛門	京屋弥兵衛様代御宰領御行司治右衛門	嘉永5年6月4日、定飛脚荷物が宿止の際、荷数18箇、小附3つを改めた上で預かったところ、その夜に盗賊が押し入り、荷物のうち1箇を盗んだ。宿方役人、太田宿役人御支配まで訴え出たところ、役人が来宿して手配をした。6日目に盗賊が大久手宿辺で捕縛され、吟味の結果、荷物を盗んだ件を白状した。品物は宰領に戻った
18	58	水難	嘉永5年11月	桐生町京屋弥兵衛	岩城御店御掛り衆中様	嘉永5年11月24日、京都御店行きの船廻し荷物151番1箇送り状の通り、江戸日本橋利倉屋金三郎へ積み送ったが、同6年7月になって荷物不着の知らせが京都から届いた。調べたところ、利倉屋から柴田弥八船へ積み入れ、出航したが、伊豆大島沖で難破したことが判明。このことを買宿の玉上甚左衛門へ伝え、玉上から届け出た。京屋、小松屋喜八(江戸小網町、水揚所)、利倉屋金三郎は品物代の弁金を支払う
19	59	水難	嘉永7年6月	熊谷宿助郷戸出村役取源蔵、名主勘十郎	京屋弥兵衛殿御荷物宰領清兵衛殿	6月6日江戸から桐生町へ為登荷物を送る途中、熊谷宿問屋より村方役取源蔵へ伝馬を申し付けたが、農作業多忙のため、熊谷宿役取竹次郎に頼んで雇い替えして熊谷宿から妻沼村へ荷物を継ぎ立てた。ところが、その間で「馬荷返し」という状態となり、荷物が大濡れになった。村方役人が申し合わせて役取へ厳しく締まり方を申し付け、不都合が生じないように伝馬に努めるよう伝えた。助郷戸出村の役取源蔵と名主勘十郎が詫びた。竹次郎の名前はない
20	60	水難	安政5年6月	熊谷宿問屋勘右衛門代伊右衛門、馬役取仁三郎	上州桐生町京屋弥兵衛様御宰領八兵衛	「今六日」(6月6日か)江戸表会所から桐生町会所へ付け送りの荷物が熊谷宿から妻沼村の間の道中で馬士の不調法により水中へ「荷返し」となる。急ぎの大切の品もあったため、得意方への取り成しを京屋宰領八兵衛に頼んでいる。不心得者の馬士を使わないと述べて詫びる

11	51	水難	天保12年6月	二宮村馬持林兵衛、同村問屋方	桐生京屋弥兵衛殿御店御支配人中	天保12年6月21日、京屋桐生店から輸送の荷物10駄のうち、馬数がそろわなかったため、2駄を止めて22日に差し立てたところ、馬が橋を踏み抜いて川へ落下。大島村太兵衛方へ頼んで荷物を改めたが、濡れ被害とわかった
12	52	水難	天保12年9月3日	軽井沢宿雇馬士沓掛宿金三郎、組合親類半七、軽井沢宿加判八郎兵衛、同宿問屋市右衛門	京屋弥兵衛殿宰領新蔵	天保12年9月2日、京屋宰領新蔵が馬で5駄荷物を運ぶ最中、軽井沢宿と沓掛宿の間の「字雑山用水路」に差し掛かった時、馬が「踊合」のため荷物1駄が川中へ落ちた。宿場関係者が駆け付け、確認すると落ちなかった4駄のうち2駄も濡れていた。弁金はどれほどかかっても雇馬士金三郎、その組合親類の半七、軽井沢宿加判の八郎兵衛が負担した
13	53	延着	弘化3年11月	桐生京屋弥兵衛忠右衛門、庄助	大丸御店御買役弥九郎	京屋桐生店が秋から引き受けた京都までの輸送荷物の延着について大丸屋宛てに詫びを入れている。延着理由は河川の増水、街道の土砂崩れ、人馬継立の渋滞など
14	54	延着	弘化3年10月	嶋屋佐右衛門、八右衛門、万之助、京屋弥兵衛忠右衛門、庄助、伊八	なし	宛て名はないが、No.13と内容は同じ。差出人に嶋屋が加わっている
15	54	水難	嘉永2年8月8日	鵜沼宿問屋役人、馬士勇右衛門	近江屋孝三郎様、京屋弥兵衛様御荷物御宰領茂十郎殿	嘉永2年8月7日、定飛脚京屋荷物5駄を鵜沼宿から加納宿へ継ぎ立てたが、大雨が降り続いた後で道の状況が悪かったため、馬5匹のところを7匹で継ぎ立てた。1疋は勇右衛門の馬だったが、ちょうど道橋普請でさらに状況が悪く、堀へ荷物取り落し、荷物中に水が染み込んだ。詫びとともに荷主への取り成しと弁金の勘弁を願い出る
16	56	水難	嘉永2年8月10日	加納宿役人、下役	京屋弥兵衛殿御宰領茂十郎殿	No.15と同じ事故について加納宿からも詫びる

6	46	手違い	天保9年3月	稲村庄右衛門、出川平八	桐生町京屋弥兵衛、清兵衛	天保8年暮れに稲村庄右衛門は大間々町新蔵方へ送る届金を、熊谷宿釜屋豊吉を介して飛脚への取次を頼んだが、その後、新蔵から代金の催促があった。稲村が豊吉に尋ねると京屋清兵衛へ渡したという。そのことを新蔵に書状で伝えた。桐生店に確認したところ、清兵衛に金は渡されていないと判明、豊吉家内にとりまぎれ、届け方が行き違いになっていたことが判明。稲村は出川を代理とし京屋に詫びた
7	47	水難	天保9年	佐谷田村権右衛門、西城村長兵衛召仕文吉、同村長兵衛、熊谷宿松五郎、同宿問屋代源之丞、同宿石川藤四郎	京屋弥兵衛代清兵衛	天保9年5月中、熊谷宿から妻沼への荷物のうち熊谷宿の馬士松五郎に依頼されて馬士権右衛門が付き添ったが、中奈良村で西城村長兵衛召仕文吉の運ぶ荷物とすれ違う時にぶつかり、荷物がひっくり返り、用水堀へ落下、荷物が濡れた。馬士権右衛門ら事故関係者は詫びた上で「困窮の身分」を理由に弁金を勘弁してほしいと申し出た
8	48	差し止め	天保11年6月	甲州道中日野宿役人惣代年寄栄蔵、問屋帳付八十治郎、京屋江戸店角兵衛代庄治郎、家主代五人組太三郎、名主助右衛門代源兵衛、深川越中中嶋町家主平助、同町五人組重治郎	道中御奉行	天保11年、京屋江戸店から継ぎ立てた荷物が甲州道中日野宿で紛らわしい荷物があるという理由で差し止められた。その前年の7月にも荷物3駄を怪しいとの理由で差し止められた経緯があったが、日野宿問屋場では今回も御触れで規制されている在方芝居に使う衣類を運ぶのではないかと差し止めたが、嫌疑が晴れたため、宿方に預けていた荷物も飛脚側に下げ渡された
9	49	盗難	天保11年10月20日	京屋江戸店角兵衛代政七、嶋屋江戸店清次郎代、大坂屋茂兵衛代金七	なし（道中奉行か）	近頃、馬荷のうち、途中で抜き取られ、到着すると不足があることが数度に及んだ。宰領に厳しい注意喚起がなされたが、長距離で数ヶ宿での継立となると盗難被害が出た。京屋高崎店支配人市右衛門から望月宿・芦田宿辺りの者の仕業という噂も出たところで、洗馬宿で宰領政吉が5駄のうち1箇を盗まれた。荷物のうちには御用の品もあるので宿場に早々に継ぎ送るよう触れ流してほしいと願い出た
10	50	紛失	天保12年5月	上州古戸河岸仁三郎、親類清右衛門、組合三右衛門	桐生町京屋御支配人中	この度、定飛脚荷物で受け取った金銀荷物のうち金子1口を取り落した。宰領忠助に尋ねられて気づいたので、組合・親類一同立ち会って早速弁金したい旨申し出る

第11章　巻末資料　宮川家文書所収の飛脚問屋運送事故関連史料一覧

No.	文書番号	荷物被害	年月日	差出人	宛て先	事件・事故概要
1	41	水難	文政3年9月8日	桶川宿役人代与三郎、内宿村馬士長蔵	宰領新蔵	文政3年9月8日夕方、定飛脚荷物を桶川宿から上尾宿へ付け送る道中でにわか雨に襲われ、道がぬかるんだため、馬脚が取られて転んでしまい、荷物に濡れ被害が出てしまった。江戸表へ荷物を納められない。賠償金に関してはどれほどでも支払うと差出人が述べており、勘弁を願っている
2	42	盗難	天保2年12月3日	京屋江戸店店預り人伊助、嶋屋江戸店店預り人清次郎	道中御奉行	11月29日に京屋桐生店で荷物を請け負った宰領忠助が出立した。12月1日に中山道浦和宿の旅籠で止宿していたところ、夜八つ時ごろ湯殿雨戸を押し外して盗賊に押し入られ、忠助の枕元に置いてあった金約15両などが盗まれた。飛脚を差し立てて奉行所へ届け出る
3	43	水難	天保5年10月11日	妻沼村馬士善吉、同村名主・証人勝右衛門、代人太郎右衛門	上州桐生京屋御宰領清兵衛	天保5年9月25日、熊谷宿で荷物を新しい馬に付け替えたが、下奈良村地内の石橋で馬がつまずき、馬もろとも荷物も水中へ落ちる。荷物は全て濡れる。差出人は「弱馬」が原因と述べ、今後「老馬・弱馬」にはいくら頼まれても荷物を付けないと謝りを入れて詫びている
4	44	水難	天保5年10月	熊谷宿馬持平五郎、熊谷宿問屋石川藤四郎	京屋弥兵衛殿御宰領清兵衛	天保5年9月25日、妻沼村で継ぎ立てて熊谷宿へ向かう途中の下奈良村地内で馬が倒れたため、荷物が用水堀へ落下。高価な織物類が濡れたため、弁金を申し出ている。No.3と同じ事故である
5	45	水難	天保9年2月	新曽村百姓馬持宇平治、五人組兼村役人次左衛門、戸田渡船場役人万次郎、板橋宿問屋宇兵衛代兼・御宿名左衛門、蕨宿御定宿五郎右衛門	江戸室町京屋弥兵衛様御支配人中	天保8年12月21日に江戸を出立した宰領清兵衛が輸送した荷物のうち、板橋宿から蕨宿への途中で馬士宇平治を雇って戸田の渡しで渡河したが、船から上がろうとした際に「船開キ」のため荷物と馬が諸共に水中へ落下した。差出人は、そのときの「水主」が若かったため「船開き」と詫びた上で今後は「相当の水主」を出すと述べ、さらに賠償金はどれほどになっても当人、渡船場役人から支払う旨を述べている

12月5日	12月27日	嶋屋福島店	林蔵銀兵衛	京都～福島、金1両 福島～山形、銭486文	金100両、書状1通	綿屋勇蔵（京都）
年記載なし（文政8年カ）	2月6日	島屋福島店	利助富吉	銭500分	金14両	近江屋佐助（京都）
9月2日	9月25日	嶋屋福島店	幸吉	金2朱、銭500文	金60両、書状1通	近江屋佐助（京都）
文政9年正月5日	2月1日	※山村屋茂八	山村屋悴平吉	金1分	金45両2朱、銀3匁6分2厘、書状1通	伊勢屋源助（京都）
文政10年10月12日	記載なし	京屋福島店	記載なし	金3朱	25両	綿屋勇蔵（京都）
11月2日	11月22日	島屋福島店	吉兵衛新六	金1両2分、銭80文	金425両	綿屋勇蔵（京都）
文政12年11月4日	11月29日	京屋福島店	久八文治	金1両2分、雪中増し金1分2朱	497両1分2朱	伊勢屋源助（京都）
記載なし	12月6日	※山形佐治吉左衛門	※文兵衛	記載なし	金4両2分	記載なし
天保6年7月22日	閏7月20日	京屋福島店	嘉兵衛徳兵衛	金1分3朱	金96両1分（「槙藤左衛門分含む」）	近江屋佐助（京都）

＊『最上紅花史料Ⅱ　河北町誌編纂史料』（河北町、1995年3月）掲載「萬指引帳」（29～94頁）から著者作成。同史料には紅花輸送を示す記述もあるが、本表は下り金のみに絞って一覧化した。※は飛脚問屋かどうか不明

第９章　巻末資料　飛脚問屋扱いの堀米四郎兵衛宛て紅花代金受取〈文政５年―天保６年〉

出立日	到着日	輸送（京屋、嶋屋含む）、為替扱い	飛脚名前	賃金（福島→山形）	荷物	荷主
文政５年10月５日	10月27日	嶋屋福島店	吉兵衛長吉	金３分	金400両（６人分代金）	伊勢屋利右衛門（京都）
11月12日	11月29日	※山口屋甚蔵	飛脚山形永助	金１分、銭300文	金100両（２分判で）	若山屋喜右衛門
10月４日	10月22日	京屋福島店	記載なし	銭500文	金15両、書状１通	記載なし
10月11日	11月16日	嶋屋福島店	和十郎	金２朱	金30両、書状１通	柴崎宗右衛門（京都）
記載なし	10月20日	京屋福島店	記載なし	福島から山形300文。山形から谷地銭200文	金15両、書状１通	記載なし
11月５日	12月４日	島屋福島店	林蔵十次郎	金２朱、銭300文	金50両、書状１通	近江屋佐助（京都）
12月２日	12月27日	島屋福島店	富吉金次郎	記載なし	金76両、銭744文、書状	綿屋勇吉（京都）
文政７年１月５日	２月６日	※山形佐治吉左衛門	記載なし	銭300文	金20両	理右衛門（京都）
１月５日	２月６日	嶋屋福島店	和助留吉	銭500文	金14両、書状１通	近江屋佐助（京都）
２月８日	４月５日	※楯岡吉田勘右衛門	記載なし	記載なし	金３両２分２朱、書状１通	柴崎宗右衛門（京都）
４月24日	６月４日	※山形七日町高田弓太郎	記載なし	大坂為替金50両		近江屋安次郎
５月11日	５月24日	嶋屋福島店	松之助	金２朱、銭200文	金58両３分銀１匁２分４厘	伊勢屋源助（京都）
５月晦日	記載なし	嶋屋福島店	甚次郎嘉吉	銭400文	金14両２朱、銀６匁１分	綿屋勇蔵（京都）
８月22日	９月19日	※山村屋茂八	山形飛脚平吉	銭760文	金25両、書状１通	近江屋安兵衛（大坂）
10月７日	11月５日	嶋屋福島店	嘉吉	金１分２朱、銭300文	金60両、書状１通	近江屋佐助（京都）
10月11日	11月５日	嶋屋福島店	嘉吉	金１分２朱、銭300文	金45両、書状１通	村山半四郎（京都）
12月２日	12月27日	嶋屋福島店	林蔵銀兵衛	京都から福島、金１両１分２朱。福島から山形、銭486文	金300両、書状１通	綿屋勇蔵（京都）

8月15日	糸2箇		越後屋喜右衛門	京都
	糸2箇		美濃屋忠右衛門	京都
9月14日	糸6箇	「吉市様分」	越後屋喜右衛門	京都
	糸2箇	「吉清様分」	日野屋吉右衛門	京都
	糸4箇	「吉清様分」	美濃屋忠右衛門	京都
9月18日	糸6箇	「吉田市兵衛様分」	越後屋喜右衛門	京都
	早状1通		八文字屋嘉兵衛	京都
	御状1通		糀屋市之丞	二本松
10月6日	糸5箇	「吉田市兵衛様分」	越後屋喜右衛門	京都
	糸5箇	「吉田清八様分」	日野屋吉右衛門	京都
	糸13箇	「吉田清八様分」	美濃屋忠右衛門	京都
	早状1通「六日限り」		大黒屋庄次郎	京都
10月12日	糸8箇	「吉田清八様分」	美濃屋忠右衛門	京都
	糸1箇	「吉田清八様分」	日野屋吉右衛門	京都
	糸3箇	「吉市様分」	越後屋喜右衛門	京都
	早状1通		大黒屋庄次郎	京都
10月28日	糸8箇	「吉田氏分」	大黒屋庄次郎	京都
11月18日	糸8箇	「吉田清八様分」	日野屋吉右衛門	京都
万延2年（1861）1月19日	糸4箇	金2両1分1朱	大黒屋庄次郎	京都
文久2年（1862）3月27日	糸8箇	「金子引替相渡し申すべく事」	嶋屋佐右衛門殿留め高須栄助殿分	江戸
	御状1通		嶋屋佐右衛門	江戸
3月27日	金526両手形	右之通慥ニ御預り申候金子請取候次第相下早速御届可申上候以上	高須栄助殿渡り	江戸深川
10月7日	糸7箇	「産物会所」表記あり	嶋屋佐右衛門	福島
10月8日	糸7箇	「岩清様分」	美濃屋忠右衛門	京都
10月18日	糸4箇	「岩清様分」	美濃屋忠右衛門	京都
11月11日	糸4箇	［吉清殿分」	美濃屋忠右衛門	京都
11月13日	糸4箇		なし	
12月14日	渋紙糸12箇		嶋屋佐右衛門	福島

＊大橋健佑家文書「嶋屋福島出店、登金銀荷物御状之通」（福島県歴史資料館蔵）より著者作成

8月8日	早状		大黒屋正治郎	京都
	御状	「前善寺」カ	高田屋幸次郎	江戸本石町
	糸5箇	「吉田氏分」	美濃屋忠右衛門	京都
	糸1箇	「吉田氏分」	「山口屋五郎兵衛迠/糸屋長右衛門行」	京都
	糸4箇		「萬屋次兵衛殿行」	
8月29日	糸11箇	「吉田様分」	美濃屋忠右衛門	京都
	糸6箇		美濃屋忠右衛門	京都
	糸2箇		糸屋長右衛門、山田五郎助	京都、江戸
9月27日	糸1箇	「吉田様分」	井筒屋善右衛門	京都
	糸11箇	「吉田様分」	美濃屋忠右衛門	京都
	早状2通		美濃屋忠右衛門、十一屋吉兵衛	京都
10月9日	糸12箇		美濃屋忠右衛門	京都
	早便状通		大黒屋正次郎	京都
10月22日	糸22箇	「吉田様分」	美濃屋忠右衛門	京都
	糸2箇	「吉田様分」	越後屋喜右衛門	京都
10月29日	糸11箇	「吉田氏分」	美濃屋忠右衛門	京都
	早状		大黒屋正次郎	京都
安政3年(1856)2月18日	糸13箇	「吉田氏分」	越後屋喜右衛門	京都
	早状1通		大黒屋庄次郎	京都
	御状1通		糀屋市兵衛	二本松
7月4日	糸4箇		美濃屋忠右衛門	京都
8月3日	糸6箇	「吉田氏分」	美濃屋忠右衛門	京都
	糸2箇	「吉田氏分」	日野屋吉右衛門	京都
8月24日	糸4箇	「吉田氏分」	美濃屋忠右衛門	京都
9月1日	糸12箇	「吉田氏分」	美濃屋忠右衛門	京都
9月9日	糸6箇	「吉田氏分」	美濃屋忠右衛門	京都
	糸2箇	「吉田氏分」	日野屋吉右衛門	京都
9月15日	糸4箇	「吉田氏分」	美濃屋忠右衛門	京都
	糸4箇	「吉田氏分」	越後屋喜右衛門	京都
10月11日	糸9箇	「吉田氏分」	美濃屋忠右衛門	京都
	糸8箇	「吉田氏分」	越後屋喜右衛門	京都
10月28日	糸23箇	「吉田氏分」	美濃屋忠右衛門	京都
11月6日	糸3箇	「吉田氏分」	日野屋吉右衛門	京都
	糸10箇	「吉田氏分」	美濃屋忠右衛門	京都
	御状		高橋喜右衛門	仙台
11月11日	糸14箇	「吉田氏分」	美濃屋忠右衛門	京都
	御状1通早便		大黒屋庄次郎	京都
安政4年(1857)1月13日	糸21箇	「吉田氏分」	美濃屋忠右衛門	京都
6月23日	糸8箇	「吉田氏分」	美濃屋忠右衛門	京都
	早便御状1通		大黒屋庄次郎	京都

第９章　巻末資料　大橋儀左衛門、生糸商大橋家依頼荷物一覧表〈嶋屋福島店請負〉

年月日	荷物	添え書き	宛て名	宛て地
嘉永７年（1854）３月９日	糸10箇	吉田（市）兵衛		
	早状１通		大黒屋庄次郎	京都
３月14日	糸12箇	吉田市兵衛		
	御状１通		大黒屋庄次郎、吉田清八	京都・近江
７月17日	糸14箇	吉田一兵衛（福島）吉田清八		
	御状１通		糀屋市之丞	二本松
７月28日	早状１通		大黒屋庄次郎	京都
	糸３箇	吉田一兵衛分	美濃屋忠右衛門	京都
	御状１通		糀屋市之丞	二本松
閏７月10日	糸２箇	吉田一兵衛分	美濃屋忠右衛門	京都
	糸２箇	吉田一兵衛分	越後屋喜右衛門	京都
	早状１通		大黒屋庄次郎	京都
	御状１通		糀屋市之丞（二本松）、福島治助	二本松
閏７月13日	糸１箇		美濃屋忠右衛門	京都
８月３日	糸４箇	吉田一兵衛分		
８月８日	糸２箇	吉田一兵衛分	美濃屋忠右衛門	京都
	糸２箇	吉田一兵衛分	越後屋喜右衛門	京都
	早便御状１通		越後屋喜右衛門	京都
８月17日	糸４箇	吉田一兵衛分		
９月５日	糸８箇	吉田一兵衛分	美濃屋忠右衛門	京都
	早状１通		大黒屋庄次郎	京都
９月23日	糸４箇		美濃屋忠右衛門	京都
10月１日	糸10箇		美濃屋忠右衛門	京都
	糸６箇		「日野吉様」	京都
10月16日	糸13箇			
	御状１通		万屋佐兵衛	京都
11月28日	糸10箇			
	糸５箇		井筒屋善右衛門	京都
安政２年（1855）２月５日	絹糸４箇	吉田市兵衛分		
４月５日	糸14箇		大黒屋正治郎、吉田市兵衛	京都
	早状		大黒屋正治郎	京都
７月５日	糸４箇		井筒屋善右衛門	京都
	糸４箇		越後屋喜右衛門	京都
	糸４箇	「吉田氏分」		
	出六早状		大黒屋正治郎	京都

第９章　巻末資料　井野口屋が無賃で請け負った主な尾張徳川家御用荷物

年号	下り大中小長封等之御状（上り）	上り御金（下り）	全荷物の上下御無代賃
宝暦６（1756）	5064通（2954通）	１万0772両１分（188両）	607貫296文
宝暦７	5246通（2856通）	8887両３分（149両１分）	579貫438文
宝暦９	3448通（2139通）	7261両１分	474貫243文
宝暦10	3143通（1842通）	8784両２分（55両）	538貫868文
宝暦11	1312通（1064通）	6089両１分（14両）	332貫128文
宝暦12	651通（724通）	6507両（76両１分）	328貫383文
宝暦13	815通（990通）	4503両（100両３分）	319貫793文
明和元（1764）	1537通（1469通）	6618両３分（570両１分）	424貫880文
明和２	1782通（1594通）	5727両３分（４両３分）	
明和３	1599通（1306通）	6575両１分（133両２分）	439貫581文
明和４	2565通（1785通）	5287両３分（16両１分）	516貫164文
明和５	2478通（1692通）	5931両１分（201両１分）	471貫487文
明和６	記載なし（2039通）	6214両３分	218貫132文（上りのみ）
明和７	3189通（1783通）	6100両１分（177両３分）	401貫902文
明和８	3282通（1884通）	5325両１分（252両３分）	480貫759文
安永元（1772）	3201通（1987通）	5103両２分（266両２分）	500貫964文
安永２	3538通（2568通）	5574両（145両２分）	656貫634文
安永３	2859通（2531通）	7748両２分（大判38枚含み計584両２分）	685貫375文
安永４	3684通（3215通）	5595両２朱（120両１分）	610貫591文
安永５	2923通（2762通）	4957両１分（137両３分）	542貫649文
安永７	3241通（2730通）	9453両１分（108両３分）	699貫113文
安永９	3111通（1942通）	5784両１分（記載なし）	382貫476文

＊『飛脚問屋井野口屋記録』第１巻203〜242頁を基に筆者作成

21	宝暦12年（1762＊）	22（江戸21、大坂1）	金5万1400両	
22	宝暦13年（1763）	12（江戸12）	金1万8000両	
23	宝暦14年（1764＊）	1（江戸1）	金1000両	
	合計	372（江戸274、京都9、大坂80、和歌山9）	金65万7893両、銀7貫518匁8分7厘、銀2枚	
	平均	16回	金2万8603両、銀326匁9分	

＊手形史料及び飛脚賃受取帳より筆者作成

第９章　巻末資料　山城屋、御用送金回数と合計額

	年号（＊は閏月）	輸送先回数（内訳）	送金合計額	年間飛脚賃
1	享保17年（1732）	1（江戸１）	金500両	
2	享保20年（1735＊）	3（江戸３）	金１万0650両	
3	享保21年	23（江戸20、京都３）	金２万3489両３分、銀１貫164匁	
	元文元年（1736）			
4	元文２年（1737＊）	38（江戸34、京都３、和歌山１）	金３万6643両、銀689匁４厘	
5	元文３年（1738）	30（江戸30）	金４万8622両、銀２貫283匁４厘	
6	元文４年（1739）	28（江戸28）	金５万5441両２分、銀１貫953匁４分９厘	
7	寛保２年（1742）	26（江戸25、大坂１）	金４万1223両２分、銀１貫398匁９分８厘、銀２枚	金66両３分、銀14匁２分５厘
8	延享元年（1744）	13（江戸１、大坂12）	金２万6926両３分	金14両１分、銀１匁６分７厘
9	延享２年（1745＊）	27（大坂27）	金４万3950両	金22両３分、銀３匁３厘
10	延享３年（1746）	27（江戸８、大坂19）	金４万0287両	金51両、銀15匁５分９厘
11	延享４年（1747）	18（江戸17、大坂１）	金２万8605両	金111両３分、銀26匁５分３厘
12	寛延元年（1748＊）	19（江戸19）	金３万9105両	金131両、銀７匁４分２厘
13	寛延２年（1749）	21（江戸21）	金４万4293両、銀12匁６分２厘	金151両、銀１匁６分３厘
14	寛延３年（1750）	15（江戸13、京都１、大坂１）	金２万7892両２分	金116両、銀14匁６分６厘
15	寛延４年	19（江戸15、大坂４）	金３万4002両、銀11匁７分	金42両３分、銀12匁１分２厘
	宝暦元年（1751＊）			金18両３分、銀５匁３分１厘
16	宝暦２年（1752）	3（江戸１、大坂２）	金4106両、銀６匁	金７両１分、銀13匁２分８厘
17	宝暦３年（1753）	7（江戸１、京都１、大坂３、和歌山２）	金１万1130両	
18	宝暦４年（1754＊）	12（江戸２、大坂８、和歌山２）	金３万9266両	
19	宝暦５年（1755）	5（江戸２、和歌山３）	金１万7860両	
20	宝暦８年（1758）	3（京都１、大坂１、和歌山１）	金１万3500両	

25	11月５日	定右衛門	24文	鬼石村	戸隠神社御師の荷物を鬼石まで先触
26	11月10日	長左衛門	24文	上阿久原村	上阿久原村へ架橋のため廻状
27	11月16日	金右衛門	32文	保美ノ山村	挿し木、植木に関する廻状

＊山田松雄家文書 P8217-456-2「安永四年　御用歩行帳」（群馬県立文書館蔵）より筆者作成

第８章　巻末資料　上野国甘楽郡譲原村「歩行役」使用数（安永４年〈1775〉）

No.	月日	歩行役	賃銭	継立先	廻状・先触の内容
1	正月20日	仙右衛門	32文	保美ノ山村	鉄炮打ち始めの御廻状１通継ぎ送る
2	２月	常右衛門	24文	長石村	東叡山支配岩船山別当が来るので、村々案内人１人を用意するよう廻状
3	２月12日	勘兵衛	32文	保美ノ山村	「御定免」（年貢の定免制）が江戸へ出立するので廻状を回す
4	２月16日	佐平次	24文		愛宕山江戸国福寺役僧を岡石村まで案内の廻状
5	３月５日	勘兵衛	32文	保美ノ山村	妙義山仁王門の勧化（寄進を募る）。願主は根小屋村勧福寺。江戸東叡山の勧化願いであるため村々を順に案内する廻状
6		杢右衛門	32文	保美ノ山村	山中領の宗門帳作成依頼
7	４月２日	三郎右衛門	24文	上阿久原村	高野山御師の先触れ
8	４月16日	忠七	32文	保美ノ山村	「才料金」（荷物運びの者の賃銭か）を保美濃山村へ差し遣わす
9	４月16日	源内、七兵衛	24文	鬼石村	宗門人別改帳、五人組帳、村入用帳について万場村側に手違いがあり、飛脚（歩行役のこと）が立ち寄らなかったので、保美濃山村の源内と七兵衛が鬼石村まで赴くよう鬼石まで廻状を遣わす
10	４月21日	源七	32文	保美ノ山村	菜種のことで廻状
11	５月14日	安左衛門	32文	保美ノ山村	水戸から社人（神社の神職）１人の廻状
12	５月14日	㐂左衛門	32文	保美ノ山村	餌差（えさし、鷹狩用の鷹の餌〈小鳥〉を捕獲する）２人が来る知らせの廻状
13		市兵衛	32文	保美ノ山村	「御定免」（年貢徴収）願いの廻状を関係の村々に一巡。菜種に関して１通。荷物継ぎ送りについて廻状一巡
14	５月20日	勘兵衛	32文	保美ノ山村	御年貢（夏成年貢）納付の御触れを廻状で回す
15	６月11日	半蔵	32文	保美ノ山村	夏成年貢輸送のため江戸へ出立する旨の先触れ
16	６月22日	源七	32文	保美ノ山村	綿実のこと廻状１通
17	７月20日	常右衛門	32文	保美ノ山村	日光御社参（将軍家）の知らせ
18	７月23日	栄助	24文	鬼石村	鬼石まで用事のため
19	７月25日	弥平次	64文	保美ノ山村	宮様（輪王寺宮か）から御役人へ
20	７月27日	久左衛門（宮下）	34文	保美ノ山村	御役所（代官所か）がわざわざ廻状を出す
21	８月11日	傳八	32文	保美ノ山村	秋成年貢納付の御触について廻状１通
22	10月５日	金十郎	24文	上阿久原村	榛名（御師か）荷物を上阿久原村まで継ぎ送りの先触
23	10月18日	平内	32文	保美ノ山村から鬼石村	日光山から役人が村々を順行。廻状で保美濃山村から鬼石まで知らせる
24	10月29日	三左衛門	64文	保美ノ山村	津嶋神社御師の荷物、馬１疋の先触

天保２年正月元日～４日	供人足太兵衛		宗伯は太兵衛を供に地主杉浦清太郎、土岐元祐方、浜町伊藤半兵衛方、山本啓春院方ほかに年始回り
２月16日	太兵衛	賃150文	本所猿江山名殿へ旧冬借用の「慶長日記」５冊返却。「慶長日記」異本５冊を借りる
３月11日	日雇太兵衛	「日ようちん（賃）賃」500文	馬琴孫の太郎の疱瘡酒湯祝儀として、五つ半時頃、飯田町中村屋より剛飯２桶を持参。これを太兵衛に持たせ、油丁、小伝馬町辺、小石川、白山辺２軒、昌平内、飯田町、麹町十三丁目、麻布六本木等に１重ずつ配達させる。暮六つ時に帰る
３月13日	供人足太兵衛		朝正六つ時、宗伯出立。千住宿本陣へ赴く。供人足太兵衛を召し連れる。松前志摩守出立見送りのため。下屋敷（上屋敷は略す）へ祝儀に赴き、八つ時に帰宅
７月21日	雇太兵衛		本庄（所）猿江山名頼母殿納戸役３人に宛て、借用の「慶長日記」異本５冊を返却。「事迹合考」「瀬田問答」を借りたい旨を手簡で伝える。昼後、太兵衛が返事を持って帰る。２冊は無いとの旨
７月22日	雇人足太兵衛	「日雇ちん銭遣ス」	今朝五つ半時頃、本所猿江山名殿へ行かせ、「慶長年禄」２冊返却。他の書籍と交換してほしいと近習書籍掛の吉田三郎治、大坪仁助、池田欽兵衛まで伝える。昼後、帰宅。「談（淡）海後記」全５冊持ち帰る
天保３年11月12日	人足太兵衛		孫の太郎袴着、お次髪置内祝いとして赤飯・鰹節を、清右衛門、久右衛門、山田吉兵衛方、田口久吾、渥見覚重らへ配る。山田、土岐村へは太兵衛、飯田町・四谷には多見蔵を遣わす。太兵衛は夕七つ時、馬琴宅に戻る
天保４年６月22日	日雇太兵衛	「足代」164文	麻布古川大郷金蔵方と六本木土岐村元立方へ暑中見舞い送る。お路にも文を認めさせておく。大郷方に長文要書２通と京そうめんを贈る。返事と河内石川寒晒し粉１袋を持ち帰る。土岐村方にはお路の文と曲げ物入り白砂糖を贈る。太兵衛は夕七つ時に戻る
８月18日	日雇人足太兵衛	「脚ちん」150文	土岐村元立方へ「おミち安産女子出生の趣知らせ遣わす」。昼後九時戻る
９月２日	雇人足太兵衛	お路が取り計らい、脚賃を渡す。	今朝四つ時頃、お定帰り行く。土岐村元祐方へ寄るつもりで、太兵衛を供に召し連れる。送り人足、九つ時戻る
12月11日	太兵衛代わり人足	足賃100文	鶴屋方に葬送日を聞いてくるように遣わす。五つ半時頃、戻る。鶴屋嘉兵衛の返事を持参。鶴屋喜右衛門の葬送は来年正月20日過ぎになるとの旨

第８章　巻末資料　馬琴の日雇人足利用（文政11年—天保４年）

年月日	人足名前	人足賃	用事
文政11年11月７日	日雇人足		小襖４枚を谷文晁方へ届けさせ、その折に絵のこと依頼する手紙と画料を託す
文政12年２月13日	日雇人足伴太郎	「人足日雇賃」	小網町岩佐屋与右衛門方へ殿村佐五平から借りていた書籍を返却。ほか土岐村元立、芝神明前岡田屋嘉七方に回る
２月14日	日雇人足伴太郎事、太兵衛	「使人足賃」	芝神明前岡田屋嘉七方。「最上記」と岡田屋手代の返事を持ち帰る
４月21日	日雇人足		麻布古川大郷金蔵方へ書籍返却
５月25日	日雇太兵衛	日雇賃150文（和泉屋市兵衛から太兵衛へ支払う）	芝神明前泉屋市兵衛方へ金毘羅船合巻稿本４冊、手簡を持たせて行かせる
６月９日	日雇人足太兵衛		麻布古川大郷金蔵方へ「遊嚢賸記」４冊返却
７月２日	日雇太兵衛		麻布土岐村元立に暑気見舞い手簡を送る。路も母へ文を送る
11月６日	日雇太兵衛	人足賃は太兵衛が急いでいたためまだ支払わず	本所四つ目山名頼母殿まで大郷氏よりの手紙と「見聞集」２冊を持たせる。太兵衛は見聞集三—七巻を箱に入れたまま馬琴宅へ持参する
11月14日	金沢町番人日雇太兵衛	日雇賃は「今夕これを遣わさず」、11月16日に太兵衛は「酔臥」のため来ないため、11月17日に下女かねに日雇賃150文を届けさせる	夕七つ時前、「泉市」（和泉屋市兵衛）へ手紙（状箱入り、風呂敷包み）を持たせる。和泉屋で貸した傘と提灯を受け取るように話す
11月24日	日雇人足太兵衛		根岸鈴木一郎方へ過日に借りた提灯を返却させる。26日に宗伯と一郎世話の売り家を見たい旨を伝えさせる
12月８日	日雇太兵衛		路より麻布土岐村元立に下女かねの一件を伝えさせる。元立の返事をもらって帰る。返事内容は、かね弟安太郎方へ赴き、虚実を糺し、馬琴宅へ赴く旨
12月14日	日雇太兵衛	過日、麻布六本木への使い賃と今日分両度の日雇賃を渡す	芝和泉屋市兵衛方へ潤筆前借残り金を取りに行かせる。泉屋では取り込み中のため明日届ける旨。状箱と風呂敷を和泉屋で預かる
12月24日	日雇人足太兵衛		新たに下女を雇ったので、土岐村元立内儀を麻布へ帰すつもり。太兵衛に供を申し付けたが、太兵衛は急用ができたため、代わりの者が来る。八つ時頃帰り、供の人足は夕方馬琴宅に戻る

5月12日		越後旅僧清涼庵	鈴木牧之	書状（4月18日付、3月中差し出した手紙の返書）	清涼庵は、5月中に本町二丁目医師東山隆淵方に逗留するので返書を差し出すよう話す
5月26日		二見屋忠兵衛	鈴木牧之	書状1封、寒晒し粉1袋	清右衛門が二見屋で受け取り、馬琴へ届ける。4、5日前に到着の品
5月28日	越後旅僧清涼庵		滝沢馬琴	返書1封	清右衛門は29日に新宿本町三丁目東山隆淵方の清涼庵へ届け、30日に請取書を馬琴へ渡す
11月16日		二見屋忠兵衛	鈴木牧之	書状1封（9月12日付「越後も当秋は豊作のよし申来ル」）、寒晒し粉1袋	

天保3年正月25日		二見屋忠兵衛	鈴木牧之	紙包（書状3、昨年極月17日の返書、年始状、画賛依頼文、御年玉扇子代、潤筆菓子料など在中）	
2月21日	二見屋忠兵衛		滝沢馬琴	紙包2	紙包1つは飛脚賃48文支払い、1つは牧之の品のため越後払い。23日も「飛脚ハ未参合候よし」を清右衛門から聞く
天保4年正月9日		二見屋忠兵衛	鈴木牧之	書状（旧冬10月の状）、紙包（閏11月29日出）	二見屋へ子供もんぱ（紋羽、地質の荒い毛の立った綿布）足袋注文書を渡す
3月7日		二見屋忠兵衛	鈴木牧之	書状（5月25日出、年始状、年玉菓子料など）	昼以降、鈴木牧之宛ての書状3通を認める。年玉を同封
3月10日	二見屋忠兵衛		滝沢馬琴	小紙包（カ）	清右衛門に飛脚賃64文を渡す。12日清右衛門へ不足分8文（計72文）渡す
6月18日		越後飛脚	鈴木牧之	紙包1（5月3、4日の書状3通、二見屋忠兵衛への届け状1通、紫蘇葉味噌漬け1折、八犬伝八編前後10冊買取代金2分封入）	越後飛脚の名前は甚蔵。石町三丁目大坂屋喜兵衛方に止宿。21日出立予定
6月28日		越後飛脚清八	鈴木牧之	追状（詩を求められ、料紙2枚を送られる、そのまま受け取りおいた）、薄紙包1	7月1日出立予定
7月1日	越後飛脚治助		滝沢馬琴	話として清右衛門から聞き、飛脚治助を利用しなかった	清右衛門から飛脚治助が29日着、4、5日大坂屋喜兵衛方で逗留のことを聞く
7月15日	二見屋忠兵衛		滝沢馬琴	紙包2	盆後に越後飛脚が到着次第、馬琴に知らせる
天保5年正月16日		鶴屋嘉兵衛	鈴木牧之	書状（金2朱同封、歳暮肴代）	鶴屋嘉兵衛は鶴屋喜右衛門代で年礼に来る
3月13日		二見屋忠兵衛	鈴木牧之	書状（正月14日付）	年玉「南一到来」。南鐐二朱銀1枚か
3月13日	二見屋忠兵衛		滝沢馬琴	書状	飛脚賃64文。二見屋忠兵衛は、越後飛脚が来ているから早々に届けると伝える
3月18日		「河多よりか」	鈴木牧之	書状（2月27日出、2月7日の近火見舞い）	

2月7日		二見屋忠兵衛	鈴木牧之	書状3	うち2通は旧冬（昨年冬）に届けるところ、間違いがあり、見つけたので持参。「追って返書相頼むべく旨、書付を以て、忠兵衛に示しおく」
4月1日		二見屋忠兵衛	鈴木牧之	書状、「六十賀大すり物二通り」	忠兵衛養子が類焼見舞い答礼として訪れ、その後忠兵衛も来る
4月9日	二見屋忠兵衛		滝沢馬琴	書状（3月21日の江戸大火の様子を記す、半紙11行・12丁となる）	清右衛門に忠兵衛へ届けるように依頼「脚ちん払候様申付、わたし遣ス」
6月5日		二見屋忠兵衛	鈴木牧之	書状（5月1日付）、ぜんまい	忠兵衛が孫を連れて来る。明神社内天王参詣のついで
8月22日		二見屋忠兵衛	鈴木牧之	書状（忠兵衛と馬琴宛て、「不及返書、忠兵衛方ゟ宜返書」頼む）	馬琴は、忠兵衛にいぼた（水蠟樹蠟、止血・強壮剤とされる）のこと問われ、書付渡す
9月12日		二見屋忠兵衛	鈴木牧之	書状、牧之自画像2枚（馬琴が賛を乞う）、狐の皮1枚	9月14日には馬琴は新大坂町の二見屋忠兵衛方で足袋を購入
10月29日	二見屋忠兵衛		滝沢馬琴	紙包、書状	清右衛門に持たせる
天保2年正月11日	二見屋忠兵衛		滝沢馬琴	年始状・旧冬返事を書き上げる（近日中、清右衛門に二見屋へ行くように依頼）	
2月1日		両替町越後屋儀介	鈴木牧之	書状（正月12日付、年玉、金2朱贈られる、旧冬越後新潟豪家13軒打ちこわしの旨）	
7月7日		伊勢町伊勢屋八右衛門	鈴木牧之	書状2（5月中の状）、箱入り寒晒し粉など。	馬琴は書状で2月15日夜4つ時に二見屋忠兵衛が死去したことを初めて知る
8月25日	二見屋忠蔵		滝沢馬琴	書状1封	宗伯に忠兵衛の悔やみを伝える。越後飛脚が一両日中に越後へ戻るため、忠蔵が届けると述べる。飛脚賃32文
11月29日	二見屋忠兵衛		滝沢馬琴	書状1封	お百が太郎同道で二見屋忠兵衛へ届ける。飛脚賃を支払う

第８章　巻末資料　滝沢馬琴と鈴木牧之との書翰往復（文政10年—天保５年）

年月日	発送	請取	荷送人	届け物	備考
文政10年正月24日		二見屋忠兵衛	鈴木牧之	年礼を兼ね書状届ける	
正月25日	二見屋忠兵衛		滝沢馬琴	封状（添え状、年玉扇子など）	
３月５日		二見屋忠兵衛	鈴木牧之	書状、曲げ物入り塩赤腹子	「忠兵衛聾故、言語不通、早々帰去」
３月21日	鈴木勘右衛門		滝沢馬琴	書状	江戸に出府中の鈴木勘右衛門（牧之養子）に託す
５月18日		二見屋忠兵衛	鈴木牧之	書状（「孫娘江婿養子いたし候よし」）	
７月17日		二見屋忠兵衛	鈴木牧之	書状、寒晒し粉１袋	
８月22日		二見屋忠兵衛	鈴木牧之	書状	
11月30日		二見屋忠兵衛	鈴木牧之	書状、味噌漬け、歳暮祝儀など	馬琴留守のためお百が対応
12月11日	二宮忠兵衛		鈴木牧之	書状、「傾城水滸伝」四編下帙一部	
文政11年正月５日	二見屋忠兵衛		滝沢馬琴	書状、「傾城水滸伝」五編上下十帙	宗伯が忠兵衛へ書状など持参するも忠兵衛留守のため倅に預ける。忠兵衛が年始に来た折、馬琴が「一両日中、越後江幸便有之候間（中略）指遣し度」と依頼
４月13日		二見屋忠兵衛	鈴木牧之	書状	馬琴が忠兵衛より直接受け取る
８月29日		二見屋忠兵衛	鈴木牧之	書状４、寒晒し粉、しその葉味噌漬け、石ずり物紙包	
10月５日	二見屋忠兵衛		滝沢馬琴	書状	
11月６日	二見屋忠兵衛		滝沢馬琴	牧之への算賀詩句と書状	忠兵衛が孫を連れていたため、馬琴が張り子を渡す
文政12年２月１日	二見屋忠兵衛		滝沢馬琴	書状	馬琴が二見屋忠兵衛方へ立ち寄り「状頼みおき、状ちん払」

京都・大坂道中筋共	並便	2朱判100両	但し、①2朱判1片から金1両まで賃銀8分加算、②金1両余から3両まで賃銀1匁加算、③金3両余から5両まで賃銀1匁5分加算、④金5両余から7両まで賃銀1匁8分加算、⑤金7両余から10両まで賃銀2匁2分加算、⑥それ以上は10両以上、100両の割合	賃銀22匁
	並便	丁銀1貫目	但し小玉銀50目まで賃銀6分、それ以上は500目まで100目ごとに賃銀1匁を加算、それ以上は貫目の割合	賃銀7匁
	並便	御荷物1貫目	掛り目100目まで賃銀7分、それ以上だと500目まで100目ごとに賃銀7分の割、それ以上の重さは貫目の割、尤も伊勢国津、松坂、山田までの荷物は1貫目につき賃銀5分加算して申し受ける	賃銀6匁5分
	並便	御状1通	重さ10目まで。それ以上は10目ごとに賃銀1分の割り増し	賃銀2分
京都・大坂迠	歩行荷物1人持		重さ5貫目限り。それ以上は1貫目ごとに賃銀10匁の割合を加算、尤も道中割り増しは申し受けない	賃銀100匁
勢州神戸迠	5日限	御状1通	重さ10目まで。それ以上は10目ごとに賃銀5分の割り増し	賃銀1匁5分
勢州白子迠	5日限	御状1通	重さ10目まで。それ以上は10目ごとに賃銀5分の割り増し	賃銀2匁
勢州津迠	5日限	御状1通	重さ10目まで。それ以上は10目ごとに賃銀5分の割り増し	賃銀3匁
勢州松坂迠	6日限	御状1通	重さ10目まで。それ以上は10目ごとに賃銀5分の割り増し	賃銀5匁
勢州山田迠	6日限	御状1通	重さ10目まで。それ以上は10目ごとに賃銀5分の割り増し	賃銀9匁
勢州津迠	8日限	御状1通	重さ10目まで。それ以上は10目ごとに賃銀4分の割り増し	賃銀1匁5分
勢州松坂迠	8日限	御状1通	重さ10目まで。それ以上は10目ごとに賃銀4分の割り増し	賃銀1匁5分
勢州山田迠	8日限	御状1通	重さ10目まで。それ以上は10目ごとに賃銀4分の割り増し	賃銀2匁5分

＊「定飛脚問屋賃銭定の議」（郵政博物館蔵）より筆者作成。類似史料には早便の名称に「幸便」の字がほとんど使用されていない。そのため本表も他史料に合わせ「幸便」の字を記載しなかった。同年の史料には駿府便、御状箱が記されており、また若干賃銭が異なることを断っておく

京都・大坂 道中筋共	8日限	金100両	但し、①2朱判1片から金1両まで賃銀1匁5分加算、②金1両余から3両まで賃銀2匁加算、③金3両余から5両まで賃銀2匁5分加算、④金5両余から7両まで賃銀3匁加算、⑤金7両余から10両まで賃銀3匁5分加算、⑥10両以上、100両の割合、但し「乱し金」で仰せ付けるように	賃銀35匁
	8日限	丁銀 1貫目	但し小玉銀50目まで賃銀2匁5分、それ以上は500目まで100目ごとに賃銀4匁を加算、それ以上は貫目の割合	賃銀35匁
	8日限	御荷物1貫目	掛り目500目まで御状の割、それ以上だと貫目の割合	賃銀25匁
	8日限	御状1通	重さ10目まで。それ以上は10目ごとに賃銀3分の割り増し	賃銀6分
京都・大坂迠	10日限	100両	但し、①金1分から金1両まで賃銀8分加算、②金1両余から3両まで賃銀1匁加算、③金3両余から5両まで賃銀1匁2分加算、④金5両余から7両まで賃銀1匁4分加算、⑤金7両余から10両まで賃銀2匁加算、⑥10両以上、100両の割合	賃銀20匁
	10日限	2朱判 100両	但し、①2朱判1片から金1両まで賃銀1分加算、②金1両余から3両まで賃銀1匁2分加算、③金3両余から5両まで賃銀1匁5分加算、④金5両余から7両まで賃銀2匁加算、⑤金7両余から10両まで賃銀3匁加算、⑥それ以上は10両以上、100両の割合	賃銀28匁
	10日限	丁銀 1貫目	但し小玉銀50目まで賃銀1匁、それ以上は500目まで100目ごとに賃銀2匁を加算、それ以上は貫目の割合	賃銀10匁
	10日限	御荷物1貫目	掛り目500目まで御状の割、それ以上だと貫目の割合	賃銀10匁
	10日限	御状1通	重さ10目まで。それ以上は10目ごとに賃銀1分5厘の割り増し	賃銀4分
京都・大坂 道中筋共	並便	金100両	但し、①金1分から金1両まで賃銀6分加算、②金1両余から3両まで賃銀7分加算、③金3両余から5両まで賃銀8分加算、④金5両余から7両まで賃銀1匁加算、⑤金7両余から10両まで賃銀1匁加算、⑥10両以上、100両の割合	賃銀11匁

文化３年（1806）４月、定飛脚仲間問屋六軒仲間、飛脚賃

送り先	便種	荷物	増量の荷物細目	賃銭
京都・大坂迠	４日限御仕立	御状１通	御状１通から300目（１・13キログラム）まで。それより重いと100目（375グラム）ごとに銀５匁を加算。東海道筋の場合は１里につき銀２匁ずつ加算	賃金４両２分
京都・大坂迠	５日限御仕立	御状１通	御状１通から300目まで。それより重いと100目ごとに銀５匁を加算。５日限仕立の場合は近江国大津宿から京都・大坂までに限り道中筋について請け負わない	賃金３両
京都・大坂迠（中山道）	６日限仕立	御状１通	御状１通から300目まで。それより重いと100目ごとに銀５匁を加算。但し、道中筋の場合は１里につき銀３匁ずつ加算。仕立飛脚は刻廻しで差し立て	賃金６両
京都・大坂道中筋共	６日限	金100両	但し、①２朱判１片から金１両まで賃銀３匁５分加算、②金１両余から３両まで賃銀４匁加算、③金３両余から５両まで賃銀４匁５分加算、④金５両余から７両まで賃銀５匁加算、⑤金７両余から10両まで賃銀５匁５分加算、⑥10両以上、100両の割合、但し「乱し金」で仰せ付けるように	賃銀55匁
	６日限	丁銀１貫目	但し小玉銀50目まで賃銀３匁、それ以上は500目まで100目ごとに賃銀６匁を加算、それ以上は貫目の割合	賃銀55匁
	６日限	御荷物１貫目	掛り目500目まで御状の割、それ以上だと貫目の割合	賃銀45匁
	６日限	御状１通	掛り目10目までそれ以上は10目ごとに賃銀５分の割り増し	賃銀１匁
京都・大坂道中筋共	７日限	金100両	但し、①２朱判１片から金１両まで賃銀２匁５分加算、②金１両余から３両まで賃銀３匁加算、③金３両余から５両まで賃銀３匁５分加算、④金５両余から７両まで賃銀４匁加算、⑤金７両余から10両まで賃銀４匁５分加算、⑥10両以上、100両の割合、但し「乱し金」で仰せ付けるように	賃銀45匁
	７日限	丁銀１貫目	但し小玉銀50目まで賃銀２匁５分、それ以上は500目まで100目ごとに賃銀５匁を加算、それ以上は貫目の割合	賃銀45匁
	７日限	御荷物１貫目	掛り目500目まで御状の割、それ以上だと貫目の割合	賃銀40匁
	７日限	御状１通	重さ10目まで。それ以上は10目ごとに賃銀４分の割り増し	賃銀８匁

10月19日	飛脚 御飛脚	金地院崇伝	細川忠興	忠興の飛脚が到来。南禅寺で拝見。御飛脚駿府まで参るはず
12月6日	飛脚	真田信之	禰津信秀ら3人	其元（そこもと）参陣以来、様子がわからず、口止めのため飛脚を寄越さないのかと判断している
12月23日	早飛脚	真田信之	出浦昌相	沼須の藤十郎の公事相手が信州より来る。藤十郎が負けるので牢屋へ
慶長20年（1615）正月21日	飛脚	真田信之	出浦昌相	手前への貸金が用意できたら早々に送るように
2月25日	飛脚	本多忠政	真田信之	信之の病気を気遣う
5月8日	早飛脚	岡本宣就	中野三倍ら3人	昨日7日、天王寺表で大合戦があり、大坂城が七つ時に落城
5月11日	飛脚	伊達政宗	伊達秀宗	徳川家康、秀忠出馬、我らは松平忠輝先手
5月14日	御飛脚	毛利秀元	福本越後ら7人	大野治長が淀殿、豊臣秀頼の助命歎願
5月18日	飛脚	金地院崇伝	文殊院	文殊院飛脚が高野山より来る。返事の案文
元和元年（1615）9月19日	飛脚	真田信政	矢沢頼幸ら2人	旗本の改め、大名衆の穿鑿を承りたい
元和2年（1616）2月26日	飛札	真田信之	出浦昌相	真田信吉が一両日に沼田へ帰るとのこと
元和3年（1617）5月2日	飛脚	真田信之	宛て名なし	板倉勝重から人数宿割を申し付けられたか
5月4日	飛札	真田信之	出浦昌相ら2人	先月29日の飛札を見た。其元俵子（海産物）払い方に精を入れるのは尤もなこと
5月16日	飛札	真田信之	出浦昌相	病気さんざん患う
4月27日	飛脚	真田信之	羽田筑後守ら3人	土井利勝、酒井忠世の返事をこの飛脚に持たせた
年不詳8月14日	早飛脚	真田信之	出浦昌相ら2人	其元で銀子100枚を用意し、江戸へ送るように
年不詳12月21日	飛札	真田信之	出浦昌相	15日の飛札は21日に見た。累年の奉公は忘れない
年不詳12月28日	飛脚	真田信之	出浦昌相	真田信吉の縁組で酒井忠世が娘（松仙院殿）を下される。「我等満足」
元和8年（1622）6月22日	飛脚	真田信之	出浦幸久	我ら沼田へ帰城。その方早々沼田へ参るべく
12月10日	飛脚	真田信之	不明	代物50貫文を小判に売り、20日前に送るように

＊『戦国遺文　真田氏編』第一—四巻に基づき筆者作成

8月7日	飛脚	石田三成	佐竹義宣	先月23日にその地を発った飛脚、無事に大坂に到着した。26日の書状も佐和山で拝見し、大坂へ通した
8月21日	飛力 早飛力	大久保長安	山村良勝ら2人	御中間衆飛力越し申されること、石田三成らの書状を入手したので江戸へ進呈した
9月1日	飛脚	西尾吉次	堀直寄	家康よりの飛脚が言うには上杉景勝は坂戸口に動くので、真田信之、本多康重、平岩親吉、牧野康成に対処を申し付けたとのこと。
9月26日	飛脚	本多正信	真田信之ら3人	吉田御番に松平家乗が付く
(月不明)22日	飛札	真田昌幸	河原綱家ら5人	信之が上洛し詫言
慶長6年(1601)11月12日	飛脚	真田昌幸	木村綱茂	信之御料人から飛脚を送られ、芳札に預かった
(月不明)22日	飛脚	真田昌幸	河原綱家	病気だというので飛脚を遣わしたが、いかが
慶長10年(1605)5月16日	飛脚	真田昌幸	河原綱家	ここ(九度山)は山中だから珍しいこともない
年不詳4月21日	飛札	真田高勝	河原綱家	真田信之草津へ湯治
年不詳11月晦日	御飛札	真田高勝	河原綱家	秘蔵の鶉を送ってくださり、本望の至り
慶長15年(1610)2月21日	飛脚	真田昌幸	石井喜左衛門尉	沼田・江戸屋敷よりの返事が早々に届いた
年不詳4月7日	飛脚	真田信之	木村綱茂ら2人	この書状は我等母(昌幸室寒松院殿)から高野へ急用
11月12日	飛脚	真田昌幸	小山田茂誠	本多忠勝死去のため大蓮院殿(信之室)に弔いを申し入れるため蓮花(華)定院を下した
慶長16(1611)4月27日	飛脚	真田昌幸	真田信之	信之が病気と聞き、油断なく、御養生専一
4月28日	飛脚	真田昌幸	坂巻夕庵法印ら2人	我等去年のように病気が再発し、散々のこと。馬所望
年不詳8月19日	飛脚	真田昌幸	山田文右衛門	信之の御機嫌はいかが、心許ない
慶長18年(1613)5月10日	飛脚	真田信之	春原六左衛門	材木の普請の様子。8月中まで遠江国へ材木を渡す
慶長19年(1614)2月8日	御飛札	真田信繁	小山田茂誠	越年祝儀の鮭2尺の礼
2月12日	早飛脚 飛脚	真田信之	禰津幸直ら4人	早く沼田へ帰城し、越後御普請を申し付けねばならないが、手の痛みが散々で遅くなった
5月13日	飛札	真田信之	出浦昌相	鮭2尺到来の礼
10月9日	早飛脚	真田信之	出浦昌相	吾妻の留守相頼み
10月14日	飛脚	金地院崇伝	藤堂高虎	書状案。「右桑名より飛脚与三遣わす」。高野文殊院よりの飛脚で真田信繁大坂入城のこと知る

第2章　巻末資料　真田氏関連史料中の「飛脚」一覧

年月日	飛脚表記	発給	宛先	内容
永禄10年（1567）3月8日	早飛脚	武田信玄	真田信綱	上州白井落居
永禄13年（1570）4月14日	飛脚	武田信玄	春日虎綱	上杉輝虎沼田在陣
天正8年（1580）5月12日	飛脚	武田勝頼	真田昌幸ら5人	各々帰参無く出陣
7月2日	飛脚	武田勝頼	小幡憲重、小幡信真	沼田城主無二当方へ忠節
12月29日	飛脚	真田昌幸	真下但馬	藤田信吉忠勤の節、飛脚往還
天正11年（1583）3月21日	飛札	徳川家康	知久頼純	佐久・小県両郡の逆心
4月3日	飛脚	徳川家康	飯田半兵衛尉	佐久・小県両郡の残徒退治
4月25日	飛札	小笠原貞慶	犬飼久知（カ）	上杉景勝昨夜滞陣を延ばす
天正12年（1584）4月1日	御飛脚	直江兼続	須田信政	上州丸岩の地（長野原）合力を申し付ける
天正14年（1586）3月7日	脚力	天徳寺宝衍	矢沢頼綱	向後、弥（いよいよ）御忠信肝要
天正16年（1588）12月28日	飛脚	真田信之	河原綱家	殊に吾妻その地静謐
年不詳（天正17年の箇所に載る）12月14日	飛脚	斎藤定盛	矢部大膳助	鎌原へ早打ち差し越したところ「十三夜通し彼の飛脚罷り帰り候」
天正18年（1590）2月2日	飛脚	前田利家	伊達政宗	我等は20日に出馬し、信州通り、上野へ押し入るべく
4月9日	脚力	某	壬生義雄	今般、京都・小田原鉾楯覃の歎しく
4月11日	飛脚	北条氏邦	不明	小田原より9日の飛脚到来、小田原の陣戦況
6月	飛脚	榊原康政	加藤清正	飛脚再三到来、小田原の陣戦況
文禄3年（1594）10月1日	御飛札	大谷吉継	直江兼続	湯治弥相応に致し
慶長3年（1598）5月25日	御飛札	前田利家	上杉景勝	俄かに草生津湯治せしめ
慶長5年（1600）8月1日	飛脚	長束正家増田長盛	真田昌幸	秀頼様御忠義この時、上杉景勝・佐竹義宣一味、伏見城落城
8月5日	飛脚	真田昌幸	河原綱家ら4人	信濃国の国衆悉く内府
8月5日	飛脚	石田三成	真田昌幸ら3人	この飛脚早々沼田越えで会津へ御通し
8月6日	飛脚	石田三成	真田昌幸	会津へ飛脚越されるようになさることが肝要

4月11日	御飛脚	朝比奈金遊斎ら3人	大沢基胤ら2人	堀江の地の扱いについては時宜が来れば落ち着くであろう
4月23日	飛脚	里見義弘	上杉輝虎	簗田晴助飛脚の手紙が届いた。北条氏康が下総路を止めたため、いつものように使いを送ることができない
5月23日	飛脚使	北条氏政	石巻伊賀守	今川氏真が掛川籠城の際、駿河・相模間の海陸の難所を飛脚使を派遣した。太刀一腰、五千疋の地を下賜する
元亀2年（1571）3月3日	飛脚	武田信玄	北条綱成	駿河国進攻など伝える。飛脚を差し遣わされるのであれば、道中無事に小田原まで送り届ける
元亀3年（1572）3月17日	飛脚	今川氏真	桃源院（静岡県沼津市）	禁制。陣僧、飛脚、棟別、四分の一、押立諸役など免除
天正3年（1575）4月14日	脚力	穴山信君	天野藤秀	尾張・三河勢が出陣

＊『戦国遺文　今川氏編』第一―五巻に基づき筆者作成

第２章　巻末資料　今川氏関連史料中の「飛脚」一覧

年月日	飛脚表記	発給	宛先	内容
永正16年（1519）8月8日	飛脚	今川氏親	妙海寺	諸公事、陣僧、飛脚を免除
天文21年（1552）3月24日	飛脚	今川義元	多法寺	寺内棟別諸役、陣僧、飛脚など不入の条を免許
天文24年（1555）12月9日	飛脚料	太原崇孚	徳蔵軒、天亮斎	幸福寺（愛知県豊橋市）は、この度飛脚料を出したので末寺を離れると申している
弘治元年（1555）11月3日	用脚人足	今川義元	長仙寺（愛知県田原市）	地検、段銭、棟別、用脚人足、竹木まで免除
弘治２年（1556）11月4日	飛脚	今川義元	吉祥寺（愛知県三河国張原）	陣僧、飛脚免除
永禄元年（1558）11月17日	飛脚	武田晴信	天野景泰ら２人	これからは互いに相通ずること
永禄３年（1560）8月28日	飛脚	今川氏真	久遠寺（静岡県富士宮市）	陣僧、飛脚などの諸役を免除
9月15日	飛脚	今川氏真	久遠寺、日我上人	棟別、諸役、陣僧、飛脚などを長く免除
10月2日	飛脚	今川氏真	吉祥院（愛知県豊橋市）	陣僧、飛脚、棟別、人別、押立の馬要脚（要脚は税の一種）免除
12月9日	用脚人足	今川氏真	長仙寺（愛知県田原市）	年貢、地検、段銭、棟別、用脚人足、竹木まで免除
永禄４年（1561）7月晦日	飛脚	今川氏真	喜見寺（愛知県豊橋市）	不入の地として棟別、用脚、段銭、飛脚、点役、課役など免除
永禄６年（1563）8月晦日	飛脚	今川氏真	宝雲寺（愛知県田原市）	寺領の内と門前で陣僧、飛脚、棟別など免除
11月1日	飛脚銭	今川氏真	真福寺（愛知県豊橋市）	渥見郡中の寺庵は飛脚銭四分の一納入、陣僧飛脚など免除
永禄９年（1566）4月21日	四分の一人足	今川氏真	妙香城寺（静岡県浜松市）	飯尾豊前守逆心以後、掠めとる者があるが、四分の一人足など免除
永禄11年（1568）3月28日	飛脚	今川氏真	南海院（静岡県静岡市）	禁制。陣僧、飛脚、棟別、四分の一、押立、諸役など免除。但し、他郷において仕来る輩は引越べからず
永禄12年（1569）正月7日	御飛脚	朝比奈金遊斎	大沢基胤ら２人	堀江城が堅固、領中の件は本意の通り、ほかは望み次第遣わされる
3月23日	飛脚	武田信玄	市川十郎右衛門尉	信越の境は雪が消え馬の足も叶うことを告げて来たので、上杉輝虎の信州出馬も必定
3月24日	飛脚	北条氏政	谷内部中務少輔	２月19日の書状が３月５日届いた。早々に飛脚を返すべきところ、武田・北条対陣の間、見聞の後に返すつもりだった
年月日不明	飛脚	大沢基胤 中安種豊	朝比奈金遊斎	堀江城は未だに変わったことはない

正月29日	飛脚	武田勝頼	吉川元春	荒木村重が公儀に対し忠功のため織田信長に敵対。毛利輝元に京都へ乱入が専要
天正7年（1579）正月9日	脚力	武田勝頼	福原貞俊ら2人	八重森源七郎帰国の折、差し添えた脚力が2日帰着
7月4日	飛脚	小山田信茂	春日山	越後国は追って御静謐の由
11月17日	早飛脚	穴山信君	三浦員久	徳川家康は横須賀（静岡県掛川市大須賀町）に移ったのか、早飛脚で注進専要
天正8年（1580）3月13日	脚力	武田勝頼	上杉景勝	脚力祝着。越中国椎名残党が乱を起こし、凶徒討伐発向
4月8日	飛脚	武田勝頼	山崎秀仙	上杉景勝が奥郡に出陣、飛脚で知らせる、堅固の備えを
12月29日	飛脚	真田昌幸、武田家朱印状	真下但馬	藤田信吉忠勤、難渋を凌いで飛脚を往還、神妙の思し召し、信州河北のうち50貫文を宛がう
天正9年（1581）5月4日	御脚力 飛脚	上杉景勝	武田勝頼	御脚力を頂き、畏悦の至り。越中表仕置きを申し付け、退陣させたことを先日飛脚で申達した
12月13日	飛脚	武田勝頼	内藤勝長	近日、帰陣する。城の普請を念入りに
天正10年（1582）3月6日	脚力 飛脚	上杉景勝	禰津常安	先だって脚力で申し達したが、長沼（長野県長野市）へ助勢。武田勝頼のことが心配であり、日々に飛脚を差し越したいが、当国の者は路次番が案内を知らず、心に任せず、無念の次第
3月6日	飛脚	上杉景勝	福王寺	木曽逆心、勝頼のこと偏に案じており、日々にも飛脚を差し立てたいが、当国の者は地理不案内のため残念
年不詳3月22日	早飛脚	武田勝頼	小幡信定	この度の参府は喜悦、道中無事に帰国が肝要
年不詳8月9日	飛脚	武田勝頼	諏訪刑部丞	祖母様図らずも甲州へ御越し
年不詳9月8日	早飛脚	武田勝頼	駒井昌直ら3人	敵地の内通者から連絡があり、城内の用心油断なく
年不詳11月19日	飛脚	武田勝頼	穴山信君	約束の青面金剛像を送っていただき本望。追伸、今朝飛脚で申し入れたように御病気のところ無沙汰面目ない
年不詳3月8日	御飛脚	小宮山虎高	瑞泉寺	いつでも甲府へ御飛脚を差し越されるよう路次の儀は申し付ける
年不詳5月22日	飛脚	穴山信君	村松藤兵衛	飛脚によると痔病再発とのこと、この飛脚でその方に薬を送るので様子を知らせるよう
年不詳7月5日	飛札	武田信綱	小坂坊	石塔日牌、奥院常灯を頼み入れたので、そこ元然るべくよう仰せ付け下されたい
年不詳9月4日	飛脚	穴山信君	佐野泰光	光明（天竜市）からの書状を御被見のため進上した飛脚に返事があれば持たせてほしい
年不詳9月10日	飛脚	穴山信君	佐野君弘	この書状は先日の飛脚を召し寄せ、「たさなわ」（地名）へ届けるものである。

＊『戦国遺文　武田氏編』第一―六巻に基づいて筆者作成

8月13日	飛脚	武田信玄	下間上野法眼	京都より御両使を下され、貴寺が織田信長と和睦するのに信玄に仲立ちとのこと、そのため飛脚を遣わした
元亀3年（1572）5月14日	飛脚	土屋昌続	日向宗立	久遠寺の寺号に関して尋ね。追伸で近日、太田康資の飛脚が返されるので、その時分に詳しく申し述べるとある
年不詳2月15日	早飛脚	武田信玄	記載なし	信玄の進退善悪は古卜によるが、先例に任せ、旗前で励まれ、御下知のことを頼み入る
年不詳11月27日	早飛脚	武田信玄	田中淡路	出陣が触れられて以後、諸士の挨拶は如何
元亀4年（1573）2月27日	飛脚	本願寺顕如	武田信玄	野田城が落城のこと飛脚を差し越され、御悃情の至り。
3月14日	飛脚	本願寺顕如	武田信玄	朝倉義景から申し越された趣旨は飛脚で申した。返事を頂けないが、如何でしょう
天正元年（1573）8月25日	早飛脚	武田勝頼	山県昌景	二俣への飛脚によると、家康は引間まで退散の有無を聞き届けられ、入れられの人数肝要
9月8日	早飛脚	武田勝頼	後閑信純ら5人	三十六人衆の内、謀叛の輩あるか不審
天正2年（1574）3月7日	飛脚	武田勝頼	竜雲寺	武田信虎一昨日逝去、大泉寺で葬礼執行、遠路・御老体誠に御苦労かけ申し尽くし難い
4月13日	早飛脚	武田勝頼	内藤昌秀	岩村田への着陣待たれるよう。追伸で利根川の浅深を見届け早飛脚で注進を
5月28日	脚力	武田勝頼	記載なし	高天神城は油断なく諸口で優勢、落城まで10日を過ぎない
6月11日	飛脚	武田勝頼	大井高政	跡部勝資への早飛脚祝着、高天神城は3日の内に攻め破る
6月25日	早飛脚	武田勝頼	穴山信君	興津興忠に申し付け、高天神城まで早飛脚を遣わす
天正3年（1575）5月20日	飛脚	武田勝頼	三浦員久	長篠で仕儀なく対陣「無に彼陣へ乗り懸け」
6月1日	飛脚	武田勝頼	武田信友ら3人	尾張、美濃、三河の境目の仕置は手堅く下知を加え退陣
6月（カ）	御飛力	小山田信茂	御宿友綱	長篠合戦で敗戦、武田勝頼が無事に帰国し、穴山信君、武田信豊、武田信綱も退却
天正4年（1576）4月3日	飛脚	木曽家家臣某	記載なし	武田勝頼、木曽義昌に対し逆心がない、敵方の使者・飛脚を召し捕らえて甲府へ報告する
9月16日	脚力	武田勝頼	一色藤長	中国に御移りになられ、度々脚力で申し上げた
天正5年（1577）5月21日	飛脚	武田勝頼	小幡孫十郎	越後衆の出陣について早速飛脚で知らせてくれ祝着
天正6年（1578）9月28日	飛脚	武田勝頼	竹俣慶綱	備えが御心許なく存じ、飛脚で伝える

第2章　巻末資料　武田氏関連史料中の「飛脚」一覧

年月日	飛脚表記	発給	宛先	内容
天文24年（1555）8月29日	飛脚	今川氏真	穴山信君	越後衆は出陣したが、仕儀なく退散したので心安く。その後の状況を承りたいので、陣中に飛脚で申す
弘治3年（1557）6月23日	飛脚	武田晴信	市河藤若	長尾景虎が野沢の湯（長野県野沢温泉村）へ進軍
年不詳9月27日	御飛脚	武田晴信	木曽義康	高森城のことで御飛脚に預かったが、城中堅固は肝要
永禄元年（1558）11月17日	飛脚	武田晴信	天野景泰ら2人	これからは互いに相通ずること
永禄4年（1561）4月13日	早飛脚	武田信玄	次郎	長尾景虎が草津湯治の警固なのか「上州衆」倉賀野近辺に在陣なのか、何かあれば早飛脚を派遣するように
4月13日	早飛脚	武田信玄	小山田信有	同上
7月10日	早飛脚	武田信玄	駒井昌直	加賀、越中の一向門徒が16、17日に越後へ乱入。その方は由井に在陣、様子を早飛脚で知らせるように
永禄6年（1563）12月6日	早飛脚	武田信玄	佐野泰光	遠州者は心変わりしたが、駿河、三河の備えは氏真の本意の通り。早飛脚での注進を待っている
12月9日	飛脚	甘利昌忠	浦野中務少輔	箕輪（群馬県高崎市）へ出陣、城外、長純寺悉く放火
永禄7年（1564）9月1日	飛脚	武田信玄	斎藤弥三郎	越後衆が信濃へ出兵。信玄小諸へ移陣
10月4日	飛脚	武田信玄	長井道利	陣中へ飛脚、越後衆敗北以後、上州へ出兵。快川和尚が恵林入院
永禄8年（1565）3月28日	飛脚	跡部勝忠	小林尾張守	飛脚で申し述べる、祝願大般若真読三十六日の間参籠、御祈念の巻数を納めるべく上意
永禄10年（1567）3月8日	飛脚	武田信玄	真田幸隆 真田信綱	白井（群馬県渋川市）攻略、沼田について早飛脚で注進を
3月13日	飛脚	諏訪勝頼	跡部勝忠	大島（長野県松川町）へも飛脚を送り、一両日には戻るからと知らせる
永禄11年（1568）8月16日	飛札	諏訪勝頼	栗原伊豆	注進がないが、御城の御用心、普請など油断なきよう
永禄12年（1569）10月15日	飛脚	武田信玄	遠山駿河守	関東へ出陣、北条氏政館を放火など勝利を得る
永禄13年（1570）4月12日	早飛脚	武田信玄	記載なし	上杉輝虎が沼田に滞陣か、早飛脚で詳細を知らせるように
4月14日	早飛脚	武田信玄	春日虎綱	上杉輝虎が沼田出陣、卜筮で出馬、信州衆に早々参陣するよう飛脚を遣わした
元亀2年（1571）4月26日	御飛脚	土屋昌続	成田藤兵衛	時々、御飛脚を越中へ往還させるのは神妙に思う。平井の内で6貫文を下賜

28	9月17日		小網町岩佐屋		伊勢松坂小津新蔵	書状（8月19日出の紙包、9月4日着の旨）	9月7日出	
29	10月16日		大伝馬町殿村店		伊勢松坂篠斎	書状、「松蔭日記」6巻	10月4日出	
30	10月21日		飛脚屋		伊勢松坂殿村佐六	書状（佐六が紀州和歌山退隠する旨）	10月11日出	
31	11月1日	嶋屋		清右衛門	伊勢松坂殿村佐六	紙包（「作者部類二本」四冊）、書状1封（佐六宛て2通、小津新蔵宛て1通）	紙包は並便（11月20日着）、書状は八日限（11月9日着）	金1朱と銭44文
32	12月2日		小網町岩佐屋		伊勢松坂小津新蔵	書状		
33	12月6日		飛脚屋		伊勢松坂殿村佐六	書状	11月27日の状、大封九日限	
34	12月10日		丁子屋平兵衛経由か		大坂河内屋太介手代東七	書状（奇応丸、神女湯注文）		
35	12月20日		大伝馬町殿村店か		伊勢松坂殿村佐六	書状		
36	12月26日	丁子屋平兵衛経由飛脚問屋		清右衛門	大坂河内屋茂兵衛	書状		
1	天保8年正月6日	丁子屋平兵衛経由飛脚問屋			大坂河内屋茂兵衛か	書状		
2	3月8日		嶋屋		紀州和歌山殿村佐六か	紙包1（掛け目230匁、書状で大塩平八郎の乱で大坂の土蔵で紙包端が燻る旨）	2月14日出、並便（「今日迄二十五日目にて着也」）	
1	天保11年5月17日		大伝馬町殿村店か		伊勢松坂殿村佐六	書状2通（「お路に読ませ、是を聞く」）		

＊『馬琴日記』に基づいて筆者作成

14	4月29日		飛脚問屋		伊勢松坂殿村佐六	紙包2（鎖国論など返却本、両交婚伝など殿村から貸本、1つが掛け目520匁）	4月1日出、「ダラ便に付、今日着也」	
15	5月2日	嶋屋		下女まつ、お百差し添え	伊勢松坂殿村佐六	書状1封（小津新蔵宛て書状在中）	八日限	銭193文
16	5月2日	嶋屋		下女まつ、お百差し添え	伊勢松坂殿村佐六	紙包2（日本外史22冊など、掛け目970匁、370匁）	並便	金3朱
17	5月11日	嶋屋		お百	伊勢松坂小津新蔵	紙包1（書状、南朝編年紀略など4冊写本、掛け目322匁		荷受人支払い
18	5月30日		小網町岩佐屋		伊勢松坂小津新蔵	書状	5月22日出、八日限	
19	6月25日		京屋		伊勢松坂小津新蔵	紙包	6月2日出「ダラ便歟」	
20	6月26日		大伝馬町殿村店		伊勢松坂殿村佐六	大封状（写本代金2分1朱入り、5月2日の返事）		
21	7月13日		飛脚問屋		伊勢松坂小津新蔵	紙包1（「鬼神論」2冊返却、書状、掛け目300匁）	6月27日出、並便	
22	7月21日		小網町伊勢屋新七経由		須本淡路（津国屋関右衛門）	書状2通（「是迄聞も及ばざる人也」）		
23	7月21日	嶋屋		お百、太郎同道	伊勢松坂殿村佐六	大封状（小津新蔵宛て書状同封、掛け目20匁）	八日限（7月27日着）	銭250文
24	8月1日		小網町岩佐屋		伊勢松坂小津新蔵	書状1封、写本代金3分1朱と銭3文	7月18日の状	
25	8月7日		丁子屋平兵衛経由		大坂河内屋茂兵衛	書状（「侠客伝」五集の潤筆料を7月27日出の十日限で送る旨）		
26	8月14日		小網町岩佐屋		伊勢松坂小津新蔵	書状	7月28日出、並便	
27	8月19日	嶋屋		清右衛門	伊勢松坂小津新蔵	紙包1（「花染日記」2冊などの返却）		金1朱と銭56文

40	12月27日		飛脚屋		伊勢松坂殿村佐六	書状（11月6日出・晦日着の書状の返事）	12月18日出、十日限	
1	天保5年正月6日	大伝馬町殿村店		下女しま	伊勢松坂殿村佐六	紙包1（掛け目400匁）、添え状1		
2	正月6日	嶋屋		下女しま	伊勢松坂小津新蔵	紙包1（年始状、掛け目200匁）		
3	正月12日	嶋屋		下女しま	大坂河内屋茂兵衛	年始状		
4	正月12日	嶋屋		下女しま	京都角鹿清蔵	年始状		
5	正月12日	嶋屋		下女しま	伊勢松坂殿村佐六	書状		
6	正月16日		丁子屋平兵衛経由		大坂河内屋茂兵衛	年始状、書状（俠客伝三集を正月2日に売り出した、四編は船積みして送るようの旨）		
7	2月2日		大伝馬横町殿村店		伊勢松坂殿村佐六	大封1（俠客伝代金3分在中、江戸名所図会代金為替手形同封）	正月20日付の状	
8	2月6日		小網町岩佐屋		伊勢松坂小津新蔵	書状（返却書籍残らず受け取る旨）	正月25日出	
9	2月18日	嶋屋		下女しま	伊勢松坂殿村佐五平	殿村佐六、小津新蔵宛て書状2通を1封（掛け目13匁8分）	八日限	銭254文、嶋屋類焼
10	2月24日		飛脚問屋		伊勢松坂殿村佐六	小紙包（馬琴依頼の紀州紺木綿糸2包）		108文、馬琴支払い
11	2月26日	嶋屋		下女しま	伊勢松坂殿村佐六	紙包（江戸名所図会など、書状、木綿糸代金3朱封入、掛け目740匁）		金1朱、銭269文
12	3月23日		大伝馬横町殿村店		伊勢松坂殿村佐五平	大封状（正月12日以来馬琴から3度差し出した書状の返事）	3月12日出	
13	3月27日		飛脚屋		伊勢松坂小津新蔵	紙包（返却本、書状、新蔵が3月8日に京都へ出立の旨）	3月7日出、並便	

28	5月25日		飛脚屋		大坂河内屋茂兵衛	書状（5月6日の返事、河内屋茂兵衛返事含む、薬代の為替手形〈鶴屋喜右衛門で受け取る旨〉同封）	5月17日出、十日限	
29	6月5日		丁子屋平兵衛経由		大坂河内屋茂兵衛	書状	5月25日出、六日限（道中川支で延着）	
30	6月21日		飛脚問屋大坂屋		伊勢松坂殿村佐六	紙包（掛け目800匁余、書籍の返却）		
31	7月2日		小網町岩佐屋		伊勢松坂小津新蔵	書状（八洞天小説写本、楠（南）柯夢記を並便で送る旨）	6月18日出、「延着也」	
32	7月7日		飛脚問屋和泉屋甚兵衛		伊勢松坂小津新蔵	紙包1（八洞天小説写本、楠（南）柯夢記など12冊、掛け目470匁）	6月22日出、並便	
33	7月17日	嶋屋		清右衛門	伊勢松坂小津新蔵	紙包1（書籍、掛け目760匁）	並便（晦日に届く）	銭693文
34	10月28日		大伝馬横町殿村店		伊勢松坂殿村佐六	書状（馬琴から送った書籍への返事「例の如く長文也」）	10月18日出	
35	11月14日		飛脚問屋		伊勢松坂殿村佐六	小紙包1	10月22日出「二十二日めにて着、ダラ便なるべし」	
36	12月1日		丁子屋平兵衛経由		大坂河内屋茂兵衛	書状	11月22日出	
37	12月1日		記載なし（小網町岩佐屋か）		伊勢松坂小津新蔵	小紙包1（書状在中、11月6日出の馬琴紙包はまだ届かず）	11月16日出	
38	12月12日	嶋屋		下女しま	伊勢松坂小津新蔵	紙包（梅桜日記など返却本、書状在中、掛け目740匁）		2包分、金2朱と銭68文
39	12月12日	嶋屋		下女しま	伊勢松坂殿村佐六	紙包（貸本、大封状在中、掛け目260匁）		

17	4月1日		飛脚屋		大坂河内屋茂兵衛	書状（男山宝物楠正行真迹墨本1枚「珍書也」）	3月21日出	
18	4月20日		小網町岩佐屋		伊勢松坂小津新蔵	書状（3月11日出の早便書状は大井川12～20日川留のため延着、24日に着、「尤延着、遺憾也」）	3月12日の状	
19	4月25日		飛脚屋		伊勢桑名宿本町松本屋杢兵衛（白桜）	書状（椿説弓張月を古本で購入希望、「一向沙汰に及ばず」）	4月15日出	
20	5月1日	嶋屋		清右衛門	伊勢松坂小津新蔵	大紙包2（紙包3を2にまとめ、殿村佐六分届けを依頼）		銀6匁3分8厘
21	5月5日		小網町岩佐屋		伊勢松坂小津新蔵	紙包1（書籍の返本、書状在中、殿村佐六の書状含む、「旅客幸便ニ差越候」）	4月24日付の状、翌25日出	
22	5月6日		飛脚問屋（昼前届け）		大坂河内屋太介	書状（手代代筆、奇応丸など薬注文）	4月27日出、八日限	
23	5月6日		飛脚問屋（昼後に届け）		大坂河内屋茂兵衛	書状（丁子屋より原稿料を受け取るよう）	4月28日出、六日限	
24	5月6日	嶋屋		お百	大坂河内屋茂兵衛	書状2通（薬は一両日、並便で送る旨）	八日限	銭80文
25	5月12日	嶋屋		宗伯	大坂河内屋太介	奇応丸小箱入り	並便	「先払い」荷受人の支払い
26	5月12日	嶋屋		宗伯	大坂河内屋茂兵衛	書状（6日での書状に太介の薬注文を茂兵衛に間違う旨を伝える）	十日限	「此状ちんハ此方払也」
27	5月16日	嶋屋		お百、太郎同道	伊勢松坂殿村佐六	紙包1（続西遊記2帙、書状2、小津新蔵宛て書状含む、掛け目328匁）	並便	銀2匁7分5厘（銭304文、4文負けさせ、300文支払う）

3	正月21日	大伝馬町殿村店		下男多見蔵	伊勢松坂殿村佐六	紙包1（侠客伝2部入り、重さ430匁）、書状1通		
4	正月21日	嶋屋		下男多見蔵	伊勢松坂小津新蔵	紙包1（侠客伝1部、重さ296匁）		
5	正月27日		大伝馬町殿村店経由		伊勢松坂殿村佐六	年始状、添え状略文2通	正月15日出	
6	2月1日		飛脚屋		伊勢松坂小津新蔵	年始状、竹の筒（年玉竜爪筆5対）	正月5日出「ダラ便」	
7	2月8日		飛脚屋状配り		伊勢松坂殿村佐六	紙包（年玉原本春柳鶯、4冊1帙）	正月15日出、「ダラ便」	
8	2月10日		小網町岩佐屋		伊勢松坂小津新蔵	書状（正月17日出、同21日出書状の返事、侠客伝2集代金1匁封入）	2月2日出	
9	2月14日		丁子屋平兵衛経由		大坂河内屋茂兵衛	書状（正月25日売り出しの侠客伝「評判よろしきよし」）	正月25日出、八日限	
10	2月22日		飛脚屋		伊勢松坂小津新蔵	紙包（掛け目1貫250匁、25冊及び多気城図、殿村佐六より返却本5冊）	2月2日出、「ダラ便」	
11	2月29日		大伝馬町殿村佐五平店		伊勢松坂隠居殿村佐六	書状（先便両度の返事を代筆、小津新蔵が和歌山より戻るなど）	2月19日出	
12	3月1日		公家衆供の衆頼まれ届け		京都角鹿清蔵	書状（「さしたる用事なし」）、紙包	2月15日の状	
13	3月11日	嶋屋		宗伯	伊勢松坂殿村佐五平	大封状	八日限	銀2匁2分8厘
14	3月11日	嶋屋		宗伯	伊勢松坂小津新蔵	紙包	並便	銀1匁2厘
15	3月11日	嶋屋		宗伯	京都角鹿清蔵	書状	十日限	銭56文
16	3月11日	嶋屋		宗伯	熱田はたや町田鶴丸	書状	並便	銭26文

45	11月26日	嶋屋		下男多見蔵	伊勢松坂殿村佐六、小津新蔵	大封（掛け目18匁）	八日限	飛脚賃銭240文（不足100文を通帳へ付ける）
46	閏11月6日		大伝馬町殿村店経由		伊勢松坂殿村佐六	書状、本代金2分219文		
47	閏11月19日		飛脚屋		大坂河内屋茂兵衛	書状	八日限（閏11月9日出）	
48	閏11月20日	丁子屋平兵衛経由		使い	大坂河内屋茂兵衛	書状		
49	12月8日	嶋屋		下男多見蔵	伊勢松坂殿村佐六、小津新蔵	書状1封（中に小津新蔵書状を同封、掛け目25匁5分）	八日限	飛脚賃257文（11月26日不足分の100文と合わせ357文を支払う、通帳へ印形）
50	12月9日		大伝馬町殿村店経由		伊勢松坂殿村佐六	大封状（11月26日出の返事）	12月1日出	
51	12月11日	嶋屋		下男多見蔵	伊勢松坂殿村佐六	書状1封（八犬伝惣評の答えなど、返書）	八日限	飛脚賃200文
52	12月12日	嶋屋		下男多見蔵	伊勢松坂殿村佐六	書状（11日出の書状宛名に「佐兵衛」と誤記したことへの詫び）	並便	
53	12月29日	小網町岩佐屋経由			伊勢松坂小津新蔵	大封状（12月9日出の書状への返事、八犬伝評答書、後村上天皇陵之事などの考証など。殿村佐六書状同封）	12月22日出	
1	天保4年正月17日	嶋屋		下男多見蔵	伊勢松坂殿村佐六、小津新蔵	紙包2つ（掛け目15匁）、八日限書状	八日限	飛脚賃金2朱180文
2	正月17日	丁子屋伝兵衛		下男多見蔵	大坂河内屋茂兵衛	年次状1通	幸便に同封するよう依頼	

36	10月21日	嶋屋		お百	大坂河内屋茂兵衛	書状1通	八日限	江戸払い
37	11月1日	大伝馬町殿村店経由		近所使い	伊勢松坂殿村佐六	書状1封、大紙包1つ		
38	11月1日	嶋屋		近所使い	大坂河内屋茂兵衛	紙包1つ		江戸払い
39	11月1日	大伝馬町殿村店経由飛脚		清右衛門	伊勢松坂殿村佐六、小津新蔵	書状2通、紙包2つ（殿村宛の八犬伝写本掛け目250匁、小津宛掛け目600匁）		江戸払い（殿村宛「脚ちん此方より出し候ニ付、右脚ちん、八犬伝代料の内ニて差引候様、との村状中へ識之」）
40	11月5日		大伝馬町殿村店経由		伊勢松坂殿村佐六	書状（9月16日の馬琴書翰の返書）	10月25日出	
41	11月12日		京屋		大坂河内屋茂兵衛	書状（10月19、21日に出した書状の返事、小津新蔵書状も同封）	八日限（11月4日出）	
42	11月14日		嶋屋		伊勢松坂殿村佐六	紙包2つ（1つは掛け目700匁余、1つは600匁、中身は返却の書籍、南朝紀伝、同編年録、いせの巻など、「一包あて板われ、薪のけぶり表紙、いたくもめ損じ候に付、おしを置き候へバ少し直る）		
43	11月21日		小網町岩佐屋		松坂主人小津新蔵	書状、本代金1分220文	八日限（11月12日出）	
44	11月23日		小網町岩佐屋		伊勢松坂小津新蔵	紙包（伊勢の大絵図、北畠系図、北畠記など進物、殿村佐六書状同封）		

25	8月11日	大伝馬町殿村店経由「飛脚へ出し」		宗伯	伊勢松坂殿村佐六	書状1封		
26	8月16日	嶋屋		宗伯	伊勢松坂殿村佐六	書状2封（掛け目300匁）	並便	飛脚賃銭272文
27	8月26日		江戸請店小網町岩佐屋経由		伊勢松坂小津新蔵	書状（7月21日出の返事）	8月18日出	
28	9月3日		飛脚屋		伊勢松坂小津新蔵	紙包（よしの物語8冊、挙睫2冊）		
29	9月7日		丁子屋平兵衛経由		大坂河内屋茂兵衛	書状（紀州名所図会を飛脚便り丁子屋へ出した旨など）	六日限早便（8月27日出、「外状幸便ニ付延着也」）	
30	9月13日		京屋		大坂河内屋茂兵衛	紙包1つ（紀州名所図会10冊、「俠客伝二集に引用の書也」）	並便（8月21日出）	
31	9月16日	嶋屋		お百	大坂河内屋茂兵衛	書状	八日限	江戸払い「かよひ帳へ請取印形」
32	9月16日	嶋屋		お百	伊勢松坂小津新蔵	書状	並便	江戸払い「かよひ帳へ請取印形」
33	9月17日		大伝馬町殿村店経由		伊勢松坂殿村佐六	書状（返書、書籍着の旨、佐六は8月18日京都へ行き、29日帰る旨「此返書廿一日ニ出スベし」）		
34	10月13日		飛脚屋		大坂河内屋茂兵衛	書状（平妖伝など書籍を船積みで送る旨）	八日限（10月5日出）	
35	10月19日	丁子屋平兵衛経由飛脚問屋		中川金兵衛に「今晩飛脚問屋江大坂河茂出しの事伝言」	大坂河内屋茂兵衛	紙包か（俠客伝校合か）		

15	6月25日		大伝馬町殿村店		伊勢松坂殿村佐六	書状、本代金2分1朱と28文届く	八日限早便（6月14日出）	
16	7月1日	嶋屋		宗伯	伊勢松坂殿村佐六	紙包（書籍、再々要記、元弘日記裏書き、薪のけぶり、著作堂雑記など計8冊、掛け目500匁）		江戸払い（金1朱と銭50文）
17	7月1日	大伝馬町殿村店経由			伊勢松坂殿村佐六	書状	7月8日昼前松坂着	
18	7月4日		飛脚屋		伊勢松坂殿村佐六	紙包1つ（書籍貸し、今古奇観、野作紀事、金欄筏など、掛け目700匁）	並便（6月15日出、「今日二十日めにて到来」）	
19	7月8日	丁子屋平兵衛経由			大坂河内屋茂兵衛	書状（11日出のつもりで11日と記す）		
20	7月13日		京屋		河内屋太市郎（前名は太兵衛）	書状（扇面2、30枚、染筆依頼）	八日限早便（7月4日出、「今日十日め也」）	
21	7月19日	大伝馬町殿村店経由			伊勢松坂殿村佐六	金子入1封（水滸伝潤筆金1分3朱）、小津新蔵7月2日の書状	7月8日出	
22	7月21日	大伝馬町殿村店経由「嶋屋へ出し」		宗伯	伊勢松坂殿村佐六	書状	十日限	飛脚賃銭52文
23	8月3日		大伝馬町殿村店経由		伊勢松坂殿村佐六	大封（小津新蔵書状在中）	並便（7月18日出、「今日十五日めにて着」）	
24	8月3日		丁子屋平兵衛経由		大坂河内屋茂兵衛	書状（河内屋茂兵衛が7月13日に帰坂、河内名所図会を丁子屋宛てに発送した旨）		

30	12月20日		丁子屋平兵衛経由		大坂河内屋茂兵衛	12月1日発送の書状への返書、八犬伝八輯潤筆料の内、金10両持参	12月12日出之早状	
1	天保3年正月19日		飛脚屋		大坂河内屋茂兵衛	書状	八日限（正月11日出）	
2	正月21日		丁子屋平兵衛経由		大坂河内屋茂兵衛	花営三代記稿本3冊、侠客伝稿本		
3	正月21日	嶋屋		宗伯	伊勢松坂殿村佐五平	紙包2つ（鏡花縁＝掛け目225匁、好逑伝書状入99匁）		2包300文
4	正月21日	嶋屋		宗伯	大坂河内屋茂兵衛	書状	十日限	銭52文
5	正月21日	嶋屋		宗伯	京都角鹿清蔵	書状	十日限	銭52文
6	2月13日		和泉屋		大坂河内屋茂兵衛	書状（侠客伝売り出し「評判よろしきよし」）	八日限（2月5日出）	
7	2月19日	飛脚		清右衛門	信州	神女湯		
8	3月5日		飛脚屋		大坂河内屋茂兵衛	書状	十日限早便（2月25日出）	
9	3月9日	飛脚旅宿		清右衛門	信濃	神女湯20包		
10	4月28日	大伝馬町殿村店経由		宗伯	伊勢松坂殿村佐六（佐五平改名）	書状1通		
11	4月28日	嶋屋		宗伯	大坂河内屋茂兵衛	書状	早状	江戸払い（嶋屋通帳付け）
12	5月21日	大伝馬町殿村店経由		清右衛門	伊勢松坂殿村佐六、小津新蔵	殿村宛は書状2通（1通は小津宛）、紙包（水滸伝発揮、借りていた唐本水滸伝など「あて板し紙包」）	書状のみ早便	江戸払い（通帳付け）
13	5月21日	嶋屋			伊勢松坂小津新蔵	紙包1つ	並便	江戸払い（通帳付け）
14	6月21日	嶋屋		宗伯	伊勢松坂殿村佐六	小紙包（書状、返却の唐本五鳳吟など「あて板いたし、封之」）	6月22日出、7月8日昼後松坂着	銭128文（通帳付け）

14	10月9日		京屋		伊勢松坂殿村佐五平	紙包（水滸後伝国字評返却さる旨謝状1通）	9月12日出	
15	10月14日		大伝馬町殿村店経由	店預り文右衛門より使	伊勢松坂殿村佐五平	紙包1つ（昨年依頼の三才発秘、書状1通）		
16	10月19日		京屋		大坂河内屋茂兵衛	小紙包1つ（侠客伝初校直しなど）	八日限（10月11日出）	
17	10月22日	嶋屋		清右衛門	大坂河内屋太兵衛	紙包	八日限	江戸払い
18	10月27日	大伝馬町殿村店経由		清右衛門	伊勢松坂殿村佐五平	紙包1つ、書状1通		
19	11月2日		嶋屋		伊勢松坂殿村佐五平	小箱入紙包（本居宣長像、自筆賛歌きぬ地、これは水滸後伝国字評と後伝諸抄録の潤筆料）	10月15日出	
20	11月11日	丁子屋平兵衛経由		使い	大坂河内屋茂兵衛	書状、校本		
21	11月24日		大伝馬町殿村店経由		伊勢松坂殿村佐五平	書状（三才発秘の返書）	11月14日出	
22	11月25日		京屋		大坂河内屋茂兵衛	小紙包（侠客伝校合ずり、書状）	八日限（延着、11月14日出）	
23	11月26日	大伝馬町殿村店経由		清右衛門	伊勢松坂殿村佐五平	書状		
24	11月26日	飛脚		丁子屋平兵衛経由	大坂河内屋茂兵衛	書状	六日限	
25	11月30日				大坂河内屋茂兵衛	書状、侠客伝校合すり本		
26	12月1日	飛脚		丁子屋平兵衛経由	大坂河内屋茂兵衛	書状、校合すり本など	六日限、十日限	
27	12月12日		大伝馬町殿村店経由		伊勢松坂殿村佐五平	書状、本代金2朱と717文		
28	12月14日	大伝馬町殿村店経由		宗伯	伊勢松坂殿村佐五平	書状2通、紙包1つ（三才発秘と琴魚への香奠）		
29	12月14日	嶋屋		宗伯	大坂河内屋茂兵衛	書状	八日限	江戸払い

3	4月24日		丁子屋平兵衛経由		大坂書林河内屋茂兵衛	書状	六日限（4月11日出、「延着也」）	
4	4月25日	嶋屋		清右衛門	大坂河内屋茂兵衛、伊勢松坂殿村佐五平、京都角鹿清蔵	大坂と京都へは年玉、伊勢へは「古本水滸後伝」10冊など返却と書状	伊勢へは並便、大坂と京都は十日限早便状	江戸払い
5	5月8日		丁子屋平兵衛経由		大坂河内屋茂兵衛	書状	八日限（4月25日出）	
6	6月11日		大伝馬町殿村店	宗伯	伊勢松坂殿村佐五平	書状（「今夕出状之序でこれ有り候はば、頼み申すべく旨」を申し付ける。支配人万蔵へ預ける）		
7	8月17日		大伝馬町殿村経由		松坂表主人殿村佐五平	書状（6月中に出した書状の返書、三才発秘と本居画像のこと、平田大角に貸した日本外史は返却され次第、馬琴へ回す旨）		
8	8月26日	嶋屋		清右衛門	松坂殿村佐五平	書籍類6冊入り紙包（掛目350匁）、書状は大伝馬町殿村店に幸便で依頼		江戸払い（飛脚賃360文）
9	8月26日		和泉屋		伊勢松坂殿村佐五平	小紙包（「拍案驚奇」1帙返却、馬琴所望の佐五平詠歌短尺5枚）		
10	9月13日		大伝馬町殿村店経由		伊勢松坂殿村佐五平	書状1封、写本料金1分と銀6匁3分		
11	9月22日	飛脚屋		丁子屋平兵衛使い	大坂河内屋茂兵衛	書状、美少年録と侠客伝校合など	早便	
12	9月28日	飛脚屋		丁子屋平兵衛手代	大坂河内屋茂兵衛	書状、美少年録と侠客伝校合など		
13	10月4日	飛脚問屋		丁子屋平兵衛使い	大坂河内屋茂兵衛	侠客伝校合		

6	6月10日		不明		大坂河内屋太兵衛	使札（薬の注文など）	八日限早便（6月2日出）	
7	6月12日	嶋屋			大坂河内屋太兵衛	返書（薬発送の遅れ）		
8	10月6日	嶋屋		清右衛門	松坂殿村佐五平	書状		
9	11月20日		京屋		大坂河内屋太兵衛	書状（奇応丸急ぎ注文）	八日限早便	
1	文政12年2月1日	嶋屋			松坂殿村佐五平 京都角鹿清蔵	大封状2通		江戸払い
2	2月21日		京屋		大坂河内屋太兵衛	奇応丸・神女湯注文状	八日限早便	
3	5月2日		京屋		大坂河内屋太兵衛	江戸大火見舞い	並便（4月18日出）	
4	6月13日		和泉屋		伊勢松坂殿村佐五平	春中書状の返書（長文也）		
5	6月20日		京屋		大坂河内屋太兵衛	大坂で八犬伝七編出版の風聞のため問い合わせ		
6	7月10日		嶋屋		大坂河内屋太兵衛	奇応丸代銀100匁の内75匁と2匁5分を鶴屋より受け取るように為替手形	八日限	
7	7月21日	嶋屋		馬琴	大坂河内屋太兵衛	返書（長文）1通	十日限	江戸払い
8	8月6日	嶋屋		お百	大坂河内屋太兵衛	書状（長状、侠客伝著述延引の理由）		
9	9月14日		飛脚屋		大坂河内屋太兵衛	「先月の返書」	八日限早状	
10	12月3日		京屋		大坂河内屋太兵衛	大坂金屋和三郎が画工柳川の弟子になりたいため仲介依頼など	11月25日出	
1	天保2年正月4日		丁子屋平兵衛経由		大坂河内屋茂兵衛	書状（水滸伝二帙、金子を旧冬に差し出した旨、以上は到着済み）	12月21日出、六日限	
2	正月11日	嶋屋			大坂河内屋茂兵衛 松坂殿村佐五平	年始状、旧冬返事用状長文	大坂は10日便か 松坂は並便	江戸払い

第1章　巻末資料　滝沢馬琴の飛脚問屋利用（文政10年―天保11年）

回数	年月日	発送	請取	発送手続人	荷送人・荷受人	荷物	飛脚便種	飛脚賃払い
1	文政10年正月5日		京屋		大坂河内屋太兵衛	紙包（巡島記すり本）	八日限（12月25日出）	
2	正月6日	嶋屋		宗伯	大坂河内屋太兵衛	書状1通		
3	正月8日	嶋屋		清右衛門	大坂河内屋太兵衛	巡島記校合		
4	正月14日	嶋屋		宗伯	大坂河内屋太兵衛	巡島記校合・書状	八日限	大坂払い
5	3月2日	嶋屋		宗伯	松坂殿村佐五平	（書状）1封	並便	江戸払い
6	3月2日	嶋屋		宗伯	京都角鹿清蔵	書状	十日限	江戸払い
7	3月13日		京屋		大坂河内屋太兵衛	紙包（巡島記すり本）		
8	3月14日	嶋屋		宗伯	大坂河内屋太兵衛	校合、書状	八日限	大坂払い（立替）
9	3月16日		京屋		大坂河内屋太兵衛	小紙包（巡島記校合）	八日限（3月8日出）	
10	4月10日		京屋		大坂河内屋太兵衛	小紙包（巡島記校合ずり）		
11	4月24日		京屋		大坂河内屋太兵衛	小紙包（巡島記すり本）		
12	4月24日	嶋屋		馬琴	大坂河内屋太兵衛	3通を1封（書状、明細）	八日限	江戸払い
13	7月13日		不明		大坂河内屋太兵衛	書状（飛脚賃勘定残り、鶴屋で受け取るよう為替、銀13匁2分8厘）		
1	文政11年2月25日		京屋		京都角鹿清蔵	書状		
2	3月7日		京屋		大坂河内屋直助（太兵衛弟）	書状（御著述願い候旨）		
3	3月8日		不明		松坂殿村佐五平	紙包（年玉、稲木煙草入紙、唐本小説）		
4	3月21日	嶋屋			大坂河内屋直助	3月7日の返書		
5	4月15日		飛脚所		大坂河内屋直助	書状（3月21日の返書）		

ちくま新書
1841

飛脚は何を運んだのか
――江戸街道輸送網

二〇二五年二月一〇日 第一刷発行

著者 巻島隆（まきしま・たかし）

発行者 増田健史

発行所 株式会社 筑摩書房
東京都台東区蔵前二-五-三 郵便番号一一一-八七五五
電話番号〇三-五六八七-二六〇一（代表）

装幀者 間村俊一

印刷・製本 三松堂印刷 株式会社

ISBN978-4-480-07668-7 C0221

ちくま新書

1767
仕事と江戸時代
――武士・町人・百姓はどう働いたか
戸森麻衣子
戦国時代の終焉で、劇的な経済発展をした江戸時代。それを支える労働も多様になった。現代の働き方にも結びつくその変化を通して、江戸時代を捉えなおす。

692
江戸の教育力
高橋敏
江戸の教育は社会に出て困らないための、「一人前」になるための教育だった！ 文字教育と非文字教育が一体化した寺子屋教育の実像を第一人者が掘り起こす。

1219
江戸の都市力
――地形と経済で読みとく
鈴木浩三
天下普請、参勤交代、水運網整備、地理的利点、統治システム、所得の再分配……地形と経済の観点を中心として、未曾有の大都市に発展した江戸の秘密を探る！

1693
地形で見る江戸・東京発展史
鈴木浩三
江戸・東京の古今の地図から、自然地形に逆らわない町づくりの工夫が鮮やかに見えてくる。河川・水道・道路・鉄道などのインフラ発展史をビジュアルに読み解く。

1309
勘定奉行の江戸時代
藤田覚
家格によらず能力と実績でトップに立てた勘定所。財政を支える奉行のアイデアとは。年貢増徴策、新財源探し、禁断の貨幣改鋳、財政積極派と緊縮派の対立……。

1567
氏名の誕生
――江戸時代の名前はなぜ消えたのか
尾脇秀和
私たちの「氏名」はいつできたのか？ 明治政府が行った改革が、江戸時代の常識を破壊し大混乱を巻き起こす。気鋭の研究者が近世・近代移行期の実像を活写する。

1294
大坂　民衆の近世史
――老いと病・生業・下層社会
塚田孝
江戸時代に大坂の庶民に与えられた「褒賞」の記録を読みとくと、今は忘れられた市井の人々のドラマが見えてくる。大坂の町と庶民の暮らしがよくわかる一冊。

ちくま新書